自然珍藏系列

樹木圖鑑

貓頭鷹出版社

自然珍藏系列

樹木圖鑑

艾倫・J・科莫斯　著

攝影
馬賽・沃得

貓頭鷹出版社

A Dorling Kindersley Book

《自然珍藏系列——樹木圖鑑》

Original title : TREES

Copyright © 1992

Dorling Kindersley Limited, London

Text Copyright © 1992

Allen J. Coombers

Chinese Text Copyright © 1996

Owl Publishing House

All rights reserved.

策畫　謝宜英

翻譯　貓頭鷹出版社編譯小組

審校　黃星凡

執行主編　江秋玲／責任編輯　諸葛蘭英

編輯協力

江嘉瑩　周明道　陳美沙　陳以音

美術編輯　李曉青　林敏煌

電腦排版　信華照相製版有限公司

發行人　郭重興

出版　貓頭鷹出版社股份有限公司

發行　城邦文化事業股份有限公司

臺北市信義路二段213號11樓

印製　偉勵彩色印刷股份有限公司

初　　版　1998年9月

讀者服務專線　(02) 2396-5698

郵撥帳號　18966004

城邦文化事業股份有限公司

行政院新聞局出版事業登記證：

局版臺業字第5248號

定價　新臺幣399元

目録

引言

樹，無論是孤立於迎風的山坡上，還是群集於茂密的森林中，抑或是列隊於城市的街道上，幾乎都是每一景觀的重要組成部分。由於季節不同而使樹產生了變化，不僅形狀、大小、色彩、和質地多變，而且其葉、花、果實、和樹皮等亦各有千秋，因而對熟悉的植物研究，便成了人們經常變化的、卻又持久的樂趣之源。

樹 幾乎可以在任意地方生存，這一事實意味著，人們無論在何處都可對它們進行觀賞和研究。在農村，它們按自然趨勢生長，在城市的環境中，人們在街道、花園和公園中植樹，使其在人造景觀中給人有舒適和快樂之感。當然，這無法與在其天然產地觀看樹木的壯觀相比，然而，爲了觀察和學習樹的更多知識，城市仍不失爲最好的地方。

樹的選擇

本書只包括生長於溫帶地區的野生樹種。在北半球，這些地區包括亞洲的大部分、北美洲、歐洲南部、至地中海沿岸、喜馬拉雅山區和中國的大部分；在南半球，包括南美洲、澳洲較寒冷地區、和紐西蘭。我在這個區域裏所選擇的植物能夠呈現出生長在世界各地的樹木驚人的多樣性，也盡量包括那些容易在公園和大街上找到的樹木，以及一些不常見或較稀有的樹木。

秋季的山毛櫸樹林
英國的山毛櫸樹林是秋季壯麗景觀之一。其密集的樹葉所形成的樹冠透過少量光線，從而能使其他一些小植物在其下生長。

東方山毛櫸
ORIENTAL
BEECH
(*Fagus orientalis*)

保存問題

近年來，熱帶森林的毀壞已激起了人們的注意，事實上也恰如所慮：這些呈現大自然多樣性的大面積熱帶森林，是大量植物和動物的最後棲息地，這些地區的存在對於人類來說是極其重要的。面對這樣一個嚴重問題，人們很容易忘記，溫帶地區的大部分森林已經遭遇的命運，正威脅著熱帶地區的森林。在已開發地區，由於人們需要紙張、建築材料及其他以木材為原料的產品，也由於需要開墾農田，創造那種我們今天所見到的不自然的農村，致使大量原始森林消失了。在開發中地區，溫帶森林處於受威脅之中，一如喜馬拉雅山及南美地區。

尤其在嚴重降雨區，砍伐樹木而又缺乏對深遠後果的考慮，一旦那些曾經穩定整個山坡的植被遭到破壞，就會引起如洪水和泥土塌等諸多問題。

大多數種類分佈在廣泛的區域，能夠承受局部砍伐並倖存下來，而無滅絕的危險。但有些種類的分佈範圍很狹窄。如西班牙冷杉

(*Abies pinsapo*，參閱56頁)，它僅野生於西班牙南部地區的極少數山腰上。

中國栗樹
CHINESE
CHESTNUT
(*C.mollissima*)

受威脅的樹種
病害幾乎會毀壞一樹種。
來自東亞的栗樹枯萎病已經拖殺了除少數野生美洲栗樹（Castanea dentata，參閱149頁）之外的全部栗樹。中國栗樹（C. mollissima，參閱149頁）正被用來幫助繁育抗病的品種。

數年前，其木材是當地有價值的資源。現在，過量的砍伐會使這些壯麗的森林永遠滅絕。我們必須進行特殊的努力來保護它們及其他瀕危種類。

中國的倖存樹種
凹葉厚朴（Magnolia officinalis var. biloba）的樹皮曾一度被採收以製造藥材，使該種野生植物瀕臨滅絕。
透過栽培後保證其仍在園內生長。

環境

由於適應廣泛的環境條件，樹能夠在許多不同的環境下生長。一般來說，針葉樹習慣於一些最不利的條件。它們狹窄的葉形大大減少了來自雪的傷害；常綠的葉子能夠充分利用可能是很短的生長季節，這意味著這種植物在大地冰凍時的漫長乾旱季節能夠繼續生存；透過風傳播花粉，而不再需要昆蟲，這些小動物在不利的環境下也許會很稀少，甚至不能生存。

良好的環境會提供較長的生長季節，可促進落葉樹的生長。這裏，有供植物產生新葉及脫落舊葉的時間，每年都處在一個連續的再生循環中。在陰暗地區，大的葉子盡可能截取多的透射陽光；在潮濕地區，漸尖形葉梢可快速地散發水分；在乾燥地區，灰色或銀色葉可減少水分散失；芬芳、豔麗的花朵是昆蟲傳播花粉的天賜良機。

適應生存
落葉松(參閱60－61頁)生長在野外苛刻的條件下。它們在短側枝上生葉子，這是一種適應生存的方式，使它們在進入長葉期時能充分利用一切有利的條件。

寇內氏冬青 ▷
ILEX × KOEHNEANA

◁ 大葉冬青
TARAJO HOLLY

雜交植物
當兩個不同種雜交時即產生雜交種。通常所產生的植物顯示出的特徵介於該兩種之間。有些植物僅透過園內栽培而產生，因為親本植物不在野外生長。

△ 親本之一
PARENT ONE
大葉冬青(參閱112頁)
葉頗大，葉緣有鋸齒，
但無刺。

雜交種 ▷
THE HYBRID
寇內氏冬青(參閱112頁)具有
大葉冬青的大葉，有刺的葉
緣繼承了枸骨葉冬青。

◁ 枸骨葉冬青
COMMON HOLLY

△ 親本之二 *PARENT TWO*
熟悉的枸骨葉冬青(參閱109頁)，
葉具有典型的刺齒形葉緣。

樹科

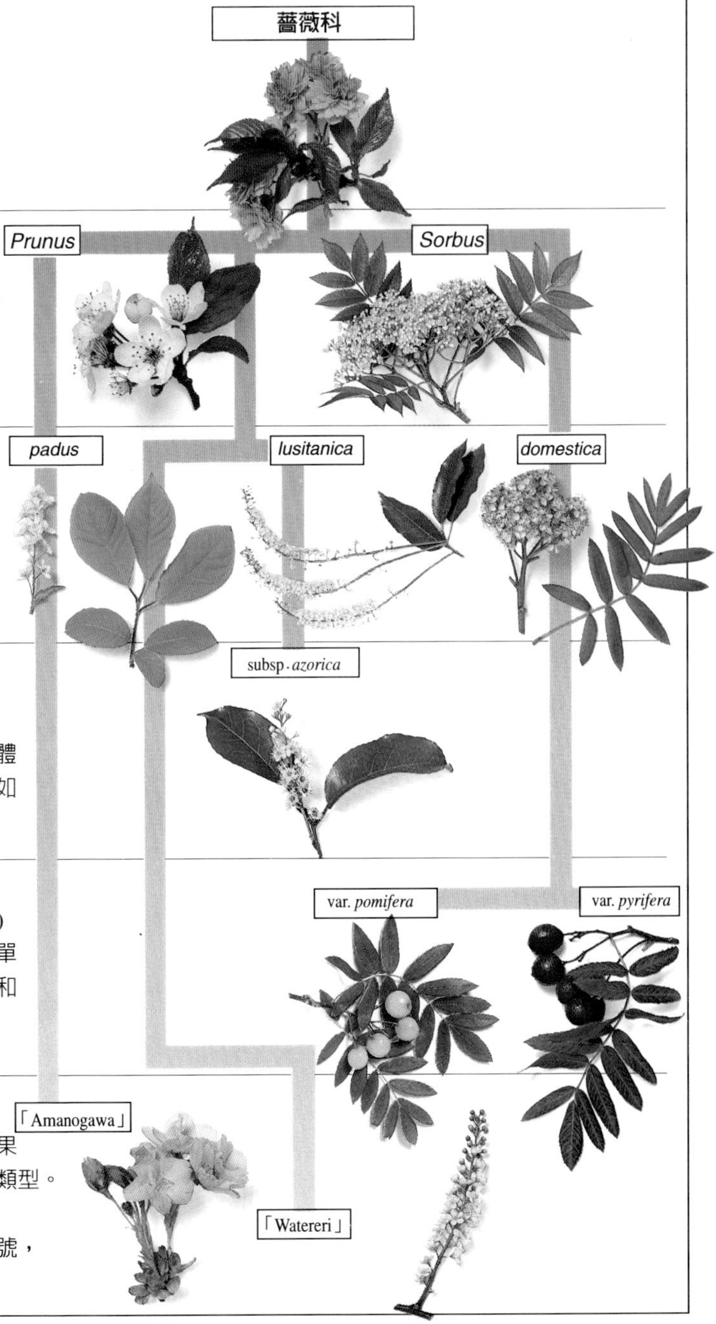

薔薇科

科

科包括一個屬或幾
個相近屬。科名
是用正體字書寫，
例如Rosaceae。

Prunus

Sorbus

屬

屬包括一個種或幾
個相近種。屬名用
斜體字書寫，例如
Prunus，Sorbus。

padus

lusitanica

domestica

種

種是基本單位。它
指特定植物。種名
用斜體字書寫，如
*padus，lusitanica，
domestica*。

subsp. *azorica*

亞種

亞種是種下的分支
單位。二詞元用正體
和斜體字書寫，例如
subsp. *azorica*。

變種和變型

變種(var.)和變型(f.)
都是種的次要分支單
位。二詞元用正體和
斜體字書寫，例如
var. *pomifera*。

var. *pomifera*

var. *pyrifera*

栽培品種

栽培品種為園藝成果
選擇和命名的一種類型。
栽培品種的名稱用
正體字書寫，加引號，
例如「Watereri」。

「Amanogawa」

「Watereri」

樹的觀察和記錄

對你所看到的樹作書面記錄，不僅在當時是一種愉快的工作，而且以後讀起來也非常有趣。在你生活或工作所在地附近選擇6棵你所喜愛的樹，在四季當中對每棵樹觀察幾次，並建立一個檔案，詳細研究記錄它們一年中不同時期的特性。

測量樹的高度

折一段樹桿，使其長度等於你的眼與你的拳頭之間的距離。伸直地拿著桿。面對樹前後走動，使桿的上端與樹頂端和眼成一直線，桿下端與樹底端和眼也成一直線。記下你所站立的位置，並測量至樹幹底端的距離，此距離即等於樹的高度。

拓印樹皮
對樹皮進行拓印是獲得多樣化的樹皮圖案和紋理的一種有效方法。用一張紙平鋪於樹幹的平面上，用蠟筆輕輕擦動。標出你拓印的日期、樹的名稱及其所在地。

長30公尺的捲尺，用於測量高度和樹幹圍長

現場記錄
簡單記下樹的高度、樹幹圍長、樹皮的顏色和紋理。記下樹葉、花和果實的詳情（根據季節而有所不同），再記下所在地和日期。回家後再整理和補充筆記。

繪圖用彩色鉛筆

記錄形態用的小繪圖本

參考相片

拓印樹皮用的蠟筆和紙

折取的標本，以便帶回家

栓住標本的有繫帶的標籤

放大鏡

如何使用本書

本書按照樹的主要類群編排,即:針葉樹及其同類樹,闊葉樹。各類群裏的科按字母順序排列。每科都有簡短介紹,說明該科包括多少屬和種,描繪其所屬植物的特徵和特性。其後的各條目按字母順序編排各個屬和每屬內的各個種。

各條目用文字和圖片說明在該科內發現的詳細情況。每一條目均以俗名開始,如果該種植物沒有被認可的單獨俗名,則採用其學名。許多植物沒有俗名,因為實際上其學名已很著名,無需再定俗名。下面的例子說明典型的條目是怎樣組織的。

此樹所屬的科 ●

屬名及種名

首先描述命名此種樹的人的姓 ●

學名或認可的俗名 ●

關於葉,樹皮,花及開花時間和果實的詳細描述

樹的原產地

樹的天然環境 ●

提供雜交種的親本和附加說明 ●

解說詞說明本種的其他類型

花或果可助於識別 ●

底部條帶的顏色表明不同類群:綠色指針葉樹,黃色指闊葉樹

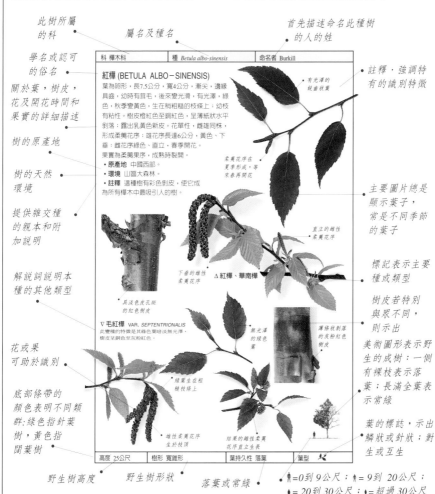

| 科 樺木科 | 種 *Betula albo-sinensis* | 命名者 Burkill |

紅樺 (BETULA ALBO-SINENSIS)
葉為卵形,長7.5公分,寬4公分,漸尖,邊緣具鋸,幼時有茸毛,後來變光滑,有光澤,綠色,秋季變黃色;生在稍粗糙的枝條上;幼枝有粘性。樹皮橙紅色至銅紅色,呈薄紙狀水平剝落;露出乳黃色新皮。花單性,雌雄同株,形成柔荑花序;雄花序長達6公分,黃色、下垂;雌花序綠色、直立,春季開花。果實為柔荑果序,成熟時裂開。
● **原產地** 中國西部。
● **環境** 山區大森林。
● **註釋** 這種樹有彩色剝皮,使它成為所有樺木中最吸引人的樹。

有光澤的鋸齒狀葉

柔荑花序在夏季形成,等來春再開花

△紅樺、華南樺

直立的雄性柔荑花序

下垂的雄性柔荑花序

具淡色皮孔斑的紅色樹皮

▽**毛紅樺 VAR. SEPTENTRIONALIS**
此變種的特徵是其綠色葉暗淡無光澤,樹皮呈銅色至灰粉紅色。

無光澤的綠色葉

薄條狀剝落的灰粉紅色樹皮

綠葉生在粗糙枝條上

雄性柔荑花序生於枝頂

結果的雌性柔荑花序直立生長

| 高度 25公尺 | 樹形 寬錐形 | 葉持久性 落葉 | 葉型 |

● 註釋·強調特有的識別特徵

● 主要圖片總是顯示葉子,常是不同季節的葉子

● 標記表示主要種或類型

樹皮若特別與眾不同,則示出

美術圖形表示野生的成樹:一側有裸枝表示落葉;長滿全葉表示常綠

葉的標誌,示出鱗狀或針狀;對生或互生

野生樹高度 ●   野生樹形狀 ●   落葉或常綠

🚶=0到9公尺;🚶=9到20公尺;
🚶=20到30公尺;🚶=超過30公尺

什麼是樹?

樹 是一種生物。它有木質莖、幹、根系和被有應季葉片的枝條。樹與灌木的不同,可從大小和習性區別。樹木有5公尺以上的高度,單獨的莖,可能有分枝;灌木較小,且有許多莖從基部長出。習性與生長的環境有關,同一個種,在肥沃的山谷長成高大的樹,在開闊的山腰上則可能是低矮的灌木。開闊地帶可使植物發育出開闊的樹冠;在樹林中,可能形成較窄的形狀。

葉綠素可能由於
其他因素而變暗

平的葉表面
作用效率最大

葉脈輸送
水分和養分

所有葉型都
有同樣作用

雜色葉是缺乏
葉綠素的區域

葉
葉綠素是使葉變綠的色素。它能使植物利用日光能(光合作用)將水分和二氧化碳轉變成糖和氧。

樹幹和樹皮
樹幹將水分和食物輸送至葉,並從葉向根輸送養分。樹幹支持樹枝和葉片。外層的樹皮保護皮下嬌嫩的活組織。

樹皮由
死細胞組成

年輪表明
成長年數

根系
一棵成熟的樹具有主要的根,它將樹固定於地上。良好的根具有環繞的網狀組織以便吸收水分和礦物質,並輸送到正在生長的各個部分。

芽和枝

幼葉冬季在枝上芽的鱗片層之內生長。鱗片保護幼葉直到春季準備張開為止。枝攜帶水分和養料，並支承葉子。

芽對生或互生，與葉一樣

色彩鮮明的芽和枝，有助於識別冬季落葉樹種

幼枝可能被有白霜

花

花產生花粉並從其他植物接受花粉，透過風或昆蟲活動傳播花粉。成功的授粉才能形成含有種子的果實。

小花可能成總狀花序懸垂

豔麗的花吸引昆蟲

針葉樹有分離的雄花和雌花

雌花

雄花

花可能產生柔荑花序

果實

果實保護成長中的種子，並幫助散佈。肉質果實被動物食用，到處旅行，並散佈種子；乾燥的果實可被風吹向遠處。

肉質果常有鮮豔色彩

毬果的種子暴露在鱗片上

某些果實可能只有一顆種子

帶翅的乾果

堅果有硬外殼

種子可能在毬果的鱗片內

樹的各部分

熟悉樹及其變種的主要部分，就可幫助你在任何季節識別樹木；下面說明典型的葉、花、果實、和樹皮。

如果你能把這些名詞與圖象相連繫，那麼，當你讀到各條目時，就會對樹的各部分形象有一個明晰的概念。

十種基本葉形

葉的形狀多種多樣；每一形狀在基本範圍內也有不同。這些形狀不僅適用於單葉，也適用於複葉。單葉是一種不能分成各單獨部分的葉。複葉則可分成兩個或兩個以上部分；每一單獨部分稱為小葉。

針形葉兩側平行呈錐形尖端

線形葉兩側平行尖端鈍

圓形葉外形近於圓形

長圓形葉兩側平行或近似平行

橢圓形葉寬形，兩端變窄

心形葉基部有一深凹

卵圓形葉中部以下最寬

倒卵形葉中部以上最寬

披針形葉細長，中部以下最寬

倒披針形葉細長，中部以上最寬

花的各部分

在任一屬內，葉可能有很大不同，相近種的花卻相似，至少結構相似。樹上開的花通常很小，而且無花瓣，有些樹的花有香味；有些則難聞；有些根本無氣味。它們的生長方式可為單一或集生，這也是一個顯著的識別特性。

每個花藥都生在細花絲上

每個花柱的端部為柱頭

花瓣豔麗多姿

進化花 ▷
ADVANCED FLOWER
大多數花屬此類型。有花瓣，常不同於萼片。

萼片不像花瓣

花瓣與萼片無區別

萼片像花瓣

原始花 ▷
PRIMITIVE FLOWER
這些花的花瓣與萼片無明顯區別，統稱為花被片。

柱頭螺旋狀排列

花藥裂開放出花粉

果實的類型

果實由花發育而成，當樹有花時，果實的類型就是該屬的特徵，甚至是其所屬科的特徵。多數果實由單花發育。但無花果(參閱219頁)，則由多數花結成，並形成聚花果。

胡桃 ▽
WALNUT

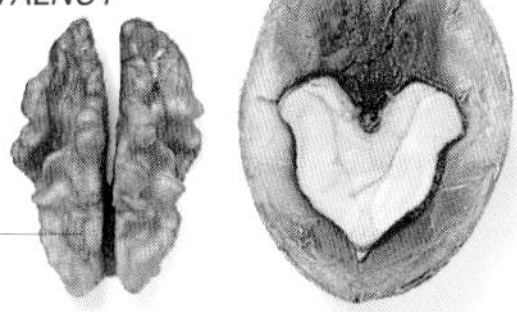

堅果有一硬皮，包圍單個的、常為可食的種子

◁ 李
PLUM

核果肉質，含單粒種子

◁ 梨 PEAR

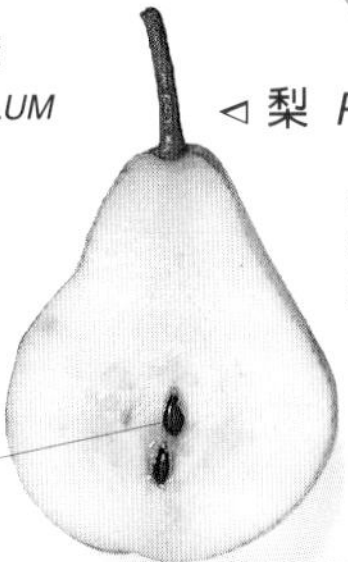

莢果乾時裂開，蹦出一粒或幾粒種子

▽ 無花果
FIG

肉質果實有幾粒種子，可食

▽ 有翅的毬果類種子
WINGED CONE SEEDS

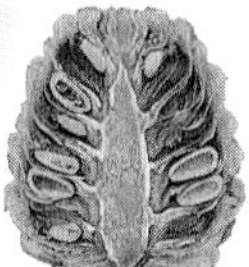

莢果種子 △
POD
SEEDS

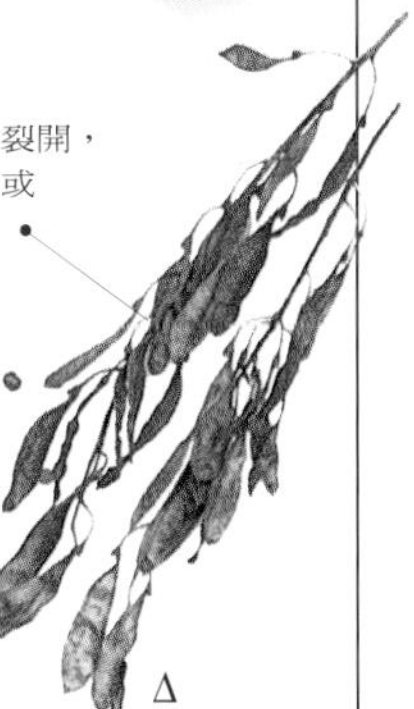

肉質花托含有許多小種子，它們來自花托內的花

毬果種子裸生於鱗片內表面上，結合緊密，成熟時才散開

△
乾燥莢果
DRIED
PODS

樹皮類型

樹皮圖案和紋理是隨樹的生長，樹幹圍長不斷增加而演變。因為外皮由死細胞組成，不能生長，當樹幹長粗時，樹皮就會裂開。樹皮是識別樹的有用特徵，在一年中的任何時間都可利用。

光滑樹皮散佈著皮孔

幼樹樹皮全為白色

在凸脊底和裂紋處可看到較幼的樹皮

光滑樹皮是許多幼樹的特徵，隨樹齡的增長裂開或脫皮。

皮片是樹皮的不規則區域，常剝落，其間有裂紋和裂口。

當厚樹皮裂開時會出現凸脊和裂紋。

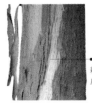

新暴露的樹皮色彩鮮明

用手剝皮對樹有害

剝落樹皮顯現許多年齡層和各樣色彩

豎向剝皮常以長條帶狀的形式懸掛或從樹上落下。

橫向剝皮可能以薄紙狀寬片的形式從樹上展開。

不規則的剝落樹皮顯現出不同的年齡層，而使樹幹呈現粗糙的外觀。

是針葉樹，還是闊葉樹？

為 了用來瞭解特定樹種的所有必要知識，科學家們常利用微觀特徵。這些特徵可對肉眼難以察覺的鑑定樹提供極其重要、但卻是隱藏的線索。對大多數人來說，仔細、認眞地觀察他所直接看到的一切就可以了。如果你能辨認劃分兩大類樹所依據的區別性特徵，就會很容易區分針葉樹及其同類樹與闊葉樹。下面兩頁用文字和圖片說明這些特徵。

針葉樹及其同類樹

葉
多數針葉樹是常綠樹：它們在冬季仍保留葉子。少數為落葉樹：其葉每年更新。這些葉，窄而銳尖，或小而呈鱗片形。常有甜味和芳香味。

在秋季變色的落葉

堅挺的線狀葉

針狀葉

鱗片狀葉緊貼枝條

花
針葉樹的花，或雄或雌。雌雄同株或異株。無花瓣，但有些花十分好看。雌花具色彩鮮明的鱗片；雄花散放花粉。

雄花釋放黃色花粉

毬果狀雌花

雌花

雄花

雌、雄花分離

果實
多數針葉樹的果實是毬果，由木質鱗片組成，成熟時為褐色。檜屬類具肉質鱗片，果實似漿果。類針葉樹，如紫杉屬樹木，不是真的針葉樹。果實是由肉質種皮包住的一粒種子。

幼嫩毬果有光滑的疊蓋鱗片

毬果有木質種鱗

果實可能有肉質外皮

鱗片有時有鉤形尖端

植物學上的區別

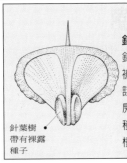

針葉樹

針葉樹及其同類樹被劃為裸子植物：該植物具有不包在子房內的裸露種子。這種植物被認為比闊葉樹更接近原始狀態。

針葉樹
帶有裸露
種子

闊葉樹

闊葉樹被劃為被子植物：該植物的胚珠被封閉在子房內加以保護。成功受精後胚珠發育成種子。

闊葉樹
子房內
有胚珠

闊葉樹

葉

闊葉樹常綠或落葉皆有，葉有單葉或複葉，扁平有明顯細網狀脈。葉形有很大不同。芳香，但沒有針葉樹的樹脂。

落葉變色

複葉有
小葉

常綠葉
綠色不變

葉緣常有
齒或刺

葉脈容
易看到

花

闊葉樹花常是兩性的：雌雄蕊同處一花。單性的雌花和雄花同株或異株。兩種類型都有花瓣，且有香味。花有大有小。

小花常叢生

可能是
單性花

闊葉樹花
有花瓣

兩性花
常見

果實

與針葉樹相比，闊葉樹的果實多變化，具多種形狀。它們可能是漿果、梂果、蒴果、堅果、或莢果；有木質、肉質或乾燥的果皮；有刺，粗糙或光滑；成熟時色彩多樣。

帶翅果實

木質果實
像毬果

漿果有
鮮豔色彩

肉質果實

樹的識別圖例

第 18至33頁的圖例利用葉的特徵可幫助你識別本書所描述的樹種。第1階段（見右）確定你的樹是針葉樹或闊葉樹。第2階段按葉型將分成不同類群。第3階段將類群分成更細小類群，各包括兩個或幾個屬。

第 1 階段：哪一類群？

樹分兩大類群：針葉樹和闊葉樹（包括棕櫚樹）。針葉樹的特徵說明見第16頁，闊葉樹見17頁，棕櫚樹見19頁。

針葉樹

闊葉樹

棕櫚樹

第 2 階段：針葉樹－落葉還是常綠？

本書只有少數種類的針葉樹是落葉，大部分為常綠樹。落葉樹在秋季落葉，到了春季，其淡綠色幼葉清晰可見。常綠樹在冬季仍保留其葉，故極易區分。春季，淡色的幼葉與深綠色老葉同時並存。如果你的樹是落葉的，可參考第20-21頁。如果是常綠樹，要確定葉子是鱗狀還是非鱗狀，然後參考第20-21或22-23頁。

非鱗狀葉

- 叢集生或輪生 20－21
- 單葉，枝隱蔽 20－21
- 單葉，枝不隱蔽，一年生枝綠色20－21
- 單葉，枝不隱蔽，一年生枝非綠色 20－21

落葉

常綠

針葉樹

- 銀杏屬20
- 落葉松屬20
- 金錢松屬20
- 水松屬21
- 水杉屬21
- 杉屬21

至少有些葉是鱗狀

- 生在扁平小枝上的葉 22－23
- 生在不規則小枝上的葉 22－23

第 2 階段：闊葉樹－葉對生還是互生？

所有闊葉樹的葉都以對生或互生兩種方式之一排列。對生葉成對或三個一組生長在莖的兩側，一枚正對另一枚。互生葉單個交錯生長在莖的兩側。小葉也可對生或互生。如果葉是對生，可參考22－25頁。若是互生，可參考24－33頁。

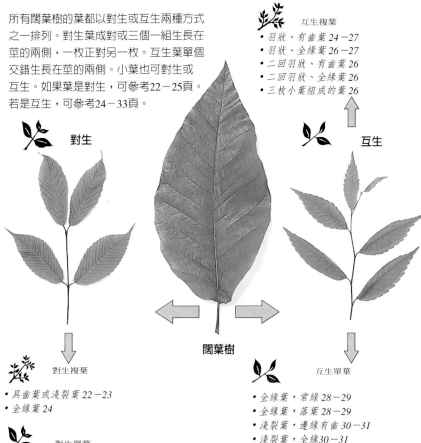

互生複葉
- 羽狀、有齒葉 24－27
- 羽狀、全緣葉 26－27
- 二回羽狀、有齒葉 26
- 二回羽狀、全緣葉 26
- 三枚小葉組成的葉 26

對生

互生

闊葉樹

對生複葉
- 具齒葉或淺裂葉 22－23
- 全緣葉 24

對生單葉
- 葉邊緣有齒 24－25
- 全緣葉 24－25
- 淺裂葉 24

互生單葉
- 全緣葉，常綠 28－29
- 全緣葉，落葉 28－29
- 淺裂葉，邊緣有齒 30－31
- 淺裂葉，全緣 30－31
- 無裂葉，邊緣有齒，常綠 30－31
- 無裂葉，邊緣有齒，落葉 32－33

第 2 階段：棕櫚樹

棕櫚的習性與樹相似，但並非真正的樹。它們有單獨而不分枝的莖，圍長不隨年齡增長，葉明顯分裂。多數棕櫚原生於溫暖地區，但有些種類生長在溫帶區，例如地中海和美國南部。舟山棕櫚（*Trachycarpus fortunei*）是本書內包括大部分溫帶植物中的一例，它是一種耐寒的植物。如果你的葉子屬於這種棕櫚，可參考31頁。

棕櫚樹

第 3 階段：針葉樹

識別圖例的最後階段將指導你迅速找到本書的正確章節。如果你已找到這部分圖例，則可回到16和17頁，那裏展示和說明了針葉樹及其同類樹與闊葉樹相互區分的主要特徵。記住這些特徵之後，再翻到18和19頁，閱讀圖例的第1和第2階段。然後你就可以開始第3階段。

圖例內的每一枚葉代表一個屬。你已經確定你的針葉樹葉是哪一種類型：落葉或常綠，非鱗狀或鱗狀。

針葉樹	葉 落葉	葉型 非鱗狀	

葉每年更新

銀杏 51

落葉松 60-61

金錢松 76

針葉樹	葉 常綠	葉型 非鱗狀	

葉簇生或輪生

智利柏 44

刺柏 44-48

雪松 58-59

葉單生，幼枝被葉或葉基部遮蓋

智利南洋杉 34

疏密葉杉 80

日本柳杉 80

葉單生，幼枝無遮蓋，一年莖為綠色

粗榧 34-35

羅漢松 78

智利杉 78

你可以看到每一大類群都已再分成幾個較小類群。它提供你更進一步的資訊，向你指出更細的詳情，例如葉是叢生還是輪生或單生。將你的葉仔細與每段各區內所示的葉子相比較，並確定你的葉屬於哪一類群。將你的葉與最後類群中的各葉相比較，找出最相似的一枚葉。該葉所屬的屬名寫在它的照片下面。翻到該屬名旁標示的頁數，找到有關的種。

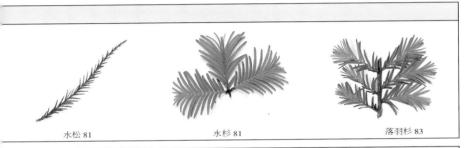

水松 81

水杉 81

落羽杉 83

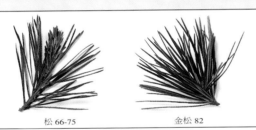

松 66-75

金松 82

北美紅杉 82

巨杉 82

台灣杉 83

紅豆杉 79

榧樹 79

杉木 81

葉單生，幼枝不被遮蓋，一年莖全無綠色

冷杉 52-57

雲杉 62-65

單針松 70

針葉樹	葉 常綠	葉型 至少有些葉是鱗狀	

葉生在扁平小枝上

智利翠柏 35

北美翠柏 36

扁柏 37-39

葉生在不規則小枝上

柏木 41-43

檜木 44-48

第3階段：闊葉樹

識別圖例的最後階段將指導你迅速找到本書的正確章節。如果你已找到這部分圖例，則可回到16和17頁，那裏展示和說明針葉樹及其同類樹與闊葉樹相互區分的主要特徵。記住這些特徵之後，再翻到18和19頁，閱讀圖例的第1和第2階段。然後你就可以開始第3階段。

圖例內的每一枚葉代表一個屬，你可以確定你的針葉樹葉是哪一種類型：對生或互生，複葉或單葉。

闊葉樹	葉 對生	葉型 複葉	

葉有齒或淺裂

楓樹 84-104

香花木 146-148

七葉樹 178-181

孟氏黃杉 76

鐵杉 77

雜交柏 40

克什米爾柏 41

香柏 49-50

羅漢柏 51

你可以看到每一大類群都已再分成幾個較小類群。它提供你更進一步的資訊，向你指出更細的詳情，例如葉有齒，全緣，或淺裂，常綠或落葉。將你的葉仔細與每段各區內所示的葉子相比較，並確定你的葉屬於哪一類群。將你的葉與最後類群中的各葉相比較，找出最相似的一枚葉。該葉所屬的屬名寫在它的照片下面。翻到該屬名旁標明的頁數，找到有關的種。

白臘樹 228-230

葉全緣

黃蘗 283　　　　丹氏吳茱萸 284

闊葉樹	葉 對生	葉型 單生

葉緣有齒

槭屬 84-104　　　歐洲衛茅 132　　　連香樹 133　　　香花木 146-148

葉全緣

梓 129-131　　　黃楊 131　　　山茱萸 133-138　　　香花木 146-148

葉淺裂

槭樹 84-104　　　梓 129-131　　　毛泡桐 296

闊葉樹	葉 互生	葉型 複葉

葉為羽狀，有齒

漆樹 105-106　　　核桃樹 182-183　　　胡桃樹 183-185　　　化香樹 185

流蘇樹 227-228　　　菲利 231　　　藥鼠李 237

桉 222-225　　　櫻桃 225　　　流蘇樹 227-228　　　女眞 231

楓楊 186-187　　　美國皀莢 195　　　香椿 217　　　花楸 274-282

花椒屬 285

欒樹 295

文冠果 295

葉為羽狀，全緣

毛漆樹 106

胡桃 185

香槐 194

葉為二回羽狀，有齒

刺蔥 114

美國皂莢 195

葉為二回羽狀，全緣

冷杉 190-191

合歡 192

肥皂莢 195

葉有三小葉

雜交金鏈花 196

金鏈花 197-198

榆桔 28

臭椿 296

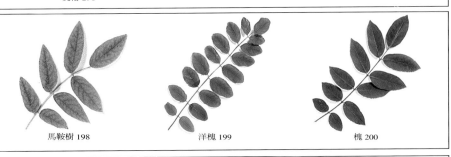

馬鞍樹 198　　　　　洋槐 199　　　　　槐 200

闊葉樹	葉 互生	葉型 單葉	

葉全緣，常綠

多青 108-113　　漿果鵑 141-143　　杜鵑 144　　黃葉柯 150

金合歡 191　　木蘭 202-251　　瓶刷子樹 221　　桉 222-225

葉全緣，落葉

黃櫨 105　　巴波番荔枝 107　　互生葉山茱萸 133　　柿 138-139

檫木 189　　紫荊 192-193　　染料木 194　　玉蘭 202-215

枸子 240　　楤椊 244　　波斯山楂 255　　柳葉梨 273

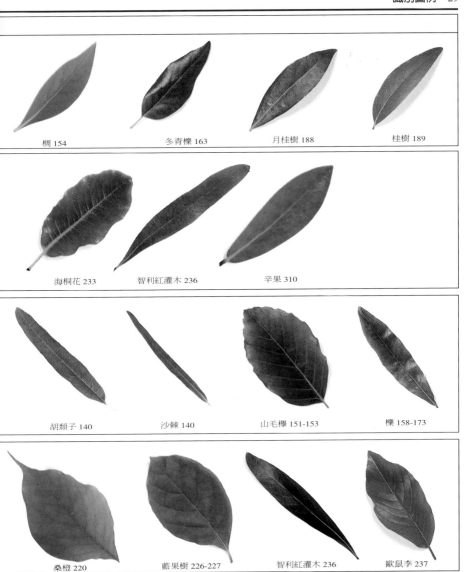

椆 154

冬青櫟 163

月桂樹 188

桂樹 189

海桐花 233

智利紅灌木 236

辛果 310

胡頹子 140

沙棘 140

山毛櫸 151-153

櫟 158-173

桑橙 220

藍果樹 226-227

智利紅灌木 236

歐鼠李 237

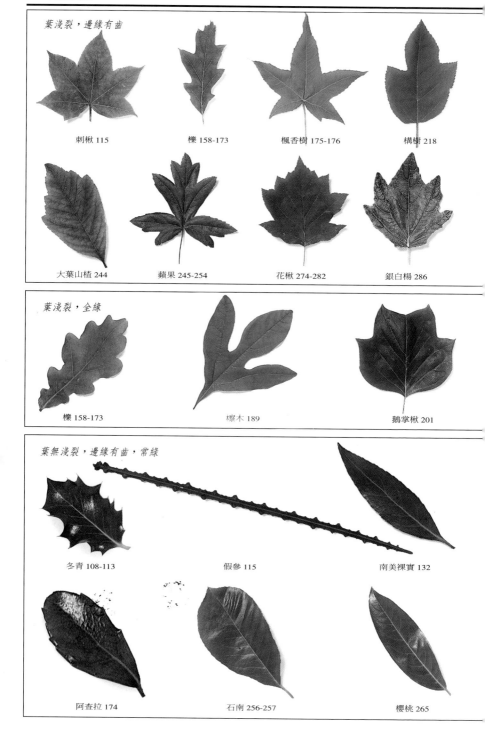

葉淺裂，邊緣有齒

刺楸 115

櫟 158-173

楓香樹 175-176

構樹 218

大葉山楂 244

蘋果 245-254

花楸 274-282

銀白楊 286

葉淺裂，全緣

櫟 158-173

檫木 189

鵝掌楸 201

葉無淺裂，邊緣有齒，常綠

冬青 108-113

假參 115

南美裸實 132

阿查拉 174

石南 256-257

櫻桃 265

無花果 219

桑樹 220

懸鈴木 234-235

山楂 240-243

白皮椴木 304

棕櫚樹 232

漿果鵑 141-143

假山毛櫸 155-157

櫟 158-173

昆蘭樹 306

葉無裂，有齒，落葉

赤楊 116-117　　　樺木 118-125　　　鵝耳櫪 126-127　　　榛木 127

山毛櫸 151-153　　假山毛櫸 155-157　　　櫟 158-173　　　山桐子 174

桑 220　　　洪桐 226　　　唐棣 238-239　　　山楂 240-243

梨 273　　　花楸 274-282　　　楊樹 286-290　　　柳 291-294

椴木 302-305　　　朴 306-307　　　榆 308-309　　　櫸 309-310

鐵木 128

酸葉樹 143

杜仲 145

栗 149-150

帕羅梯木 177

擬帕羅梯木 177

山帶木 216

構樹 218

蘋果 245-254

波斯山楂 255

石南 256-257

櫻桃 258-272

銀鐘花 297

白辛樹 298

安息香 298-299

旃檀 300-301

針葉樹
及其同類樹

南洋杉科

本科包括二屬約30種大型常綠樹。它們主要的原產地在南半球，但擴展到東南亞。多數為重要的木材樹。智利南洋杉 *(Araucaria araucana)* 是本科最著名的一種。

科 南洋杉科	種 *Araucaria araucana*	命名者 (Molina)K. Koch

智利南洋杉 (MONKEY PUZZLE)

葉卵形，長達5公分，寬2公分，基部寬闊，尖端有刺，暗綠色，有光澤，繞枝條疊蓋排列。樹皮灰色有皺紋。花長10公分，雌雄異株，雄花為褐色，叢集生；雌花為綠褐色，單生，夏季開花。果實卵球形，褐色毬果長達15公分。
- **原產地** 阿根廷，智利。
- **環境** 山區。

褐色雄花叢生

葉的前端尖銳且硬

長而尖的毬果鱗片

高度 50公尺	樹形 獨特	葉持久性 常綠	葉型

粗榧科

雖然化石形跡表明此科曾一度分佈廣泛，但現今只限於遠東的野生樹。本科僅一屬，樹種為小喬木或大灌木，葉為線形，果實似李屬植物。雌、雄兩性花叢生於異株。

科 粗榧科	種 *Cephalotaxus fortunei*	命名者 W.J. Hooker

粗榧 (CHINESE PLUM YEW)

葉線形，長10公分，寬3公厘，尖頂，上面綠色有光澤，下有兩條白色氣孔帶，葉在枝兩側展開。樹皮紅褐色，會剝落。花雌、雄兩性皆為乳黃色，異株，春季開花。果實寬橢圓形，果皮為肉質，紫褐色，長2.6公分。
- **原產地** 中國中部和東部。
- **環境** 山區森林。

雄花生於葉腋

肉質果含一粒種子

雌花生於枝頂

高度 9公尺	樹形 寬展開形	葉持久性 常綠	葉型

科 粗榧科	種 *Cephalotaxus harringtonia*	命名者 (Forbes)K. Koch

日本粗榧 (COW TAIL PINE)

日本粗榧 ▽

葉線形，長5公分，寬3公厘，有尖頂，
葉上為深綠色，下有二氣孔帶，葉在枝兩側
展開。樹皮褐色，會剝落。花乳白色，
雌雄異株，雄花腋生，雌花生於枝頂，
春季開花。種子為寬橢圓形，藍綠色。

雌花

二白色帶

葉下方

- **原產地** 不詳。
- **環境** 僅知可栽培。
- **註釋** 本種最初根據日本園藝
植物描述。

雄花

短葉日本粗榧 ▷
VAR.*DRUPACEA*
此野生日本變種的葉較短。

高度 6公尺	樹形 寬展開形	葉持久性 常綠	葉型

柏科

本 科約有20屬，100多種
常綠喬木和灌木，包括
世界各地扁柏屬(*Cupressus*，
參閱41-43頁)和柏屬(*Juniperus*，
參閱44-48頁)植物。

幼葉為針狀，成樹則為鱗狀；
柏樹有兩種類型的葉。雌、
雄花分離，同株或異株。果實為
毬果，但柏樹的果實似漿果。

科 柏科	種 *Austrocedrus chilensis*	命名者 (D. Don)Florin & Boutelje

智利翠柏 (CHILEAN CEDAR)

葉鱗形，長5公厘，扁平，先端鈍，深
綠色有光澤，葉上面有白斑，下有明顯
白色氣孔帶，生在扁平小枝上；枝上
下側的葉較小。樹皮灰褐色。雌雄花皆
小，雄花黃色，雌花綠色，早春集聚成
小型毬花生於枝頂。果實長圓形毬果，
長1公分，綠色，有4枚疊蓋鱗片。

扁平葉在先端
展開

葉的下面
有白色帶

- **原產地** 阿根廷，智利。
- **環境** 山區。
- **註釋** 也稱為 *Libocedrus chilensis*
(智利翠柏)，與北美翠柏(*Calocedrus
decurrens*，參閱36頁)為近緣。

高度 25公尺	樹形 窄錐形	葉持久性 常綠	葉型

科 柏科	種 *Calocedrus decurrens*	命名者 (Torrey)Florin

北美翠柏 (INCENSE CEDAR)

葉鱗形，長約3公厘，二對排列，
先端呈三角形，有銳尖，深綠色有
光澤，生在扁平、芳香的小枝上；
上、下葉最大。樹皮紅褐色，鱗片
狀。雌雄花都很小，雄性黃色，雌
性綠色，冬季集聚成小毯花生於枝
頂。果實長圓形，黃褐色毯果，
長2.5公分，有6片疊蓋鱗片。

- **原產地** 美洲西北部。
- **環境** 山坡森林。
- **註釋** 也稱為*Libocedrus
decurren*，野外的老樹有時形狀
更開展。它生產一種有用且
非常芳香的木材。

一年後枝變
紅褐色

葉生在扁平
小枝上

微小的葉
緊貼於枝

▽ 北美翠柏

△ 北美翠柏

枝莖部的
葉較長

毯果成熟
後鱗片
展開

枝可能呈
半綠、
半乳黃色

**黃斑葉北美翠柏▷
「AUREOVARIEGATA」**
此變型樹的葉有不規則的
黃色斑，使其具有引人注
目的斑駁外觀。

葉有不規則的
乳黃色斑

高度 40公尺	樹形 窄柱形	葉持久性 常綠	葉型

科 柏科	種 *Chamaercyparis lawsoniana*	命名者 (Murray)Parlatore

美國扁柏 (LAWSON CYPRESS)

葉極小呈鱗片狀，有尖頂，先端常離開枝端少
許，葉上面為深綠色，下面為較淡色，葉會
合處有X形白斑，生在扁平小枝上。樹皮
紫褐色，會剝落。雄花為紅色，雌花淺
藍色，早春叢生於枝頂。果實為
圓形毬果，直徑8公厘，有8枚鱗片。
• **原產地** 美國：加州西北部，
俄勒岡州西北部。
• **環境** 山坡和峽谷。

▽ **美國扁柏**

• 毬果一年成熟，
由藍綠色變褐色

• 葉芳香

• 藍綠色葉

◁ **圓柱美國扁柏**
「GRAYSWOOD PILLAR」
升高的分枝使本種樹
成為緊湊的柱形。

• 生葉小枝略
帶乳白色

黃葉美國扁柏 ▷
「HILLIERI」
此極富觀賞性的樹，
其金黃色葉生在
較大的扁平小枝上。

△ **寬樹美國扁柏**
「ALBOSPICA」
這種生長慢的精選品種，
長成寬錐形樹。

高度 50公尺	樹形 窄錐形	葉持久性 常綠	葉型

科 柏科	種 *Chamaecyparis nootkatensis*	命名者 (D. Don)Spach

黃扁柏 (NOOTKA CYPRESS)

葉極小呈鱗片狀，尖端，有龍骨瓣，葉上面
深綠色，下面色較淡，生在扁而芳香小枝上。
樹皮灰褐色至橙褐色，
多筋。雄花黃色，雌花藍色，
早春叢生於枝頂。果實為
圓形毬果，二年成熟。
• **原產地** 北美西北部。
• **環境** 沿海山區。

毬果有4至
6片帶鉤的
鱗片

葉下面
無白斑

黃葉黃扁柏 ▷
「VARIEGATA」
生葉小枝上有不規則的乳白色斑。

△ **黃扁柏**

高度 40公尺	樹形 窄錐形	葉持久性 常綠	葉型

科 柏科	種 *Chamaecyparis obtusa*	命名者 (Siebold & Zuccarini)Endlicher

日本扁柏 (HINOKI CYPRESS)

葉極小呈鱗片狀,先端鈍,葉上面為深綠色,
下面在葉會合處有鮮明的白色 X 或 Y 形斑,
生在扁平、芳香的小枝上。樹皮紅褐色,
柔軟,有薄剝片。雄花為紅黃色,
雌花淡褐色,春季聚成小毬花
生於枝頂。果實為圓形毬果,直徑達
1.2公分,綠色,成熟時為褐色。

- **原產地** 日本。
- **環境** 常生於山坡上。
- **註釋** 栽培型
包括一些矮小
特性的樹。

黃葉日本扁柏 ▷
「CRIPPSII」
這種觀賞樹具有鮮豔的
金黃色彩,僅出現在最
外面的分枝上。

葉端鈍形

內部葉仍
為綠色

毬果有8至10片鱗片

△ 日本扁柏

高度 40公尺	樹形 窄錐形	葉持久性 常綠	葉型

科 柏科	種 *Chamaecyparis pisifera*	命名者 (Siebold & Zuccarini)Endlicher

日本花柏 (SAWARA CYPRESS)

葉極小呈鱗片狀,尖端自由伸出,葉上面為
綠色而有光澤,下面有明顯的白斑,生在
扁平、芳香的小枝上;分佈在枝條側
面的葉較上、下葉稍大。雄花為褐
色,雌花淡褐色,春季集聚成小
毬花生於枝頂。果實為圓
形毬果,直徑8公厘,
綠色,成熟時變為褐色。

- **原產地** 日本。
- **環境** 山區河岸。
- **註釋** 學名中的專用詞,*pisifera*
指像豆般大小的小型毬果。幼小
籽苗具有窄葉,長6公厘,這是栽培型
樹中保留的特性。在陶瓷器上以傳統
的藍和白色「柳樹型」結構所繪製
的植物圖案,就是這種樹。

枝兩側的葉與
枝之間夾角不大

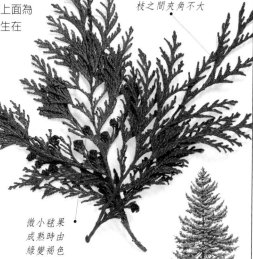

微小毬果
成熟時由
綠變褐色

高度 50公尺	樹形 寬錐形	葉持久性 常綠	葉型

科 柏科	種 *Chamaecyparis thyoides*	命名者 (L.)Britton,Sterns , Poggenberg

美國尖葉扁柏 (WHITE CYPRESS)

葉極小呈鱗片狀，先端尖銳，上面為綠至灰綠色，常有微小樹脂斑，下面有鮮明的白斑，生在細長扁平而有芳香的小枝上；長枝側面的葉略大於上面的葉。樹皮灰至褐色，有纖維，剝皮呈條狀。雄花為褐色，雌花綠色，春季集聚成小毬花生於枝頂。果實為圓形毬果，直徑6公厘，蒼白色，成熟時為褐色，有6片尖形鱗片。

• **原產地** 美國東部
• **環境** 常生於沼澤地，濕地和潮濕地帶。
• **註釋** 也稱為大西洋白雪松，沼澤雪松。

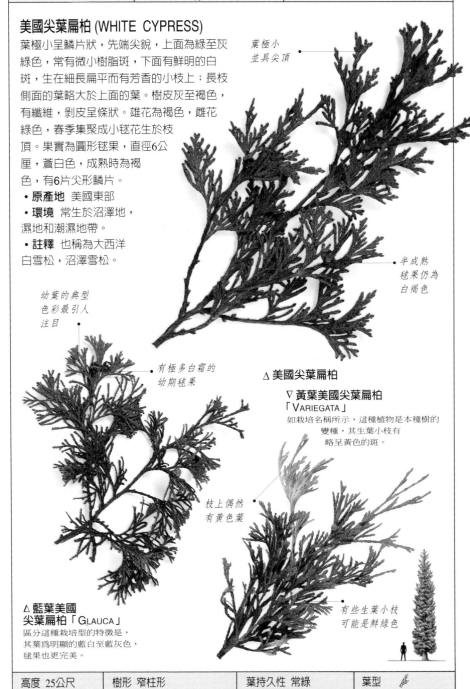

葉極小
並具尖頂

半成熟
毬果仍為
白褐色

幼葉的典型
色彩最引人
注目

有極多白霜的
幼期毬果

△ 美國尖葉扁柏

▽ 黃葉美國尖葉扁柏
「VARIEGATA」
如栽培名稱所示，這種植物是本種樹的變種，其生葉小枝有略呈黃色的斑。

枝上偶然
有黃色葉

△ 藍葉美國
尖葉扁柏「GLAUCA」
區分這種栽培型的特徵是，其葉為明顯的藍白至藍灰色，毬果也更完美。

有些生葉小枝
可能是鮮綠色

高度 25公尺	樹形 窄柱形	葉持久性 常綠	葉型

科 柏科	種 ×*Cupressocyparis leylandii*	命名者 (D. & J.) Dallimore

雜交柏 (LEYLAND CYPRESS)

葉極小呈鱗片狀，先端尖銳，葉上面深綠色，下面
色較淡，以各種不同角排列於枝側，生在扁平小枝
上；排在枝側的葉和上面的葉大小相似。樹皮紅褐
色，淺裂。雄花黃色，雌花綠色，早春聚成小毬
花生於枝頂。果實為圓形毬果，直徑2公分，
藍綠色，成熟時變褐色有光澤。

• **原產地** 園藝品種。

• **註釋** 種介於黃扁柏(*Chamaecyparis
nootkatensis*，參閱37頁)與大果柏木
(*Cupressusmacrocarpa*，參閱42頁)間的雜
交樹。「Haggerston Grey」有暗
綠色葉，是最普遍種植
的一種樹。

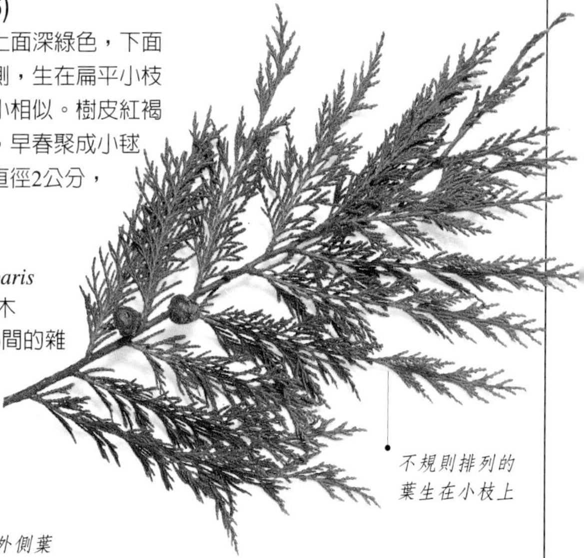

暗綠色內側葉

黃綠色外側葉

不規則排列的
葉生在小枝上

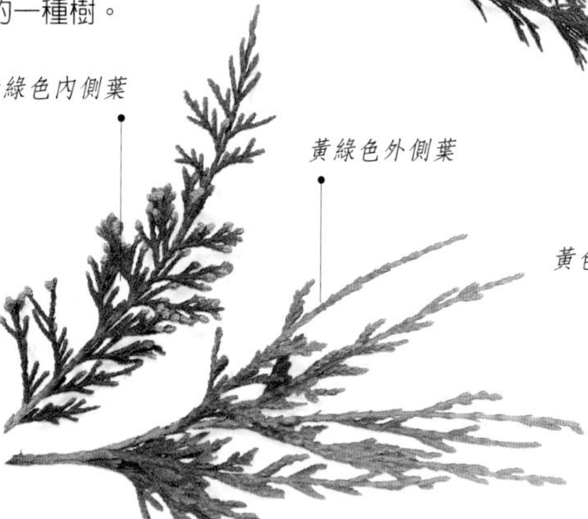

△ **黃花雜交柏**「HAGGERSTON GREY」

黃色雄花

毬果成熟
時由藍綠
色變褐色

△ **黃葉雜交柏**
「CASTLEWELLAN GOLD」
本栽培型樹的幼年模式有鮮黃色葉，
較老的成熟植物，顏色變深至發紅的
青銅黃色。

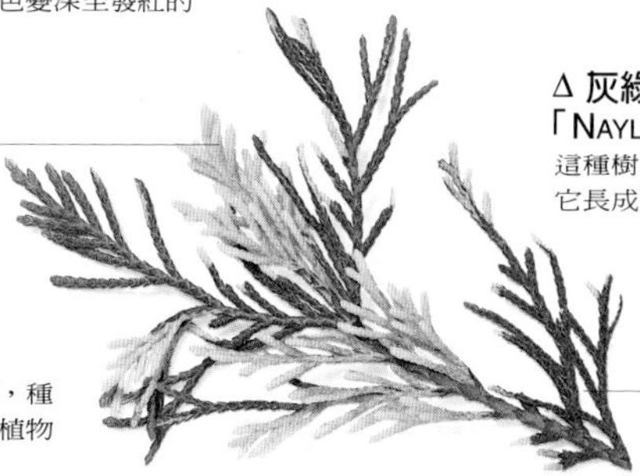

△ **灰綠葉雜交柏**
「NAYLOR'S BLUE」
這種樹的葉為藍灰色至灰綠色，
它長成窄柱形樹。

有些枝上的
葉呈乳白色

銀葉雜交柏 ▷
「SILVER DUST」
此栽培型樹源於美國，種
植在美國華盛頓國家植物
園內。

有些生葉小枝
仍為全綠色

高度 30公尺	樹形 窄柱形	葉持久性 常綠	葉型

科 柏科	種 *Cupressus cashmeriana*	命名者 Royle ex Carrière

克什米爾柏木 (KASHMIR CYPRESS)

葉極小呈鱗片狀,但其先端自由伸出,至使葉的觸感粗糙;葉生在淡灰綠色的下垂扁平小枝上。樹皮紅褐色,有豎條形剝皮。雌、雄花皆小,淡色,從初冬到冬至分別叢集生於同一植株上。果實為圓形毬果,直徑1.2公分,先為藍綠色,後變成綠黃色,成熟時為褐色,鱗片各具鉤形尖端。

• **原產地** 不明,可能在喜馬拉雅山區。

• **環境** 目前僅知適於栽培。

• **註釋** 這是一種特別漂亮的小型至中型高度的樹。隨樹齡的增長,樹形更加開闊。

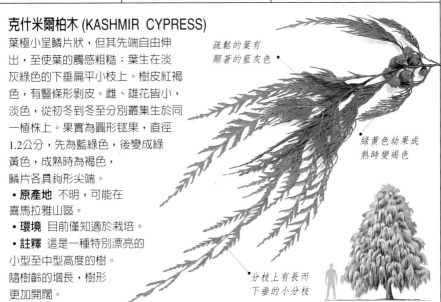

疏鬆的葉有顯著的藍灰色

綠黃色幼果成熟時變褐色

分枝上有長而下垂的小分枝

高度 20公尺	樹形 窄垂枝形	葉持久性 常綠	葉型

科 柏科	種 *Cupressus glabra*	命名者 Sudworth

細皮南美扁柏 (SMOOTH ARIZONA CYPRESS)

葉極小呈鱗片狀,先端尖銳,藍灰色,下面中央部分有微小的白色樹脂斑;葉緊貼於莖,生在紅色樹枝上的不規則芳香小枝上。樹皮紅褐色和紅紫色,有圓斑形剝落。雄花黃色,引人注目;雌花綠色,雌雄同株,冬至到冬末集聚成小毬花生於枝頂。果實為圓形灰褐色毬果,直徑2.5公分,可在分枝上生長數年的之久。

• **原產地** 美國的亞利桑那州。

• **環境** 岩石山坡上。

• **註釋** 本種樹已普遍栽培,常呈金字塔形,葉為銀藍色,密集。它常被誤認為另一種外形相似,但較稀有的*Cupressus arizonica*(亞利桑那柏木)。

毬果鱗片包住種子

雄花明顯

高度 20公尺	樹形 窄錐形	葉持久性 常綠	葉型

科 柏科	種 *Cupressus lusitanica*	命名者 Miller

墨西哥柏木 (CEDAR OF GOA)

葉極小呈鱗片狀，尖端自由伸出，灰綠色，生在不規則而略有芳香味的小枝上。樹皮褐色，有豎向纖維條剝落。雄花為黃褐色，雌花為淡灰綠色，早春集聚成小毬花生於枝頂。果實為圓形毬果，直徑1.5公分。初期為淡灰藍色，後變為褐色而有光澤，每片鱗片都有尖形凸起，果實二年成熟。

- **原產地** 常見於美國、墨西哥。
- **環境** 山區。
- **註釋** 一度認為原產於葡萄牙。

有白霜的幼果

毬果成熟時變褐色

微小的雄花

△ 墨西哥柏木

◁ 藍灰葉墨西哥柏木「GLAUCA PENDULA」
生有藍灰色葉子的垂枝，是區分此變種的特徵。

高度 30公尺	樹形 窄錐形	葉持久性 常綠	葉型

科 柏科	種 *Cupressus macrocarpa*	命名者 Hartweg ex Gordon

大果柏木 (MONTEREY CYPRESS)

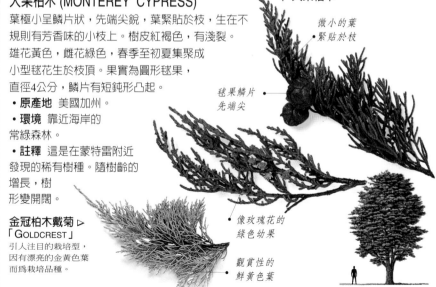

葉極小呈鱗片狀，先端尖銳，葉緊貼於枝，生在不規則有芳香味的小枝上。樹皮紅褐色，有淺裂。雄花黃色，雌花綠色，春季至初夏集聚成小型毬花生於枝頂。果實為圓形毬果，直徑4公分，鱗片有短鈍形凸起。

- **原產地** 美國加州。
- **環境** 靠近海岸的常綠森林。
- **註釋** 這是在蒙特雷附近發現的稀有樹種。隨樹齡的增長，樹形變開闊。

▽ 大果柏木

微小的葉
緊貼於枝

毬果鱗片
先端尖

金冠柏木戴菊 ▷「GOLDCREST」
引人注目的栽培型，因有漂亮的金黃色葉而為栽培品種。

像玫瑰花的綠色幼果

觀賞性的鮮黃色葉

高度 25公尺	樹形 寬錐形	葉持久性 常綠	葉型

科 柏科	種 *Cupressus sempervirens*	命名者 Linnaeus

地中海柏木,義大利柏木 (ITALIAN CYPRESS)

葉鱗片狀,極小,先端鈍,深綠色,無白斑,僅有少許
芳香味或無氣味,生在不規則小枝上,緊貼於樹枝。
樹皮灰褐色,有淺螺旋形脊。雄花為黃褐色,
雌花為綠色,集聚成小型毬花生於枝頂,
春季開花。果實為卵形至圓形毬果,
長4公分,綠色,成熟時為褐色,
鱗片疊蓋,其上有小突起。

- **原產地** 亞洲西南部,地中海東部。
- **環境** 山區岩石地帶。
- **註釋** 以「Stricta」聞名的窄型
樹,普遍種植在地中海地區,
形成獨具特色的景觀。

小而鈍形的葉生
在短小分枝上

小分枝排列
在枝條周圍

△ 義大利柏木

密集而鮮綠色生
葉小枝在先端變
黃色

光滑的鱗片包住綠色
不成熟的毬果

毬果成熟時從
有光澤的綠色
變為褐色

毬果鱗片中心
有鉤形尖

黃葉義大利柏木▷
「SWANE'S GOLDEN」
曾在澳洲種植的這種樹
生長得慢,變成一種窄而聚湊的小
樹。生有黃尖葉的小枝使該種植物有
一種金黃色的總體外觀。

高度 50公尺	樹形 窄柱形	葉持久性 常綠	葉型

科 柏科	種 *Fitzroya cupressoides*	命名者 (Molina)Johnston

智利柏 (PATAGONIAN CYPRESS)

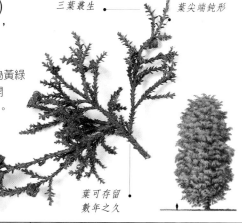

葉呈長圓形，厚，長達3公厘，先端鈍，
三葉輪生，暗綠色，各面有二白色帶，
生於細長的懸垂枝條上。樹皮紅褐色，
有豎長條形剝皮。雄花為黃色，雌花為黃綠
色，集聚成小型毬花生於枝頂，春季開
花。果實為圓形褐色毬果，直徑8公厘。
- **原產地** 阿根廷，智利。
- **環境** 山區。
- **註釋** 亦稱為alerce。學名
來源於Fitzroy船長，達
爾文曾乘他的*Beagle*號
船航行到南美。

三葉叢生 ● —— 葉尖端鈍形

葉可存留
數年之久

高度 50公尺	樹形 寬柱形	葉持久性 常綠	葉型

科 柏科	種 *Juniperus chinensis*	命名者 Linnaeus

圓柏 (CHINESE JUNIPER)

成熟葉為鱗片狀，極小，先端鈍，生在不
規則的芳香小枝上，緊貼於枝條；幼葉
為刺形，長達8公厘，有銳尖，對生或
三葉輪生，綠色，葉上面有二淡灰綠色
帶，生在枝基部。樹皮紅褐色，有豎
條形剝皮。雌雄花異株，雄花為黃
色，雌花小，紫綠色，集聚成小型毬
花生於枝頂，春季開花。果實似漿果
的淡灰綠色毬果，直徑達8公厘。
- **原產地** 中國，日本。
- **環境** 丘陵和山區。
- **註釋** 雖然各棵樹常同時並存
有成熟葉和幼葉，但也有些
樹可能只有其中一種
葉，或鱗葉，或刺葉。
這種樹可成為灌木，
也有許多栽培型。

黃葉圓柏 ▷
「AUREA」
又稱楊氏金檜的這種樹
具有黃色葉。

幼葉有銳尖

圓柏、龍柏

長成的簇葉
有鱗形葉

高度 25公尺	樹形 窄錐形	葉持久性 常綠	葉型

科 柏科	種 *Juniperus communis*	命名者 Linnaeus

歐洲刺柏 (COMMON JUNIPER)

葉為刺形，細長，長達1.2公分，三葉輪生，有銳尖，綠色有光澤，上面有寬的白色帶。樹皮紅褐色，有薄的鱗條形剝皮。雌雄花異株，雄花為黃色，雌花小，綠色，集聚成小型毬花生於葉腋，春季開花。果實為毬果，似漿果，長6公厘，由綠色變為淡灰綠色，具白霜，成熟時為黑色有光澤。

- **原產地** 北半球溫帶地區。
- **環境** 從海岸礁石至高山的開闊地帶。
- **註釋** 本種樹形態多樣：它可以是匍匐植物，濃密的灌木，或成為喬木。漿果可使杜松子酒產生特有味道，也可用它作為烹飪調味品。

全部葉子皆為刺形 •

• 綠色幼果成熟時變黑色

• 葉上面有白色帶

高度 6公尺	樹形 窄錐形	葉持久性 常綠	葉型

科 柏科	種 *Juniperus deppeana*	命名者 Steudel

墨西哥圓柏 (ALLIGATOR JUNIPER)

葉呈鱗片狀且小，長達3公厘，鮮綠色，背面有明顯的白斑，近基部有二白色帶，葉基部緊貼於枝，先端游離，有銳尖，觸感粗糙，壓碎時有芳香味。樹皮暗灰色，深裂成小的長圓形片。花不明顯。果實為圓形紅褐色毬果，具白霜，直徑1.5公分。

- **原產地** 墨西哥，美國西南部。
- **環境** 高山中的岩石山坡。
- **註釋** 亦稱為 *Juniperus deppeana* var *pachyphlaea*，它具有很容易區分的花格形樹皮。

小葉有自由伸展的尖端 •

• 葉呈藍灰色

葉有白色樹脂斑

高度 15公尺	樹形 寬錐形	葉持久性 常綠	葉型

科 柏科	種 *Juniperus drupacea*	命名者 Labillardière

敍利亞圓柏 (SYRIAN JUNIPER)

葉呈刺形，堅硬，較細長，達2.5公分，三葉輪生，
有銳尖，上面有兩條寬的白色帶，下面有一條綠色中
脈和葉緣；下面為綠色有光澤，帶有脊，葉從三稜形
枝上伸展出來。樹皮橙褐色，有薄的豎條形剝皮。
雌雄花異株，雄花黃色，雌花極小，綠色，
集聚成小型毬花生於葉狀短枝頂，春
季開花。果實頗大，為似漿果的帶霜
毬果，長2.5公分，最初為藍綠色，後
變為褐色，成熟時為黑紫色，有先端呈
尖形的三角形鱗片。

葉的上面
有二白色帶

與眾不同的
大毬果

- **原產地** 亞洲西南部，希臘。
- **環境** 山區森林。
- **註釋** 這種樹葉比其他柏樹的葉都
寬，極易區分。大形毬果稀少，
僅栽培的植物偶而有之。

高度 10公尺	樹形 窄柱形	葉持久性 常綠	葉型

科 柏科	種 *Juniperus occidentalis*	命名者 W. J. Hooker

北美西部圓柏 (WESTERN JUNIPER)

葉為鱗片狀小葉，3葉輪生，邊緣有微小齒
裂，灰綠色，下面有一小腺體，葉緊
貼於結實的樹枝上，生在銳尖、
自由的壯枝上。樹皮紅褐色，
有溝紋和剝落。花為雌雄異株，
雄花為黃色，雌花為綠色，聚成毬花
生於枝頂，春季開花。果實藍黑色
毬果，圓形至卵形，似漿果，
有粉霜，長1公分，二年成熟。

有些小葉生在
茁壯的枝上

- **原產地** 美國西部。
- **環境** 岩石山坡和山區
的乾燥土地。
- **註釋** 齒形葉緣僅在放大的情況下
才能看到。在美國加州的
內華達山區的山嶺上，可看到
這種樹從岩石中長出，
其樹齡超過2000年。

高度 20公尺	樹形 寬錐形	葉持久性 常綠	葉型

科 柏科	種 *Juniperus oxycedrus*	命名者 Linnaeus

刺檜 (PRICKLY JUNIPER)

葉呈刺形，細長，達2.5公分，3葉輪生、外展，有
銳尖，上面為綠色，下面有二淡灰綠色帶。樹皮
紫褐色，有豎條形剝落。花為雌雄異株，雄花為
黃色，雌花綠色，集聚成小型毬花生於枝頂，
春季開花。果實為似漿果的毬果，直徑
1.2公分，最初有粉霜，
成熟時為紅色至紫色。
• **原產地** 亞洲西南部，
歐洲南部。
• **環境** 乾燥的山區和森林。
• **註釋** 亦稱為杜松。杜松油
即從該木材中取得，
用來治皮膚病。在不生長
歐洲刺柏（參閱45頁)的
巴利亞利克群島，人們用刺柏
漿果作為杜松子酒的代用品。

*有白霜
的幼果*

*細長帶尖的葉
使人有針刺般感覺*

高度 10公尺	樹形 寬錐形	葉持久性 常綠	葉型

科 柏科	種 *Juniperus recurva*	命名者 Buchanan－Hamilton ex D.Don

垂枝柏 (DROOPING JUNIPER)

葉為細長刺形，長6公厘，3葉輪生，有銳尖，
上面暗灰綠色，下面有二白色帶，觸感乾燥、
如紙，沿垂枝朝前生長。樹皮紅褐色，
有豎條形剝皮。花為雌雄同株，雄花黃色，
雌花綠色，集聚成小型毬花生於枝頂，
春季開花。果實為藍黑色毬果，似漿果，
有光澤，長達8公厘。
• **原產地** 中國西南部喜馬拉雅山。
• **環境** 高山區。
• **註釋** 也稱為喜馬拉雅山柏
樹。右圖所示*Juniperus
recurva* var. *coxii*(小果垂
枝柏)有略加展開的
葉，生在垂枝上。

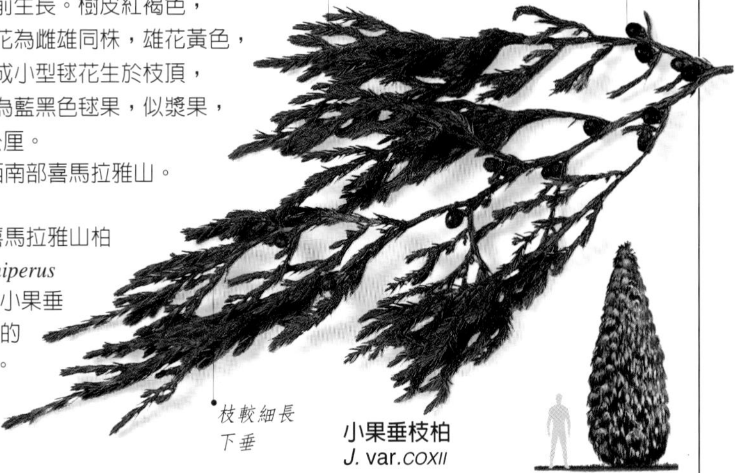

*刺形葉朝前
生長*

*毬果像
黑色漿果*

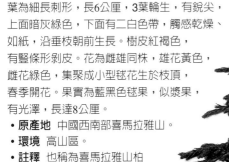

*枝較細長
下垂*

小果垂枝柏
J. var.*COXII*

高度 15公尺	樹形 窄錐形	葉持久性 常綠	葉型

科 柏科	種 *Juniperus scopulorum*	命名者 Sargent

落磯山圓柏 (ROCKY MOUNTAIN JUNIPER)

葉極小呈鱗片狀，綠至灰藍色，緊貼於樹枝。
樹皮紅褐色，有條形剝皮。花為雌雄同株，
雄花黃色，雌花綠色，聚成小型毬花生於枝
頂，春季開花。果實為似漿果的毬果，直徑
6公厘，藍黑色，帶有粉霜，二年成熟。

- **原產地** 北美西部。
- **環境** 森林和山區岩土地帶。
- **註釋** 又稱科羅拉多紅雪松，河柏，
岩山紅雪松。右圖「Skyrocket」
是最著名的栽培園藝型樹。
此樹源於柏樹，其英文名稱
即來源於Cypress島，
該島盛產此種樹。

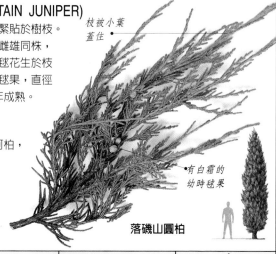

枝被小葉
蓋住

有白霜的
幼時毬果

落磯山圓柏

高度 12公尺	樹形 窄錐形	葉持久性 常綠	葉型

科 柏科	種 *Juniperus virginiana*	命名者 Linnaeus

鉛筆柏 (PENCIL CEDAR)

幼葉與成熟葉並存；成葉為鱗片狀，極小，
有尖頂，通常為綠色至藍綠色，緊貼於枝；
幼葉刺形，長達6公厘，一般成對生，
有銳尖，上面為灰綠色，下面
淡灰綠色，生於枝頂。樹皮
紅褐色，有縱條剝皮。
花為雌雄異株，雄花
黃色，雌花為綠色，
聚成小型毬花生於枝
頂，春季開花。果實
為似漿果的毬果、
藍綠色，帶粉白霜，
長6公厘，一年成熟。

- **原產地** 美洲東北部。
- **環境** 森林和岩石山坡。
- **註釋** 也稱為東部紅雪松，
紅雪松。廣泛分佈和栽培，
其木材用於製造鉛筆。

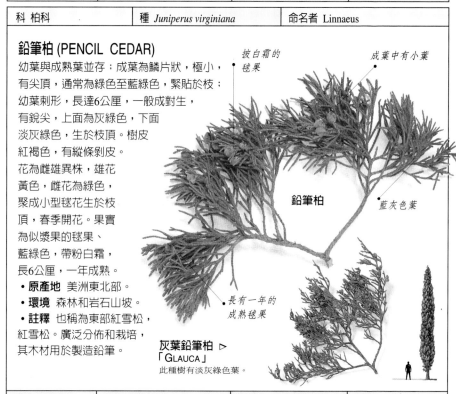

披白霜的
毬果

成葉中有小葉

鉛筆柏

藍灰色葉

長有一年的
成熟毬果

灰葉鉛筆柏 ▷
「GLAUCA」
此種樹有淡灰綠色葉。

高度 30公尺	樹形 窄柱形	葉持久性 常綠	葉型

科 柏科	種 *Thuja koraiensis*	命名者 Nakai

朝鮮崖柏 (KOREAN ARBOR-VITAE)

葉呈小鱗片狀，上面為鮮綠色，下面有
亮銀色斑，生在扁平小枝上，壓碎時
有芳香味。樹皮紅褐色，有
薄鱗片狀剝皮。花為雌雄同株，
雄花綠色，先端黑色；雌花綠
色，春季叢生於枝頂。果
實為長圓形的直立毬
果，長1公分，成熟時為
褐色，具有8枚鱗片。
- **原產地** 中國東北部，
韓國。
- **環境** 山區森林。
- **註釋** 本種樹既可能是
小喬木，也可能是
茂密的灌木。

葉上面為
鮮綠色

葉下面有
白色亮斑

葉面上的腺體
含芳香油

高度 10公尺	樹形 窄錐形	葉持久性 常綠	葉型

科 柏科	種 *Thuja occidentalis*	命名者 Linnaeus

美國崖柏 (AMERICAN ARBOR-VITAE)

葉呈極小鱗片狀，上面為黃綠色，下面顏色較淡，
無白斑，生長在芳香的扁平小枝上。樹皮
橙褐色，有豎條形剝皮。花為雌雄同株，
雄花為紅色，雌花為黃褐色，春季叢生
於枝頂。果實為長圓形的直立毬果，
長1公分，黃綠色，成熟時為褐色，
有8至10枚鱗片。
- **原產地** 美洲東北部。
- **環境** 岩石山坡上，常生於
石灰石上和沼澤地。
- **註釋** 也稱白雪松。本種樹是
在歐洲生長的第一批北美樹。
在栽培方面，因其多姿多彩，
已引起人們對它的多種選擇，
包括具有彩色葉的觀賞型
樹，以及許多低矮型樹。

葉下面為
綠色，無光澤

生於枝頂的
直立毬果

高度 20公尺	樹形 窄錐形	葉持久性 常綠	葉型

科 柏科	種 *Thuja plicata*	命名者 D. Don

美國喬柏 (WESTERN RED CEDAR)

葉呈鱗片狀，極小，上面綠色有光澤，下面
有白斑，生在芳香的小枝上。樹皮紫褐色，有
豎向剝裂。花為雌雄同株，雄花為紅黑色，開
放時呈黃色；雌花黃綠色，春季各叢生於枝頂。
果實為卵球形直立毬果，
長1.2公分，黃綠色，成熟時變褐色。
- **原產地** 北美西北部。
- **環境** 山區。

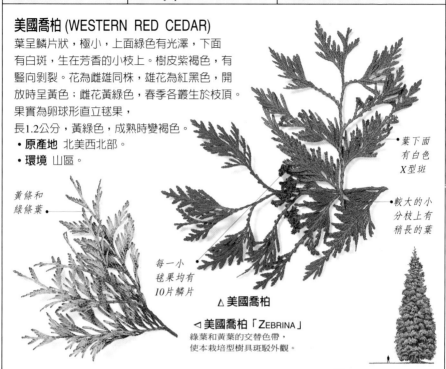

黃條和
綠條葉

葉下面
有白色
X型斑

較大的小
分枝上有
稍長的葉

每一小
毬果均有
10片鱗片

△ 美國喬柏

◁ 美國喬柏「ZEBRINA」
綠葉和黃葉的交替色帶，
使本栽培型樹具斑駁外觀。

高度 50公尺	樹形 窄錐形	葉持久性 常綠	葉型

科 柏科	種 *Thuja standishii*	命名者 (Gordon)Carrière

日本香柏 (JAPANESE ARBOR-VITAE)

葉極小成鱗片狀，先端鈍尖，上面為黃綠色，
下面顏色較淡，有白斑，生在芳香的下垂扁
平小枝上。花為雌雄同株，雄花為黑紅
色，開放時呈黃色；雌花為綠色，
春季叢生於枝頂。果實長圓形
直立毬果，長1公分，成熟時
紅褐色，約有10枚鱗片。
- **原產地** 日本。
- **環境** 岩石山嶺和荒野。
- **註釋** 葉子壓碎時
有特殊甜味。

葉上面呈
鮮黃綠色

極小的褐色
毬果生於枝頂

葉下面為較
淡的綠白色

高度 20公尺	樹形 寬錐形	葉持久性 常綠	葉型

| 科 柏科 | 種 *Thujopsis dolabrata* | 命名者 (Linnaeus f.)Siebold & Zuccarini |

羅漢柏 (HIBA)

葉呈鱗片狀，長6公厘，上面暗綠色至
黃綠色，生在寬扁的小枝條上。
樹皮紫褐色，剝落皮呈薄條形。
花為雌雄同株，雄花為黑綠色，
雌花為藍灰色，春季各集生於
枝頂。果實為褐色毬果，
有白霜，長1.2公分。
* **原產地** 日本。
* **環境** 潮濕的山區森林。

葉上面有小白斑

葉下面的色斑
很明顯

毬果鱗片有銳利
尖端

| 高度 20公尺 | 樹形 寬錐形 | 葉持久性 常綠 | 葉型 |

銀杏科

雖然本科只有一個成員，無近緣種類，但化石記錄說明，類似植物在1億5千萬年至2億年前廣泛分佈在世界各地。此種樹通常被劃為針葉樹，實際上它是比真正的針葉樹更原始的一類群植物中唯一的倖存者。

| 科 銀杏科 | 種 *Ginkgo biloba* | 命名者 Linnaeus |

銀杏 (MAIDENHAIR TREE)

葉呈扇形，長7.5公分，有各種不同凹缺和從
基部分叉的葉脈，葉呈暗綠色，秋季變鮮黃
色，在長枝上單生，在較短側枝上叢生。
樹皮灰褐色，有脊和裂縫。花雌雄異
株，兩性花都小，同為黃綠色，
叢生雄花似柔荑花序，
雌花單生或雙生在
短柄上，春季開花。
果實為似李屬植物的
果實，黃綠色，成熟時
變橙褐色，果仁可食。
* **原產地** 中國。
* **環境** 只有栽培的樹。
* **註釋** 腐爛果實有一種
特別難聞的味道。

葉有深凹缺

叢生葉

△ 銀杏樹

葉脈平行

斑葉銀杏 ▷
「VARIEGATA」
此變型樹的葉有
乳黃色帶狀條紋。

| 高度 40公尺 | 樹形 寬錐形 | 葉持久性 落葉 | 葉型 |

松科

<big>本</big>科包括冷杉(參閱52-57頁),落葉松(參閱60-61頁)和松(參閱66-75頁)。約有10屬,200種喬木和灌木,主要生長在北溫帶區。落葉松和金錢松(參閱76頁)均為落葉樹。單性花,雌雄同株;雌花發育成木質毬果。

科 松科	種 *Abies alba*	命名者 Miller

歐洲冷杉 (EUROPEAN SILVER FIR)

葉線形,長3公分,先端凹缺,上面為暗綠色帶有光澤,下面有二白色帶,葉在枝兩側向外伸展,上面的葉較短並朝前。樹皮灰色,光滑,隨年齡增長而碎裂成小片。花為雌雄同株,雄花黃色,生於枝下方;雌花綠色,直立,春季兩性花分別叢生。果實為圓柱形、直立的毬果,長15公分,初期為綠色,成熟時為褐色,被突出的下彎苞鱗所包住。

- **原產地** 歐洲。
- **環境** 山區森林。
- **註釋** 也稱為銀冷杉。樹上的毬果只在高處生長。歐洲許多地方廣泛用此種樹作聖誕樹。

葉先端有凹缺

雄花開放時為黃色

毬果苞鱗向外突

葉下面的白色帶

高度 40公尺	樹形 窄錐形	葉持久性 常綠	葉型

科 松科	種 *Abies bracteata*	命名者 (D. Don)Nuttall

硬苞冷杉 (SANTA LUCIA FIR)

葉呈針形,堅硬,長5公分,先端尖銳,上面暗綠色帶光澤,下面有二白色帶,葉在枝兩側向外伸展。樹皮暗灰色,光滑。花為雌雄同株,雄花黃色,生於枝下面;雌花綠色,直立,春季兩性花分別叢生。果實卵形,直立的毬果,長10公分,綠色,成熟時為褐色,有明顯較長的剛毛狀苞鱗。

- **原產地** 美國加州。
- **環境** 山坡上的常綠森林。
- **註釋** 也稱為剛毛毬果冷杉,它是最稀少的野生北美冷杉。

葉下面有二白色帶

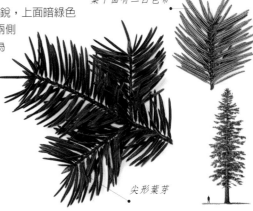

尖形葉芽

高度 35公尺	樹形 窄錐形	葉持久性 常綠	葉型

科 松科	種 *Abies cephalonica*	命名者 Loudon

希臘冷杉 (GREEK FIR)

葉呈線形，堅硬，長3公分，尖端銳利，
上面暗綠色，下面有二白色帶，繞枝條
而生。樹皮灰色，裂成小方形。花為雌雄
同株，雄花紅色，生在枝下面；雌花綠色，
直立，春季兩性花叢生。果實為褐色毬
果，長15公分，圓柱形，兩端細，
有突出的下彎苞鱗。

• **原產地** 歐洲東南部。
• **環境** 山區。

葉端
尖銳

下面有二
白色帶

高度 30公尺	樹形 窄錐形	葉持久性 常綠	葉型

科 松科	種 *Abies concolor*	命名者 (Gordon)Lindley

科羅拉多冷杉 (COLORADO FIR)

葉呈線形，長6公分，尖端鈍形，
呈藍灰或灰綠色，在枝下展開並上彎。
樹皮灰色，光滑，隨年齡的增長而變
鱗片狀。花為雌雄同株，雄花黃色，
生在枝下方；雌花綠黃色，直立，
春季兩性花分別叢生。果實為圓柱形
直立毬果，長10公分。

• **原產地** 美國西部。
• **環境** 山坡。
• **註釋** 也稱為白冷杉。

雄花懸於
枝下

葉兩面顏色
相同

高度 40公尺	樹形 窄錐形	葉持久性 常綠	葉型

科 松科	種 *Abies forrestii*	命名者 Rogers

雲南冷杉 (ABIES FORRESTII)

葉呈線形，長4公分，先端凹缺，上面為暗綠
色，下面有二白色帶，枝下面的葉向外伸展，
上面的葉密集。樹皮灰色，光滑。花為雌雄
同株，雄花紫色，生在枝下面；雌花紫
色，直立；春季兩性花分別叢生。果實
為直立狀毬果，長10公分，呈深紫色，
有小形、突出的下翻苞片。

• **原產地** 中國西部，西藏東南。
• **環境** 高山區。

紫色
雌毬花群

雄花

葉下面的
亮色帶

高度 20公尺	樹形 窄錐形	葉持久性 常綠	葉型

科 松科	種 *Abies grandis*	命名者 (Douglas)Lindley

大冷杉 (GIANT FIR)

葉呈線形,細長,達5公分,先端凹缺,
葉上面鮮綠色,下面有二白色帶,
葉在枝兩側展開。樹皮灰褐色,光滑,
隨年齡增長而裂開。花為雌雄同株,
雄花紅色,開放時呈黃色;雌花綠色,
直立,春季兩性花分別叢集生。
果實綠色,成熟時為褐色。

- **原產地** 北美西部。
- **環境** 低山坡的常綠森林。

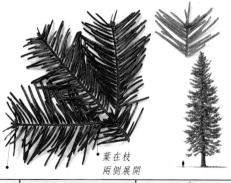

枝頂處
的小葉芽

葉在枝
兩側展開

高度 50公尺	樹形 窄錐形	葉持久性 常綠	葉型

科 松科	種 *Abies homolepis*	命名者 Siebold & Zuccarini

竹冷杉 (NIKKO FIR)

葉端凹缺

葉呈線形,長3公分,先端凹缺,上面
為暗綠色帶白霜,下面有二白色帶,葉
在枝兩側展開。樹皮灰色有粉紅色調,
隨年齡增長成鱗狀。花雌雄同株,雄花
紅色,雌花紫紅色,直立,春季兩性花
分別叢生。果實為圓柱形直立毬果,
長10公分,成熟時為褐色。

葉下面

- **原產地** 日本。
- **環境** 山區森林。

高度 30公尺	樹形 窄錐形	葉持久性 常綠	葉型

科 松科	種 *Abies koreana*	命名者 Wilson

朝鮮冷杉 (KOREANFIR)

葉下面幾乎
全是白色

葉呈線形,長2公分,先端凹缺有圓角,
上面暗綠色,下面有二白色帶或全白,枝上
的葉排列緊密,下面的葉向外伸展。樹皮
暗灰褐色,花雌雄同株,雄花黃色,生於
枝的下方;雌花紅紫色,直
立,春季兩性花分別叢生。
果實為圓柱形直立毬果,
長7.5公分,下彎苞鱗突出。

- **原產地** 南韓。
- **環境** 山區。

幼樹有紫色毬果

高度 15公尺	樹形 窄錐形	葉持久性 常綠	葉型

科 松科	種 *Abies lasiocarpa*	命名者 (W.J. Hooker)Nuttall

亞高山冷杉 (SUBALPINE FIR)

葉呈線形，長4公分，先端凹缺，葉上面灰綠
色，下面有二白色帶；枝條上的葉直立生長，
中心的葉則向前伸，下面的葉向外伸展。樹
皮灰白色，光滑，有樹脂泡病。花為雌雄同
株，雄花為紅色，生於枝下面；雌花為紫
色，直立，春季分別叢集生。果實為圓
柱形直立毬果，長10公分，
成熟時為褐色。
- **原產地** 北美西部。
- **環境** 從海平面
至山地。

亞高山冷杉 ▷

栓皮冷杉 ▷
VAR. *ARIZONICA*
稱為栓皮冷杉的
本變種，產於該地
南部。它的特徵是
具有更明顯藍色葉
和像軟木的樹皮。

葉下面有二條
窄的白色帶

高度 30公尺	樹形 窄錐形	葉持久性 常綠	葉型

科 松科	種 *Abies magnifica*	命名者 Murray

加州紅冷杉 (CALIFORNIA RED FIR)

葉呈線形，長4公分，先端鈍形，灰綠色，枝條上
的葉直立生長，下面的葉彎
向上伸展。樹皮灰色，粗糙
似軟木；老樹皮則為紅
色。花為雌雄同株，雄花
為紫紅色，雌花為紅色，
直立，春季兩性花分別
叢生。果實為粗圓柱形
的直立毬果，長20公分
或更長，初期為紫色，
成熟時為褐色。
- **原產地** 美國加州，
俄勒岡州南部。
- **環境** 乾燥山坡和山嶺。
- **註釋** 也稱為紅冷杉。

葉從枝的下方
向上彎

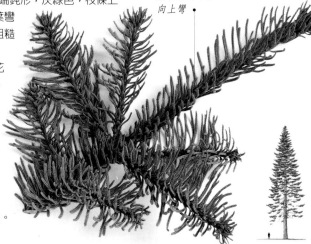

高度 40公尺	樹形 窄錐形	葉持久性 常綠	葉型

科 松科	種 *Abies nordmanniana*	命名者 (Steven)Spach

高加索冷杉 (CAUCASIAN FIR)

葉呈線形，長4公分，先端凹缺，上面為鮮綠色有光澤，下面有二白色帶；枝條上的葉稠密，下面的葉向外伸展。樹皮灰色，光滑，隨年齡增長裂成小方片。花為雌雄同株，雄花紅色，生在枝下方，雌花綠色，直立，春季分別叢生。果實為粗圓柱形的直立毬果，長達15公分，綠色，成熟時為紫褐色，下彎苞鱗突出。

- **原產地** 高加索山脈，土耳其東北部。
- **環境** 山區森林。

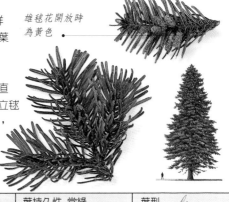

雄毬花開放時為黃色

高度 50公尺	樹形 窄錐形	葉持久性 常綠	葉型

科 松科	種 *Abies numidica*	命名者 Carrière

阿爾及利亞冷杉 (ALGERIAN FIR)

葉呈線形，堅硬，長2公分，先端圓或凹缺，上面暗灰綠色，近先端有小白斑，下面有二白色帶；葉密佈於枝周圍，上面直立，下面向外伸展。樹皮灰紫色，光滑，隨年齡增長而剝落。花為雌雄同株，雄花有紅彩，開放時呈黃色，生於枝下面；雌花綠色，直立，春季分別叢生。果實為圓柱形直立毬果，長18公分，紫綠色，成熟時褐色，先端鈍形。

- **原產地** 阿爾及利亞。
- **環境** 近海岸山區。
- **註釋** 世界稀有品種。與西班牙冷杉 (參閱57頁)為近緣關係。

綠色雌花

毬果先端為鈍形

幼毬果紫綠色，成熟時褐色

葉端鈍狀，短而粗

葉下面有明顯白色帶

葉上面近尖端有白斑

高度 25公尺	樹形 窄錐形	葉持久性 常綠	葉型

科 松科	種 *Abies pinsapo*	命名者 Boissier

西班牙冷杉 (SPANISH FIR)

葉呈線形，堅硬，長2公分，先端鈍形，
灰綠色至灰藍色，在枝周圍密集伸出。
皮暗灰色，隨年齡增長裂成方片。
花為雌雄同株，雄花紅色，開放時呈黃
色，生於枝下面，雌花綠色，直立，春季
分別叢生。果實為圓柱形直立毬果，
長15公分，成熟時變褐色。

- **原產地** 西班牙南部。
- **環境** 山坡。

葉兩面
有白色帶

堅硬的葉

紅色
雄毬花開放
時呈黃色

高度 25公尺	樹形 窄錐形	葉持久性 常綠	葉型

科 松科	種 *Abies procera*	命名者 Rehder

高大冷杉 (NOBLE FIR)

葉呈線形，長3公分，先端鈍形，
葉上有溝，灰綠色至灰藍色。樹皮淡
銀灰色或紫色，隨年齡增長而出現
淺裂。花為雌雄同株，雄花紅色，
生於枝下面；雌花紅色或綠色，
春季分別叢生。果實為粗圓柱形，
紫褐色的直立毬果，長25公分，
下彎苞鱗突出。

- **原產地** 美國西部。
- **環境** 朝西的山坡。

葉兩面皆
有白色帶

高度 50公尺	樹形 窄錐形	葉持久性 常綠	葉型

科 松科	種 *Abies veitchii*	命名者 Lindley

富士山冷杉 (ABIES VEITCHII)

葉呈線形，長3公分，先端凹缺，葉上面暗綠色
帶光澤，下面有二鮮明藍白色帶，葉沿枝密集
朝前生長。樹皮灰色，光滑，隨年齡增長成鱗
狀。花為雌雄同株，雄花紅色，生於枝下面；
雌花紅紫色，春季兩性花分別叢
生。果實為圓柱形直立毬果，
長7.5公分，成熟時變褐色。

- **原產地** 日本。
- **環境** 常綠的山區森林。

葉下面有
鮮明色帶

苞鱗尖端為
淡褐色

高度 25公尺	樹形 窄錐形	葉持久性 常綠	葉型

科 松科	種 *Cedrus atlantica*	命名者 Manetti

北非雪松 (ATLAS CEDAR)

葉呈針形，細長達2公分，在長枝上單生，在生長
極慢的較短側枝上密集輪生，先端銳尖，灰綠至暗
綠色，生在有毛的枝上。樹皮在裂成鱗片的老樹上呈
暗灰色。花為雌雄同株，雄花黃色，雌花綠色，
秋季兩性花分別直立叢生。果實為直立桶形毬果，
長7.5公分，幼果為綠紫色，後變為紫褐色，
成熟時為褐色，二至三年成熟，果實落前裂開。

- **原產地** 阿爾及利亞、摩洛哥。
- **環境** 森林。
- **註釋** 有時將本種樹列為黎巴嫩雪松（參閱59頁）的
地理亞種，它與後者的區別易由樹形看出。其野生植
物只能在北非阿特拉斯山脈發現，這是介於地中海與
撒哈拉沙漠間的山區。

雄毬花秋季
開放

葉在長枝上
單生

北非雪松

毬果落前裂開

葉在側枝
上輪生

△ **藍色雪松** *F. GLAUCA*
公園中最常見的樹，
它有鮮灰綠色的葉。

高度 40公尺	樹形 寬錐形	葉持久性 常綠	葉型

科 松科	種 *Cesrus brevifolia*	命名者 Henry

短葉雪松 (CYPRIAN CEDAR)

葉呈針形，長2公分，在長枝上單生，
在生長慢的側枝上密集輪生，暗綠色。
樹皮暗灰色，裂成豎片。花為雌雄同株，
雄花藍綠色，雌花綠色，秋季分
別叢生，呈直立狀。果實為圓柱形
直立毬果，長達7公分，初期為
紫綠色，成熟時為褐色。

- **原產地** 塞浦路斯。
- **環境** 山區。
- **註釋** 短葉是本種樹與其近緣黎巴嫩
雪松（參閱59頁）的區別標誌。

輪生葉
很短

毬果成熟
時變褐色

高度 20公尺	樹形 寬錐形	葉持久性 常綠	葉型

| 科 松科 | 種 *Cedrus deodara* | 命名者 G. Don |

雪松 (DEODAR)

葉呈針形，長4公分，在長枝上單生，在側枝上密集輪生，由綠至灰綠色，枝端明顯下垂。樹皮暗灰色，隨年齡增長沿豎向裂開。花為雌雄同株，雄花為紫色，開放時呈黃色；雌花為綠色，秋季兩性花分別叢生，呈直立狀。果實為直立的桶形毬果，長達12公分，成熟時為紫褐色。

- **原產地** 喜馬拉雅山西部。
- **環境** 山區森林。
- **註釋** 亦稱為喜馬拉雅雪松。

長葉

有些葉單生

綠色的未成熟毬果，成熟時變褐色

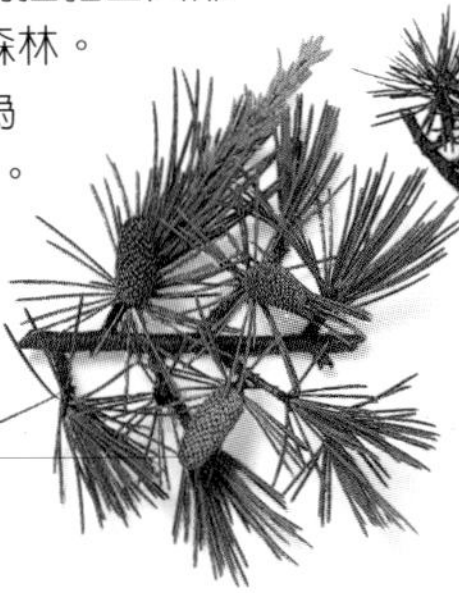

雄毬花開放時呈黃色

葉在短側枝上輪生

| 高度 50公尺 | 樹形 寬錐形 | 葉持久性 常綠 | 葉型 |

| 科 松科 | 種 *Cedrus libani* | 命名者 A. Richard |

黎巴嫩雪松 (CEDAR OF LEBANON)

葉呈針形，長3公分，在長枝上單生，在側枝上密集輪生，由暗綠色至灰藍。樹皮暗灰色，裂成豎片。花為雌雄同株，雄花藍綠色，開放時呈黃色；雌花綠色，秋季分別叢生，呈直立狀。果實為直立桶形毬果，長達12公分，紫綠色，成熟時為褐色。

- **原產地** 黎巴嫩，土耳其西南部。
- **環境** 山區森林。
- **註釋** 此種植物的老樹有明顯特徵：葉生在寬而扁平的小枝上，並被幾個大莖支撐 。

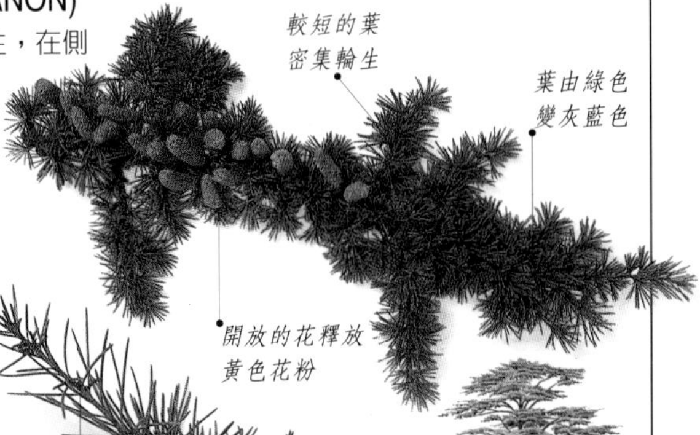

較短的葉密集輪生

葉由綠色變灰藍色

開放的花釋放黃色花粉

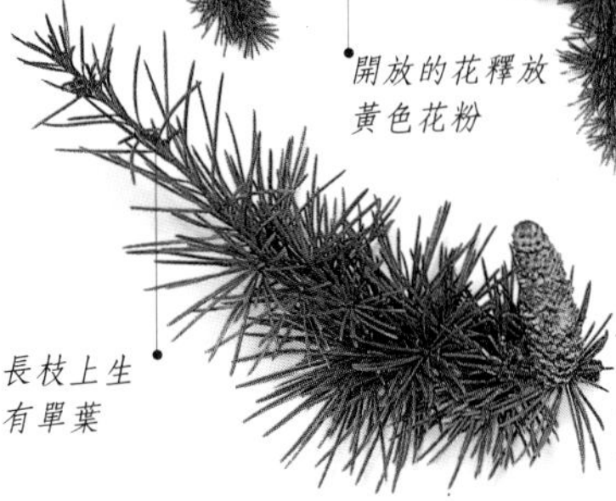

長枝上生有單葉

| 高度 40公尺 | 樹形 寬柱形 | 葉持久性 常綠 | 葉型 |

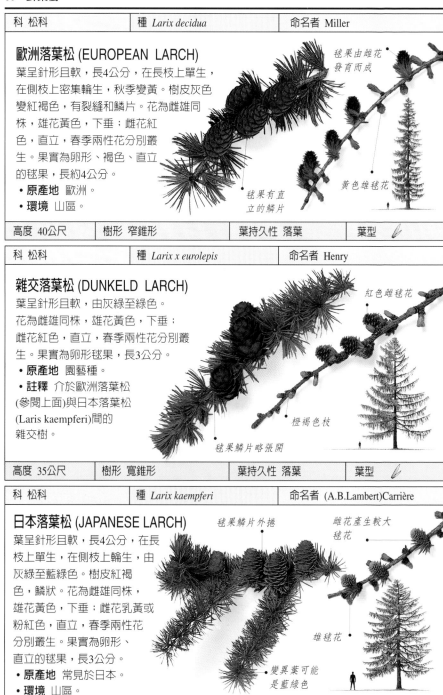

科 松科	種 *Larix decidua*	命名者 Miller

歐洲落葉松 (EUROPEAN LARCH)

葉呈針形且軟，長4公分，在長枝上單生，在側枝上密集輪生，秋季變黃。樹皮灰色變紅褐色，有裂縫和鱗片。花為雌雄同株，雄花黃色，下垂；雌花紅色，直立，春季兩性花分別叢生。果實為卵形、褐色、直立的毬果，長約4公分。

- **原產地** 歐洲。
- **環境** 山區。

毬果由雌花發育而成

毬果有直立的鱗片

黃色雄毬花

高度 40公尺	樹形 窄錐形	葉持久性 落葉	葉型

科 松科	種 *Larix x eurolepis*	命名者 Henry

雜交落葉松 (DUNKELD LARCH)

葉呈針形且軟，由灰綠至綠色。花為雌雄同株，雄花黃色，下垂；雌花紅色，直立，春季兩性花分別叢生。果實為卵形毬果，長3公分。

- **原產地** 園藝種。
- **註釋** 介於歐洲落葉松(參閱上面)與日本落葉松(Laris kaempferi)間的雜交樹。

紅色雌毬花

橙褐色枝

毬果鱗片略張開

高度 35公尺	樹形 寬錐形	葉持久性 落葉	葉型

科 松科	種 *Larix kaempferi*	命名者 (A.B.Lambert)Carrière

日本落葉松 (JAPANESE LARCH)

葉呈針形且軟，長4公分，在長枝上單生，在側枝上輪生，由灰綠至藍綠色。樹皮紅褐色，鱗狀。花為雌雄同株，雄花黃色，下垂；雌花乳黃或粉紅色，直立，春季兩性花分別叢生。果實為卵形、直立的毬果，長3公分。

- **原產地** 常見於日本。
- **環境** 山區。

毬果鱗片外捲

雌花產生較大毬花

雄毬花

變異葉可能是藍綠色

高度 30公尺	樹形 寬錐形	葉持久性 落葉	葉型

科 松科	種 *Larix laricina*	命名者 (Du Roi)K. Koch

北美落葉松 (TAMARAC)

葉呈針形且軟，長3公分，在長枝上單
生，在生長慢的側枝上密集輪生，秋季
變黃色。樹皮粉褐色至紅褐色，鱗狀。
花為雌雄同株，雄花黃色，下垂於枝
下；雌花紅色，直立，春季兩性花分別
叢生。果實為卵形、褐色、直立的毬
果，長2公分，直挺鱗片比較少。

- **原產地** 北美。
- **環境** 森林和沼澤地。
- **註釋** 也稱美洲落葉松。廣泛分佈
在加拿大和美國東北部，生長範圍
向北遠至北極圈。

包有少數鱗片
的小毬果 •

紅色雌毬花

高度 20公尺	樹形 窄錐形	葉持久性 落葉	葉型

科 松科	種 *Larix occidentalis*	命名者 Nuttall

美國西部落葉松 (WESTERN LARCH)

葉呈針形且軟，長4公分，在長枝上單生，在
生長慢的側枝上密集輪生，鮮綠色，秋季變黃
色。樹皮紅褐色，皮厚，鱗狀。花為雌雄同
株，雄花為黃色，垂於枝下雌；花紅色，直
立，春季兩性花分別叢集生。果實為卵形、
褐色、直立的毬果，
長4公分苞片從鱗
片間伸出。

- **原產地** 北美西部。
- **環境** 山區。
- **註釋** 在其原產區，
這些植物很快長成最大
高度。這種樹可形成
純林，尤其在森林火
災後，種子發芽時。

細長的
三稜形葉 •

有毛的橙
褐色幼枝 •

高度 50公尺	樹形 窄錐形	葉持久性 落葉	葉型

| 科 松科 | 種 *picea abies* | 命名者 (Linnaeus)Karsten |

歐洲雲杉 (NORWAY SPRUCE)

葉呈針形，有四稜，細長堅硬，長2公分，先端銳尖，暗綠色，在光滑的褐色枝下面有展開形的葉。樹皮由紅褐色至灰色，有薄片狀剝皮。花為雌雄同株，雄花紅色，開放時呈黃色；雌花紅色，春季分別集生，呈直立狀。果實為圓柱形褐色毬果，下垂，長達15公分。

- **原產地** 歐洲。
- **環境** 山區森林，潮濕土地上。
- **註釋** 這種重要的樹種有許多變種和園藝品種。由於木材有商業價值，故被廣泛栽培。

有尖端的四稜形葉

毬果鱗片有裂口或齒形尖

雌花發育成毬果

葉下面

雄毬花放出花粉後落下

| 高度 50公尺 | 樹形 窄錐形 | 葉持久性 常綠 | 葉型 |

| 科 松科 | 種 *Picea breweriana* | 命名者 Watson |

布魯爾氏雲杉 (BREWER SPRUCE)

葉生在豎直下垂的枝上

葉呈針形，細長，彎曲，長3公分，扁平，尖端鈍形，暗綠色，下面有二白色帶，葉繞枝條排列。樹皮灰紫色，花為雌雄同株，雄花紅色，雌花紅色或綠色，春季分別叢生。果實為圓柱形毬果，長12公分。

- **原產地** 美國加州北部，俄勒岡州南部。
- **環境** 山區。

尖端圓形的寬闊鱗片包住毬果

| 高度 35公尺 | 樹形 窄重枝形 | 葉持久性 常綠 | 葉型 |

科 松科	種 *Picea glauca*	命名者 (Moench)Voss

白雲杉 (WHITE SPRUCE)

葉呈針形，有四稜，細長而堅硬，
長1.5公分，藍綠色，有白色帶，
在光滑近乎白色的枝條上朝前密集
排列。樹皮灰褐色，鱗狀。花為雌雄
同株，雄花紅色，開放時呈黃色；雌花
紫紅色，春季分別叢生。果實為圓柱形，
淡褐色的毬果，下垂，長6公分。
- **原產地** 加拿大，美國東北部。
- **環境** 森林。

光澤毬果

葉兩面都有
白色帶

高度 30公尺	樹形 窄錐形	葉持久性 常綠	葉型

科 松科	種 *Picea jezoensis*	命名者 (Siebold & Zuccarini) Carrière

魚鱗雲杉 (YEZO SPRUCE)

▽變種－日本魚鱗雲杉

葉呈針形，細長達1.5公分，扁平，上面暗綠
色，下面有二條寬的白色帶，淡色枝條上面的
葉朝前生長，下面的葉向外展開。樹皮灰褐
色，花為雌雄同株，雄花紅色，雌花紫紅
色，春季分別叢集生。果實為圓柱形，
紅褐色毬果，下垂，長達7.5公分。
- **原產地** 亞洲東北部，日本。
- **環境** 在陡峭山坡和乾燥高原上
的亞高山森林。

雌花

波紋形
邊緣的毬
果鱗片

綠色未成熟
毬果

高度 50公尺	樹形 窄錐形	葉持久性 常綠	葉型

科 松科	種 *Picea likiangensis*	命名者 (Franchet)Pritzel

麗江雲杉 (PICEA LIKIANGENSIS)

葉呈針形，細長達1.5公分，先端尖，上
面藍綠色，下面藍白色，淡褐色枝條上
的葉朝前長，下面的葉向外展開。樹皮淡
灰色，鱗狀，裂縫隨年齡增大。花為雌雄
同株，雄花紅色，雌花鮮紅色，春季分別
叢生。果實為圓柱形毬果，下垂，
長10公分，成熟時淡褐色。
- **原產地** 中國西部，西藏。
- **環境** 山區森林。

雌毬花

邊緣有齒的
毬果鱗片

高度 30公尺	樹形 寬錐形	葉持久性 常綠	葉型

科 松科	種 *Picea mariana*	命名者 (Miller)B.S.P.

黑雲杉 (BLACK SPRUCE)

葉呈針形，有四稜，細長達1.5公分，先端鈍形，上面藍綠色，下面灰白色，全部生在有毛的黃褐色枝條周圍。樹皮灰褐色，有剝落。花為雌雄同株，雄花和雌花皆為紅色，春季分別叢集生。果實為卵形，紅褐色的毬果，下垂，長達4公分。

• **原產地** 加拿大，美國東北部。

• **環境** 山坡和沼澤地區。

堅硬的四稜形葉

不常見的短毬果

高度 30公尺	樹形 窄錐形	葉持久性 常綠	葉型

科 松科	種 *Picea omorika*	命名者 (Pančić)Purkyně

塞爾維亞雲杉 (SERBIAN SPRUCE)

葉呈針形，細長，達2公分，扁平，上面暗綠色帶光澤，生在有毛的淡褐色枝條上。樹皮紫褐色，裂成方形。花為雌雄同株，雄花和雌花皆為紅色，春季分別叢集生。果實為窄卵形，紫褐色的毬果，下垂，長6公分。

• **原產地** 波士尼亞－黑塞哥維那／南斯拉夫。

• **環境** 靠近Drina河，生於石灰岩上。

葉從枝條向外展開

葉下面有藍白色帶

高度 30公尺	樹形 窄錐形	葉持久性 常綠	葉型

科 松科	種 *Picea orientalis*	命名者 (Linnaeus)Link

東方雲杉 (ORIENTAL SPRUCE)

葉呈針形，有四稜，長8公分，先端鈍尖，暗綠色帶光澤，全部圍繞白色至淡褐色的毛枝朝前生長。樹皮粉褐色，剝落成小片。花為雌雄同株，雄花紅色，開放時呈黃色；雌花紅色，春季分別集生。果實為圓柱形毬果，下垂，長10公分，成熟時為褐色。

• **原產地** 高加索山脈，土耳其東北部。

• **環境** 山區森林。

堅硬的鈍尖葉

有樹脂斑的毬果

東方雲杉 ▷

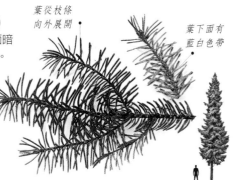

◁ **黃色東方雲杉「AUREA」**
有鮮黃色幼葉的栽培品種。

高度 50公尺	樹形 窄錐形	葉持久性 常綠	葉型

科 松科	種 *Picea pungens*	命名者 Engelmann

科羅拉多雲杉，北美雲杉 (COLORADO SPRUCE)

科羅拉多雲杉 ▷

堅硬的
四稜形葉

葉呈針形，長3公分，先端有刺，
由灰綠色至藍灰色，圍繞淡褐色枝
條排列。樹皮紫灰色，鱗狀。
花為雌雄同株，雄花紅色，
雌花綠色，晚春分別叢集生。
果實為淡褐色毬果，下垂。

△ 藍葉北美雲杉
「KOSTER」
此栽培型樹有亮的銀
藍色葉。

尖齒形的毬果鱗片上

- **原產地** 美國西部。
- **環境** 乾燥的山坡和河岸上。

高度 35公尺	樹形 窄錐形	葉持久性 常綠	葉型

科 松科	種 *Picea sitchensis*	命名者 (Bongard) Carrière

西特喀雲杉 (SITKA SPRUCE)

葉子生在光滑
枝條上

葉呈針形，長3公分，先端銳尖，上面
為鮮綠色，下面有二白色帶，全部圍繞白
色至淡褐色枝條排列樹皮灰色和紫灰色，
剝落成大鱗片。花為雌雄同株，雄花紅
色，雌花綠色，春季分別叢集生。
果實為圓柱形，淡褐色的毬果，
下垂，長10公分。

葉下面有
二白色帶

尖齒形的
毬果鱗片

- **原產地** 北美西部。
- **環境** 沿海岸潮濕低窪地帶。

高度 50公尺	樹形 窄錐形	葉持久性 常綠	葉型

科 松科	種 *Picea smithiana*	命名者 (Wallich)Boissier

長葉雲杉 (WEST HIMALAYAN SPRUCE)

細長的彎葉

葉呈針形，長4公分，有四稜，暗綠色，
全部圍繞淡褐色下垂枝條排列。
樹皮紫灰色，剝落成鱗片。花為雌
雄同株，雄花黃綠色，懸於枝頂，
雌花綠色，直立，晚春至初夏分別
叢集生。果實為毬果，下垂，
長20公分，成熟時為褐色。

顏色極淡
的枝條

- **原產地** 喜馬拉雅山西部。
- **環境** 高大常綠森林。

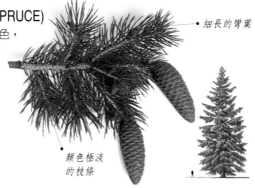

高度 40公尺	樹形 窄垂枝形	葉持久性 常綠	葉型

科 松科	種 *Pinu ayacahuite*	命名者 Ehrenberg

墨西哥白松 (MEXICANW HITE PINE)

葉呈針形，長達15公分，
5葉一束，藍綠色，生在黃
褐色枝條上。樹皮灰色，粗
糙。雄花黃色，雌花紅色，初夏
分別叢集生於幼枝。果實為毬果，
圓柱形，黃褐色像樹脂，下垂，
長達45公分，包有鱗片。

• **原產地** 瓜地馬拉北部，墨西哥。
• **環境** 山坡。

彎長葉
垂於枝下

◁ **變種－維氏松**
VAR. *VEITCHII*

高度 35公尺	樹形 寬錐形	葉持久性 常綠	葉型

科 松科	種 *Pinus bungeana*	命名者 Zuccarini

白皮松 (LACE－BARK PINE)

葉呈針形，堅硬，長達7.5公分，
3葉一束，先端銳尖，黃綠色，生在
光滑的灰綠色枝條上。樹皮灰綠色和
乳白色，剝落成小片。雄花為黃色，雌花
綠色，初夏分別叢集生於幼枝。果實為
卵形，黃褐色毬果，長7公分，
包有鱗片，其尖端有刺。

• **原產地** 中國北方。
• **環境** 主要生長在陡峭山坡的頁岩上。

三葉一束生在一
起，稀疏排列

小形矮胖毬果

高度 20公尺	樹形 寬錐形	葉持久性 常綠	葉型

科 松科	種 *Pinus cembra*	命名者 Linnaeus

阿羅拉松 (AROLLA PINE)

葉呈針形，長9公分，3葉一束，外表面綠
色，內表面藍灰色，生在綠色枝條上。
樹皮灰褐色，鱗狀。雄花紫色，開放時呈
黃色，雌花紅色；晚春分別叢生於幼枝。
果實為卵形毬果，長7.5公分，
成熟時為紅褐色，從不全張開。

• **原產地** 亞洲北部，歐洲。
• **環境** 山區。
• **註釋** 亦稱瑞士岩松（Swiss stone pine）。

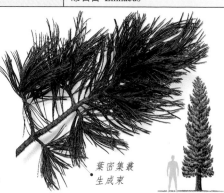

葉密集叢
生成束

高度 20公尺	樹形 窄柱形	葉持久性 常綠	葉型

科 松科	種 *Pinus contorta*	命名者 Loudon

扭葉松 (BEACH PINE)

葉呈針形,扭曲狀,長達5公分,暗綠色或
黃綠色,成對緊密排列在光滑的綠褐色枝
條上。樹皮紅褐色,裂成小方片。雄花為
黃色,雌花為紅色,晚春分別叢集生於幼
枝。果實為卵形,淡褐色毯果,沿枝條朝
後生長,長達5公分,鱗片有細長刺。

- **原產地** 北美西部。
- **環境** 沿海岸的沙丘和沼澤。
- **註釋** 也稱為海岸松。遍及阿拉斯
加到墨西哥。變種寬葉扭葉松,
即var. *latifolia*,在山區環境中
高度可達30公尺。

毯果鱗片
尖端有刺

扭葉松

雌毯花

▽ 扭葉松

較短毯果

一年生毯果
仍為綠色

雄毯花

較長的葉

◁ 寬葉扭葉松
VAR. *LATIFOLIA*

高度 10公尺	樹形 寬錐形	葉持久性 常綠	葉型

科 松科	種 *Pinus coulteri*	命名者 D. Don

大果松 (BIG-CONE PINE)

葉呈針形,堅挺,長30公
分,3葉一束生於極粗壯而有
白霜的枝上,灰綠色。
樹皮紫褐色,鱗狀,有深
裂。雄花為紫色,開放時
呈黃色,雌花為紅色,晚
春至初夏分別叢集生於幼
枝。果實為卵形毯果,黃褐
色像樹脂,長達30公分,
鱗片尖端有鉤形刺,
常保持閉合狀態許多年。

- **原產地** 美國加州。
- **環境** 山區的乾燥岩石山坡。

毯果鱗片結實
的鉤形尖端

三葉一束
的長硬
針葉

高度 25公尺	樹形 寬展開形	葉持久性 常綠	葉型

科 松科	種 *Pinus densiflora*	命名者 Siebold & Zuccarini

日本赤松 (JAPANESE RED PINE)

葉呈針形，細長，長達10公分，鮮綠色，成對朝前生在光滑的綠枝上。樹皮紅褐色，後來變成灰紅色，隨年齡增長而裂成不規則的薄片。雄花為黃褐色，雌花紅色，晚春分別叢集生於幼枝。果實為圓錐形，淡褐色毬果，長達5公分，二年成熟。

- **原產地** 中國東北部，日本，韓國。
- **環境** 山區海平面。

二葉一束生長

圓形的一年生毬果

成熟毬果

高度 35公尺	樹形 寬展開形	葉持久性 常綠	葉型

科 松科	種 *Pinus x holfordiana*	命名者 Jackson

墨喜雜交松 (PINUS X HOLFORDIANA)

葉呈針形，長18公分，5葉一束，外表鮮綠色，內表面藍灰色，生在有毛的綠枝上。樹皮灰色，雄花黃色，雌花紅色，初夏分別叢集生於幼枝。果實為樹脂狀的橙褐色毬果，下垂，長30公分。

- **原產地** 園藝品種。
- **註釋** 雜交墨西哥白松(參閱66頁)與喜馬拉雅松(參閱75頁)的雜交種。

有樹脂的毬果鱗片尖端處呈暗色

5葉一束叢生一起

高度 25公尺	樹形 寬錐形	葉持久性 常綠	葉型

科 松科	種 *Pinus jeffreyi*	命名者 Murray

傑弗里松 (JEFFREY PINE)

葉呈針形，堅硬，長達25公分，3葉一束，藍綠色，生在結實枝條上。樹皮暗灰褐色，雄花紅色，雌花紅紫色，初夏分別叢生於幼枝上。果實為圓錐形黃褐色毬果，長30公分，各個鱗片都有細長彎刺。

- **原產地** 美國西部。
- **環境** 高山上的山坡。
- **註釋** 與西黃松(參閱73頁)有近緣關係。

葉銳尖形，3葉一束叢生

有白霜的幼枝

高度 40公尺	樹形 寬錐形	葉持久性 常綠	葉型

科 松科	種 *Pinus koraiensis*	命名者 Siebold & Zuccarini

果松，紅松 (KOREAN PINE)

葉呈針形，細長，長12公分，
5葉一束密集叢集生，外表面為綠
色帶有光澤，內表面為藍白色。
樹皮暗灰色，皮厚，有剝落。雄
花為紅色，開放時呈黃色，雌花
為紅色，初夏分別叢集生於幼枝。
果實為圓錐形的紫褐色毬果，長12公分。
• **原產地** 亞洲東北部，日本，韓國。
• **環境** 河谷和低山坡。

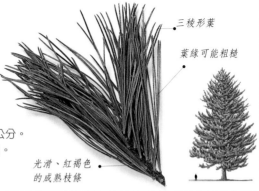

三稜形葉

葉緣可能粗糙

光滑、紅褐色
的成熟枝條

高度 35公尺	樹形 寬錐形	葉持久性 常綠	葉型

科 松科	種 *Pinus leucodermis*	命名者 Antoine

波士尼亞松 (BOSNIAN PINE)

葉呈針形，堅硬，長9公分，兩葉一束，先端銳
尖，暗綠色，在有白霜的枝條上密集朝前叢生。
樹皮灰色，裂成小方片。花為雌雄同株，雄花黃
色，雌花紫紅色，初夏分別叢集生於枝頂。
果實為卵形毬果，長10公分，初期深藍
色，二年成熟時變為黃褐色。
• **原產地** 阿爾巴尼亞，波士尼亞－黑塞
哥維那／南斯拉夫，希臘北部。
• **環境** 山區，常生在石灰岩上。
• **註釋** 曾被認為是巴爾幹松的變種：
白皮巴爾幹松（*Pinus heldreichii*
var. *leucodermis*）。從暗綠色葉、
藍色幼果和窄樹形，極易區分此種樹。

紫紅色雌毬花
生於枝頂

一年後的幼毬
果仍為深藍色

堅硬的針葉產
生緊密的葉束

毬果有時在
成熟時變
黃褐色

雄毬花開放
時釋放黃色
花粉

高度 25公尺	樹形 窄錐形	葉持久性 常綠	葉型

科 松科	種 *Pinus monophylla*	命名者 Torrey & Frémont

單針松 (ONE-LEAVED NUT PINE)

葉呈針形而彎曲、堅硬，長5公分，單生，先端
銳尖，由灰綠色至藍綠色。樹皮灰色，有窄
脊。雄花黃色，雌花紅色，初夏分別叢集生
於幼枝。果實為毬果，長5.5公分，
成熟時為灰褐色。
• **原產地** 墨西哥北部，
美國西南部。
• **環境** 乾燥的岩石山坡山嶺。
• **註釋** 曾被認為是墨西哥
果松的變種：單葉墨西哥
果松（*P.cembroides* var.
monophylla）。由其單生針
葉極易區分，因為多數
松樹的針葉皆為二葉
或數葉叢生。

毬果鱗片的面
有四個角

綠色未成
熟毬果

褐色成熟
毬果

短而堅硬的葉
為單生

毬果鱗片先端扁平

高度 15公尺	樹形 寬錐形	葉持久性 常綠	葉型

科 松科	種 *Pinus montezumae*	命名者 A.B. Lambert

歐洲黑松 (MONTEZUMA PINE)

葉呈針形，長達30公分，常
為5葉一束，葉緣有微小齒
且略粗糙，灰綠色，在結
實的紅褐色光滑枝條上的
叢集葉，像刷子般展
開。樹皮灰色，皮厚，
有深溝。雄花紫色，開
放時呈黃色；雌花紅
色，初夏分別叢集生於
幼枝。果實為圓錐形至
卵形毬果，長15公分，
成熟時為黃褐色或紅褐色，
其鱗片尖端有刺，
毬果為單生或叢生。
• **原產地** 瓜地馬拉，墨西哥。
• **環境** 山區。
• **註釋** 以16世紀初葉墨西哥
阿茲特克國王蒙太祖馬二世
（Montezuma II）之名命名。

葉叢集成束生
於枝端

藍色未成
熟毬果

為5葉叢生

高度 20公尺	樹形 寬展開形	葉持久性 常綠	葉型

科 松科	種 *Pinus muricata*	命名者 D. Don

主教松 (BISHOP PINE)

葉呈針形，堅硬，長15公分，兩葉
一束，灰綠色或藍綠色，生在
橙褐色枝條上。樹皮紫褐色，
皮厚，有溝和脊。雄花黃色，
雌花紅色，初夏叢生於幼枝。果實為
卵形、紅褐色的毬果，長8公分，基部
傾斜，輪生於枝上，能存留許多年。

- **原產地** 美國加州。
- **環境** 沿海地區的低矮山上。

• 成對的葉在不整齊
的叢葉中伸展

毬果鱗
片尖端
有刺

高度 25公尺	樹形 寬柱形	葉持久性 常綠	葉型

科 松科	種 *Pinus nigra*	命名者 Arnold

奧地利松 (AUSTRIAN PINE)

葉呈針形，堅硬，長15公分，兩葉一
束，先端銳尖，呈暗綠色，生在結實
的枝條上。樹皮黑色，鱗狀，有脊。
雄花黃色，雌花紅色，晚春至
初夏叢集生於幼枝。果實為卵
形、褐色的毬果，長8公分。

- **原產地** 常見於歐洲，
尤以東南部為多。
- **環境** 山區，常生在
石灰岩上。

毬果可單生或
叢集生

△ 奧地利松

◁ 科西嘉黑松
SUBSP. LARICIO
有灰綠色葉。

高度 40公尺	樹形 寬柱形	葉持久性 常綠	葉型

科 松科	種 *Pinus parviflora*	命名者 Siebold & Zuccarini

日本五鬚松，日本五針松 (JAPANESE WHITE PINE)

葉呈針形，稍為扭曲，長6公分，
5葉一束，外表為綠或藍綠色，
內表面藍白色。樹皮灰色，
鱗狀。雄花紫紅色，雌花紅色，
初夏叢集生於幼枝。果實為卵形
毬果，長7公分，成熟時為紅褐色。

- **原產地** 日本。
- **環境** 山區，生於多石土壤。

革質的毬果
鱗片

雄花開放時從
紫紅變黃色

5葉一束

高度 25公尺	樹形 寬柱形	葉持久性 常綠	葉型

科 松科	種 *Pinus peuce*	命名者 Grisebach

馬其頓松 (MACEDONIAN PINE)

葉呈針形，堅硬，長達10公分，5葉一束密集叢集生，藍綠色，在光滑、有白霜的綠枝上朝前生長。樹皮紫褐色，有裂縫和裂片。雄花黃色，雌花紅色，初夏分別叢集生於幼枝。果實為圓柱形至圓錐形毬果，帶有樹脂，下垂，長達15公分，初期為綠色，成熟時為褐色。
- **原產地** 歐洲東南部。
- **環境** 山區。

雌花

5葉一束

高度 30公尺	樹形 窄柱形	葉持久性 常綠	葉型

科 松科	種 *Pinus pinaster*	命名者 Aiton

海濱松 (MARITIME PINE)

葉呈針形，堅挺，長達20公分，兩葉一束，先端銳尖，為灰綠色，後變成暗綠色，生在結實枝條上。樹皮紫褐色，有脊和深裂縫，雄花黃色，雌花紅色，初夏分別叢集生於幼枝。果實為錐形有光澤的褐色毬果，長20公分，鱗片有銳刺，毬果可存留許多年。
- **原產地** 非洲北部，歐洲西南部。
- **環境** 沙土地帶。

枝上所有葉均朝前生長

高度 35公尺	樹形 寬柱形	葉持久性 常綠	葉型

科 松科	種 *Pinus pinea*	命名者 Linnaeus

岩松 (STONE PINE)

葉呈針形，堅挺，長達12公分，兩葉一束，灰綠色，生在光滑的橙褐色枝條上。樹皮橙褐色，有深裂縫。雄花黃色，雌花綠色，初夏分別叢集生於幼枝。果實近圓形，是一種光澤的綠色毬果，長12公分。
- **原產地** 地中海沿岸。
- **環境** 近海岸的沙土地帶。

毬果含可食種子

雙生厚葉

高度 20公尺	樹形 寬展開形	葉持久性 常綠	葉型

| 科 松科 | 種 *Punus ponderosa* | 命名者 Lawson |

西黃松 (WESTERN YELLOW PINE)

葉呈針形,長25公分,3葉一束,
暗灰綠色,在結實光滑的黃褐色至
紅褐色枝條上朝前生長。樹皮黃褐色
或紅色,皮厚呈大片狀。雄花深紫色,
雌花紅色,晚春分別叢生於幼枝。
果實為卵形毬果,長10公分或更長,
紫色,成熟時變為紅褐色帶光澤。
- **原產地** 北美西部。
- **環境** 山坡。

紫色雄花

三枚叢生
的長葉

毬果鱗片
尖端有刺

| 高度 50公尺 | 樹形 寬錐形 | 葉持久性 常綠 | 葉型 |

| 科 松科 | 種 *Pinus radiata* | 命名者 D. Don |

輻射松 (MONTEREY PINE)

葉呈針形,細長,長達15公分,3葉一束,
鮮綠色,生在灰綠色枝條上。樹皮暗灰色,
有深裂縫。雄花黃褐色,雌花紅紫色,初夏
分別叢生於幼枝。果實褐色毬果,長達12
公分,可存留數年。
- **原產地** 美國加州。
- **環境** 近海岸的
乾燥山坡上。

密集叢生
的雄花

3葉一束
叢生

紅紫色雄花生
於茁壯的枝上

毬果成熟時
由綠變褐色

| 高度 30公尺 | 樹形 寬錐形 | 葉持久性 常綠 | 葉型 |

| 科 松科 | 種 *Pinus strobus* | 命名者 Linnaeus |

北美喬松 (WEYMOUTH PINE)

葉呈針形,細長,長達12公分,5葉一束,
外表面為灰綠色,內表面灰白色,密集。
樹皮暗灰色,光滑,後來出現深裂縫。
雄花黃色,雌花粉紅色,初夏分別
叢生於幼枝。果實為彎曲的圓柱形
下垂毬果,長15公分或更長,
綠色,成熟時變淡褐色。
- **原產地** 北美西部。
- **環境** 低海拔的森林。

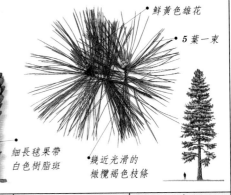

鮮黃色雄花

5葉一束

細長毬果帶
白色樹脂斑

幾近光滑的
橄欖褐色枝條

| 高度 50公尺 | 樹形 窄錐形 | 葉持久性 常綠 | 葉型 |

科 松科	種 *Pinus sylvestris*	命名者 Linnaeus

歐洲赤松 (SCOTS PINE)

葉呈針形，粗硬且扭曲，長
7公分，兩葉一束，由藍綠色
至藍灰色。樹皮紫灰色，有
不規則的片狀剝皮；接近
頂端的樹皮為橙色並有
剝落。雄花黃色，雌花
紅色，晚春至初夏分
別叢生於幼枝。
果實為卵形毬果，
長7.5公分，綠色，成
熟時褐色。
• 原產地 亞洲和歐洲。
• 環境 山區，生於沙土
或礫石土地上。
• 註釋 本種樹在開闊地
帶可長成寬展開形。

雌花生於
枝頂

雌花生於
枝基部

兩葉一束的葉
常扭曲

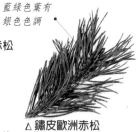

藍綠色葉有
銀色色調

▽ 歐洲赤松

△ 鏽皮歐洲赤松
「EDWIN HILLIER」
選擇此型樹，是因其有引人注
目的葉子和鏽色樹皮。

高度 35公尺	樹形 寬展開形	葉持久性 常綠	葉型

科 松科	種 *Pinus tabuliformis*	命名者 Carrière

油松 (CHINESE PINE)

葉呈針形，長15公分，尖端有
短刺，兩葉一束，有時3葉一
束，綠至灰綠色，生在黃褐色
枝上；幼枝有白霜。樹皮灰色，
有裂縫；頂端的樹皮有橙或
粉色色調。雄花淡黃色，雌花
紅紫色，初夏分別叢生於幼枝。
果實為卵形、褐色毬果，長6公
分，鱗片的尖端有小刺，
果實可在枝上長久存留。
• 原產地 中國西部、中部
和北部。
• 環境 山區。
• 註釋 幼樹更接近錐形，
逐漸發育成平的開闊型樹冠，
這是本種樹成熟時的典型形狀。

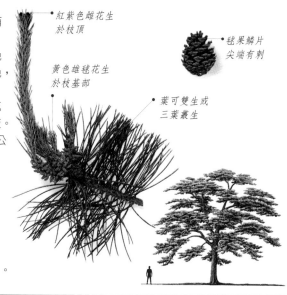

紅紫色雌花生
於枝頂

黃色雄毬花生
於枝基部

毬果鱗片
尖端有刺

葉可雙生或
三葉叢生

高度 25公尺	樹形 寬展開形	葉持久性 常綠	葉型

科 松科	種 *Pinus thunbergii*	命名者 Parlatore

日本黑松 (JAPANESE BLACK PINE)

葉呈針形，堅硬，長達10公分，兩葉一束，先端銳尖，密集，在光滑的黃褐色枝條上朝前生長。樹皮灰色，裂成不規則的片狀。雄花黃色，雌花紫紅色，初夏分別叢集生於幼枝。果實為卵形毬果，長達7公分，紫色或綠色，成熟時為灰褐色。

- **原產地** 中國東北，日本，韓國。
- **環境** 靠近海岸線。
- **註釋** 木種樹與奧地利松（參閱71頁）有近緣關係，冬季極易由其具白毛的葉芽區分。

厚而堅硬的樹葉先端銳尖

幼毬果有紫色色彩

成對的葉朝向枝頂

毬果鱗片無刺

高度 30公尺	樹形 寬錐形	葉持久性 常綠	葉型 

科 松科	種 *Pinus wallichiana*	命名者 Jackson

喜馬拉雅山，喬松 (HIMALAYAN PINE)

葉呈針形，細長，初期扭結，有柔性，長20公分，5葉一束，外表面為綠色，內表面為藍白色，生在光滑帶有白霜的綠色枝條上。樹皮灰色，光滑，後來變暗灰色、有裂縫。雄花為黃色，雌花為藍綠色和粉色，初夏分別叢集生於幼枝。果實為彎曲、帶有樹脂的毬果，下垂，長達30公分，綠色，成熟時為淡褐色。

- **原產地** 喜馬拉亞山。
- **環境** 山區森林。
- **註釋** 也稱不丹松，藍松。第一個名稱予以保留，因其學名為*P. bhutanica*（不丹松），這是最近由亞洲南部的不丹描述過的樹種。

極細的葉5葉一束

黃色雄毬花

毬果成熟時由綠色變褐色

有白霜的幼枝

葉的總體呈藍灰色

高度 40公尺	樹形 寬錐形	葉持久性 常綠	葉型

科 松科	種 *Pseudolarix amabilis*	命名者 (Nelson)Rehder

金錢松 (GOLDEN LARCH)

葉呈線形，細長，達5公分，單生於長枝
上，密集輪生於向上彎的短枝上，秋
季變為金黃色。樹皮灰褐色，裂成
小方片。花為雌雄同株，雄、雌花皆
為黃色，晚春或初夏分別叢生於枝頂。
果實為卵形毬果，長5公分，綠色，
成熟時為褐色，掉落前裂開。

- **原產地** 中國東部。
- **環境** 山區森林。
- **註釋** 是落葉松(參閱60－61頁)的
近親樹種。

葉輪生於側枝

側枝延伸，
呈多節
凹凸狀

柔軟的
鮮綠色葉

秋季葉色鮮豔

高度 40公尺	樹形 寬錐形	葉持久性 落葉	葉型

科 松科	種 *Pseudotsuga menziesii*	命名者 (Mirbel)Franco

道格拉斯黃衫 (DOUGLAS FIR)

葉呈線形，長3公分，先端圓鈍形，
葉上面為綠色，下面有二白色帶，
具有芳香味，全部排列在枝條周圍
或向上伸展。樹皮紫褐色，皮厚，
有紅褐色裂縫。花為雌雄同株，雄花
黃色，叢生於枝條下面；雌花綠色，
明顯具有粉紅色，叢生於枝頂，
春季開花。果實為紅褐色毬果，
下垂，長10公分，有三個
尖苞片從各個鱗片間伸出。

- **原產地** 北美西部。
- **環境** 潮濕山坡上的常綠森林。
- **註釋** 俗名是為紀念19世紀的蘇格
蘭植物搜尋家David Douglas而來。
也稱為俄勒岡黃杉，俄勒岡松。

由雌毬花形成
的毬果

葉下面有
二白色帶

雄毬花懸
於枝下

毬果的苞鱗有
三個尖端

高度 60公尺	樹形 窄錐形	葉持久性 常綠	葉型

科 松科	種 *Tsuga canadensis*	命名者 (Linnaeus)Carrière

加拿大鐵杉 (EASTERN HEMLOCK)

葉呈線形，長達1.2公分，上面為暗綠
色，下面有二白色帶。樹皮紫灰色，
有鱗狀脊。花單性叢集生，雄花黃色，
生於枝下；雌花與綠色小毬果相似，
生於枝頂，晚春開花。果實為卵形、
淡褐色毬果，下垂，長2公分。

- **原產地** 北美東部。
- **環境** 山地林區或
岩石林區。

葉漸窄，
先端圓形

秋季種子脫落
後毬果仍存

葉子平坦地
分佈在枝兩側

高度 30公尺	樹形 寬錐形	葉持久性 常綠	葉型

科 松科	種 *Tsuga caroliniana*	命名者 Engelmann

加羅林鐵杉 (CAROLINA HEMLOCK)

葉呈線形，長2公分，上面為暗綠
色，下面有二白色帶。樹皮紅褐
色，隨年齡增長出現溝和脊。花單
性叢生，雄、雌花皆為紅色，雄花
生於枝下，雌花生於枝頂，
晚春開花。果實為卵形、淡褐色
毬果，下垂，長2.5公分。

- **原產地** 美國東南部。
- **環境** 山坡。

種子脫落
後，毬果
即落下

短寬的葉子
邊緣平行

葉以各種
角度從枝
上外展

高度 20公尺	樹形 寬錐形	葉持久性 常綠	葉型

科 松科	種 *Tsuga heterophylla*	命名者(Rafinesque)Sargent

美國鐵杉 (WESTERN HEMLOCK)

葉呈線形，長2公分，兩側邊緣平行，
上面暗綠色，下面有二白色帶。樹皮紫褐
色，有脊和剝落。花為雌雄同株。
全為紅色，春季雄花叢生於
枝下面，雌花叢生於枝頂。
果實為卵形的褐色毬果，
下垂，長2公分。

- **原產地** 北美西部。
- **環境** 森林。

紫紅色
的幼果

葉在枝
兩側外展

成熟毬果的
鱗片略張開

高度 60公尺	樹形 窄錐形	葉持久性 常綠	葉型

羅漢松科

本 科包括100多種常綠喬木和灌木，以羅漢松屬為主；大部分生長在南半球的溫帶地區。雌雄花常異株，雄花似柔荑花序。雌花發育成肉質毬果或種子。

科 羅漢松科	種 *Podocarpus andinus*	命名者 Endlicher

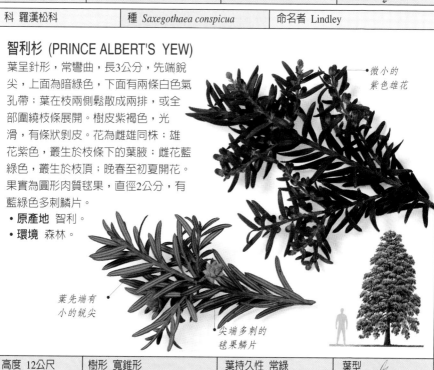

智利羅漢松 (PLUM-FRUITED YEW)

葉呈針形，長2.5公分，上面深藍綠色，下面有兩條白色氣孔帶。樹皮深灰色，光滑。花為雌雄異株：雄花黃色，分岔叢生，長2.5公分；雌花綠色，小；初夏開花。果實為肉質，似李屬植物，可食，綠色，成熟時為黃色，含單個種子。
- **原產地** 阿根廷，智利南部。
- **環境** 山區。

扁平葉片

葉下面有兩條淡色氣孔帶

果實成熟時為黃色

高度 15公尺	樹形 寬錐形	葉持久性 常綠	葉型

科 羅漢松科	種 *Saxegothaea conspicua*	命名者 Lindley

智利杉 (PRINCE ALBERT'S YEW)

葉呈針形，常彎曲，長3公分，先端銳尖，上面為暗綠色，下面有兩條白色氣孔帶；葉在枝兩側鬆散成兩排，或全部圍繞枝條展開。樹皮紫褐色，光滑，有條狀剝皮。花為雌雄同株：雄花紫色，叢生於枝條下的葉腋；雌花藍綠色，叢生於枝頂；晚春至初夏開花。果實為圓形肉質毬果，直徑2公分，有藍綠色多刺鱗片。
- **原產地** 智利。
- **環境** 森林。

微小的紫色雄花

葉先端有小的銳尖

尖端多刺的毬果鱗片

高度 12公尺	樹形 寬錐形	葉持久性 常綠	葉型

紅豆杉科

本科常從針葉樹中分出，因其成員樹種的種子不包在毬果內；有6屬，包括18種 常綠喬木和灌木。雌雄花通常異株。雌花成熟時結成單個種子，被肉質假種皮包住。

科 紅豆杉科	種 *Taxus baccata*	命名者 Linnaeus

歐洲紅豆杉 (COMMON YEW)

葉呈針形，長3公分，上面暗綠色，下面有兩條淡綠色帶，在枝條兩側展開成兩排。樹皮紫褐色，花為雌雄異株，雄花淡黃色，叢生於枝下葉腋；雌花單生於枝頂，春季開花。果實為單個種子包在紅色肉質假種皮內，頂部開口露出綠色種子。

• 原產地 非洲，亞洲西南部，歐洲。

• 環境 石灰質土壤。

• 註釋 除假種皮外，皆有毒。

在假種皮脹大前為綠色

極暗的黑綠色葉

△ 歐洲紫杉
黃色假種皮

黃果歐洲紫杉 ▷
「LUTEA」
黃色漿果因其果實而得名。

高度 20公尺	樹形 寬錐形	葉持久性 常綠	葉型

科 紅豆杉科	種 *Torreya californica*	命名者 Torrey

加州榧樹 (CALIFORNIA NUTMEG)

葉呈針形，長6公分，上面為暗綠色帶光澤，下面有兩條白色帶。樹皮灰褐色，有豎向脊。花為雌雄異株；雄花乳白色，腋生；雌花小，綠色；春季至初夏開花。果實為單個種子包在綠色發紫的假種皮內，全長約4公分。

• 原產地 美國加州。

• 環境 沿海和山區的寒冷山坡和峽谷。

堅硬的葉向銳尖處漸窄

葉下面有淡色帶

雄花

高度 30公尺	樹形 寬錐形	葉持久性 常綠	葉型

杉科

此 科包括北美，東亞和澳州塔斯馬尼亞發現的約10屬15種落葉樹和常綠樹。葉可能是針形或鱗形。雌雄同株，花單性；雌花結成木質毬果。

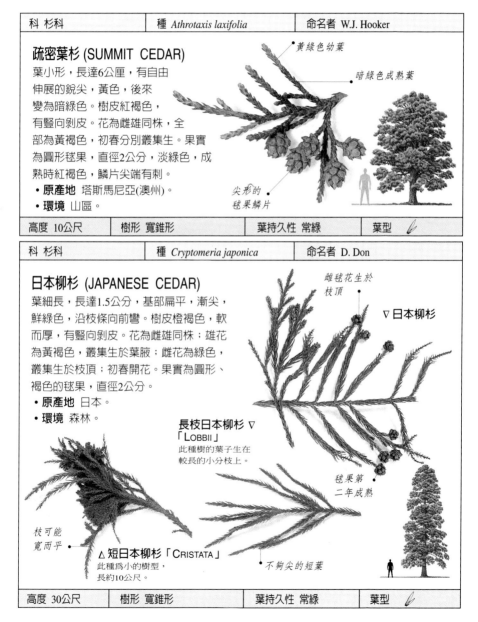

科 杉科	種 *Athrotaxis laxifolia*	命名者 W.J. Hooker

疏密葉杉 (SUMMIT CEDAR)

葉小形，長達6公厘，有自由
伸展的銳尖，黃色，後來
變為暗綠色。樹皮紅褐色，
有豎向剝皮。花為雌雄同株，全
部為黃褐色，初春分別叢集生。果實
為圓形毬果，直徑2公分，淡綠色，成
熟時紅褐色，鱗片尖端有刺。
• **原產地** 塔斯馬尼亞(澳州)。
• **環境** 山區。

黃綠色幼葉

暗綠色成熟葉

尖形的
毬果鱗片

高度 10公尺	樹形 寬錐形	葉持久性 常綠	葉型

科 杉科	種 *Cryptomeria japonica*	命名者 D. Don

日本柳杉 (JAPANESE CEDAR)

葉細長，長達1.5公分，基部扁平，漸尖，
鮮綠色，沿枝條向前彎。樹皮橙褐色，軟
而厚，有豎向剝皮。花為雌雄同株；雄花
為黃褐色，叢集生於葉腋；雌花為綠色，
叢集生於枝頂；初春開花。果實為圓形、
褐色的毬果，直徑2公分。
• **原產地** 日本。
• **環境** 森林。

雌毬花生於
枝頂

▽ 日本柳杉

長枝日本柳杉 ▽
「LOBBII」
此種樹的葉子生在
較長的小分枝上。

毬果第
二年成熟

枝可能
寬而平

△ **短日本柳杉**「CRISTATA」
此種為小的樹型，
長約10公尺。

不夠尖的短葉

高度 30公尺	樹形 寬錐形	葉持久性 常綠	葉型

科 杉科	種 *Cunninghamia lanceolata*	命名者 (A.B. Lambert)W.J. Hooker

杉木，福州杉 (CHINESE FIR)

葉呈帶形，長6公分，綠色帶
光澤，下面有兩條白色帶。
樹皮紅褐色，有脊。雄花
黃褐色，叢生；雌花黃綠
色，單生或叢生於枝頂。
果實為圓形毬果，直徑
4公分，成熟時為褐色。
- **原產地** 中國。
- **環境** 常綠森林。

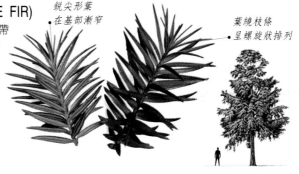

銳尖形葉
在基部漸窄

葉繞枝條
呈螺旋狀排列

高度 25公尺	樹形 寬柱形	葉持久性 常綠	葉型

科 杉科	種 *Glyptostrobus pensilis*	命名者 (Staunton)K. Koch

水松 (CHINESE SWAMP CYPRESS)

葉有線形和小鱗形葉；線形葉長1.5公分，藍綠
色，在非持久性的側枝兩側展開；鱗形葉
在持久性的枝上呈螺旋狀排列；晚秋葉落
時變紅色。樹皮灰褐色，有淺裂縫。
雄、雌花都小。果實為圓形至卵形的
綠色毬果，長2.5公分。
- **原產地** 中國東南部。
- **環境** 沼澤地及河岸。
- **註釋** 本種樹目前只有少數野生植物。

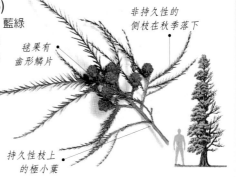

非持久性的
側枝在秋季落下

毬果有
齒形鱗片

持久性枝上
的極小葉

高度 10公尺	樹形 窄錐形	葉持久性 落葉	葉型

科 杉科	種 *Metasequoia glyptostroboides*	命名者 Hu & Cheng

水杉 (DAWN REDWOOD)

葉呈線形，長2.5公分，淡綠色，後變
暗綠色；在非持久性的短側枝上對生；
在持久性的枝上則呈螺旋狀排列；葉在秋
季變粉紅或紅色。樹皮由橙褐至紅褐色。
花為雌雄同株；雄花黃色，雌花綠色，
春季叢生於幼枝上。果實為圓形毬果，
直徑2.5公分，成熟時為褐色。
- **原產地** 中國西南部。
- **環境** 潮濕地帶及河岸。

有芽的
持久性枝

非持久性枝

未成熟的毬果

高度 40公尺	樹形 窄錐形	葉持久性 落葉	葉型

科 杉科	種 *Sciadopitys verticillata*	命名者 Siebold & Zuccarini

日本金松 (UMBRELLA PINE)

葉呈針形，長12公分，兩面皆有深鉤，
上面深綠色，下面黃綠色。樹皮紅褐
色，有豎長條狀剝皮。花為雌雄同株；
雄花黃色，產生許多毬花；雌花綠
色，生於枝頂；春季開花。果實
為卵形毬果，長7.5公分，綠色，
二年成熟時變紅褐色。
- **原產地** 日本。
- **環境** 山區。

細長葉產生傘狀叢集葉形式

成熟毬果有較鬆的鱗片

雄毬花開放時為黃色

高度 25公尺	樹形 窄錐形	葉持久性 常綠	葉型

科 杉科	種 *Sequoia sempervirens*	命名者 (D. Don)Endlicher

北美紅杉 (CALIFORNIA REDWOOD)

葉呈線形，長2公分，先端銳尖，上面為暗綠
色，下面有兩條白色帶；葉在枝兩側展開。
樹皮紅褐色，較軟且有纖維，極厚，
有寬脊。花為雌雄同株，雄花黃褐色，
雌花綠色，晚冬至初春分別叢集生。
果實為桶形至圓形的紅褐色毬果，
長3公分，一年成熟。
- **原產地** 美國俄勒岡州南部。
- **環境** 海岸區的低山坡上。

雄花芽

葉在結毬果的枝上較小

高度 100公尺	樹形 窄錐形	葉持久性 常綠	葉型

科 杉科	種 *Sequoiadendron giganteum*	命名者 (Lindley)Buchholz

巨杉 (WELLINGTONIA)

葉長8公分，銳尖，先端向外伸展，
深藍綠色，全部繞枝而生。樹皮紅
褐色，較軟且有纖維。雄花黃色，
叢生於枝頂；雌花綠色，叢生；
初春開花。果實為桶形毬果，
長7.5公分，綠色，二年成熟時
變褐色，常能存留數年之久。
- **原產地** 美國加州。
- **環境** 朝西的山坡。

一年生的老毬果仍為綠色

微小的尖形葉使觸感粗糙

雄花芽初春開放

高度 80公尺	樹形 窄錐形	葉持久性 常綠	葉型

科 杉科	種 *Taiwania cryptomerioides*	命名者 Hayata

台灣杉 (TAIWANIA CRYPTOMERIOIDES)

葉細長,長達2公分,基部寬而平,先端銳尖
且帶刺,藍綠色,沿枝條向前彎;在結毬果的
枝上,葉更小。樹皮紅褐色,有豎條形
剝皮。花為雌雄同株,幾個雄毬花
叢生於枝頂,雌花單生於枝頂,春季
開花。果實為圓形毬果,長1.2公分,
綠色,成熟時變褐色。
* **原產地** 台灣。
* **環境** 山區森林。

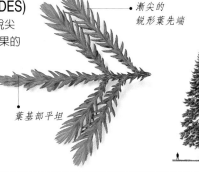

漸尖的
銳形葉先端

葉基部平坦

高度 60公尺	樹形 寬錐形	葉持久性 常綠	葉型

科 杉科	種 *Taxodium ascendens*	命名者 Brongniar

池杉 (POND CYPRESS)

葉呈線形,長達1公分,緊貼於非持久性枝
條,並繞過枝條直立,以後略展開些。花
為雌雄同株;雄花黃綠色,呈懸垂的柔荑
花序,長20公分;雌花綠色,集聚成小
毬花生於雄黃荑花序的基部;秋季成
形,但在春季開花。果實為圓形毬果,
長3公分,綠色,成熟時變為褐色。
* **原產地** 美國東南部。
* **環境** 沼澤地和湖旁。

非持久性枝
秋季脫落

持久性分枝

高度 30公尺	樹形 窄柱形	葉持久性 落葉	葉型

科 杉科	種 *Taxodium distichum*	命名者 (Linnaeus)Richard

落羽杉 (SWAMP CYPRESS)

葉呈線形,長2公分,呈展開形或螺旋形
排列;生葉時期較晚。樹皮灰褐色,基部
有凹槽和板狀根。花為雌雄同株;雄花
黃綠色,呈懸垂柔荑花序;雌花綠色,
聚成小毬花生於雄柔荑花序基部;秋季
成形,但在春季開花。果實為圓形毬果,
綠色,成熟時變褐色。
* **原產地** 美國東南部。
* **環境** 沼澤地,河岸。
* **註釋** 也稱bald cypress(落羽杉)。

分枝互生

持久性枝有螺
旋狀排列的葉

葉在非持久性
枝的兩側展開

高度 40公尺	樹形 寬錐形	葉持久性 落葉	葉型

闊葉樹

槭樹科

槭樹科有二屬100多種常綠和落葉的喬木及灌木。有些種類擴展到熱帶地區，但大部分出現在北溫帶地區。對生葉常有淺裂，有時僅爲齒形，或分成幾個小葉。小形雄花和雌花的色彩多變，從乳黃色到黃，綠，紅或紫色不一。這些花有時爲單性，雌雄同株或異株，常在幼葉展開時開花；翅果由兩半組成。在槭樹中，每半的一側有一伸長的翅；在*Dipteronia*（金錢槭屬）中，每半各處都有翅。

科 槭樹科	種 *Acer buergerianum*	命名者 Miquel

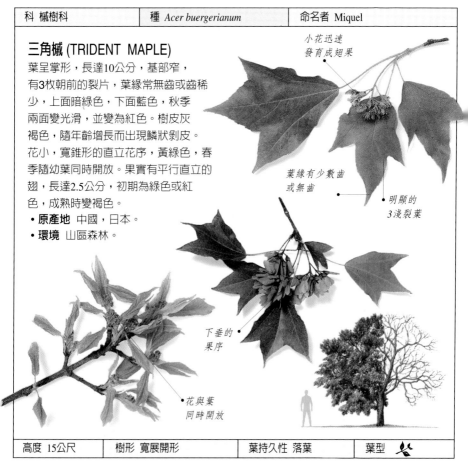

三角槭 (TRIDENT MAPLE)
葉呈掌形，長達10公分，基部窄，有3枚朝前的裂片，葉緣常無齒或齒稀少，上面暗綠色，下面藍色，秋季兩面變光滑，並變為紅色。樹皮灰褐色，隨年齡增長而出現鱗狀剝皮。花小，寬錐形的直立花序，黃綠色，春季隨幼葉同時開放。果實有平行直立的翅，長達2.5公分，初期為綠色或紅色，成熟時變褐色。
- **原產地** 中國，日本。
- **環境** 山區森林。

小花迅速發育成翅果

葉緣有少數齒或無齒

明顯的3淺裂葉

下垂的果序

花與葉同時開放

高度 15公尺	樹形 寬展開形	葉持久性 落葉	葉型

科 槭樹科	種 *Acer campestre*	命名者 Linnaeus

栓皮槭 (FIELD MAPLE)

葉呈掌形，淺裂，長7.5公分，寬10公分，有5裂片，基部為心形，上面暗綠色，下面為淡色有短茸毛，秋季變黃色；葉柄割斷時有乳狀汁。樹皮淡褐色，軟木狀，隨年齡增長而出現裂縫。花小形、綠色，春季隨葉同時產生直立花序。果實長2.5公分，有時初期為紅色，果序下垂。

• **原產地** 非洲北部，亞洲西南部，歐洲。

• **環境** 森林，灌木，和籬列。

毛栓皮槭 ▷
「PULVERULENTUM」
這種樹的較小葉有濃密的白色斑駁。

較大裂片近端處有較小裂片

隨風展開的翅

栓皮槭

開花時幼葉脈大

葉斑各有不同

高度 15公尺	樹形 寬展開形	葉持久性 落葉	葉型

科 槭樹科	種 *Acer capillipes*	命名者 Maximowicz

毛柄槭 (ACER CAPILLIPES)

葉長15公分，寬10公分，有3裂片，中部裂片大而顯著，兩側短，皆漸窄變成細長尖，邊緣有齒，幼葉為紅色，後來變為上面濃綠色，下面淡色，光滑，秋季變成紅色，生在紅色葉柄上。樹皮綠色和灰色，有豎向的白色條。花小形、綠色集成總狀花序，晚春隨幼葉開放。果實有伸展的翅，長2公分，初期綠色，成熟時變紅色。

• **原產地** 日本。

• **環境** 山脈河流旁的森林，生於潮濕土地。

• **註釋** 這種樹是蛇皮槭樹中的一種，極易由其獨特的條形樹皮區分。

花產生細長的總狀花序

秋天的葉色

葉下面脈腋處有小胚栓

有白色條紋的灰綠色樹皮

高度 20公尺	樹形 寬柱形	葉持久性 落葉	葉型

科 槭樹科	種 *Acer cappadocicum*	命名者 Gleditsch

青皮槭 (ACER CAPPADOCICUM)

葉有掌形淺裂，長10公分，寬15公分，
5至7枚漸尖形裂片，邊緣無齒，基部為
心形，上面為鮮綠色，兩面均光滑，只
是下面脈腋處有叢毛，秋季變鮮黃
色；葉柄割斷時有乳汁。樹皮灰色，
光滑。花小形，黃綠色，晚春隨幼
葉同時開放，集成直立狀花序。
果實有伸展翅，長4公分。

- **原產地** 亞洲西部至中國。
- **環境** 森林。
- **註釋** 在西藏，人們
用樹幹上的刺
製作酒杯。

• 葉裂片漸
成細尖

小花產生
圓形花序

• 葉全緣

• 成熟果實
成擺狀

△ 青皮槭

◁ **青黃皮槭「AUREUM」**
此型樹的黃色葉於
夏末變綠色。

黃色葉有
青銅色尖端 •

高度 20公尺	樹形 寬展開形	葉持久性 落葉	葉型

科 槭樹科	種 *Acer carpinifolium*	命名者 Siebold & Zuccarini

鵝耳櫪葉槭 (HORNBEAM MAPLE)

葉呈長圓形，長15公分，寬5公分，無淺裂，
先端漸尖，邊緣有銳齒，有大量平行葉脈，
葉上面為深綠色，下面淡色，幼期的葉脈上具
茸毛，秋季變成黃色和褐色。樹皮灰色，
光滑，有明顯的皮孔。花小形，黃綠色，
生在細柄上，成下垂花序，晚春隨幼葉
開放。果實有翅，長2公分。

- **原產地** 日本。
- **環境** 山區河流旁的落葉林。
- **註釋** 這種不常見的樹種因其
葉與歐洲鵝耳櫪(參閱126－
127頁)之葉相似而得名，
這是與其他槭樹區分的
特徵。

葉脈明顯 •

銳齒形葉緣

• 兩個果翅相互
垂直

具細長柄 •
的小花

高度 10公尺	樹形 寬錐形	葉持久性 落葉	葉型

科 槭樹科	種 *Acer circinatum*	命名者 Pursh

藤槭 (VINE MAPLE)

葉長達12公分，有7至9枚齒形裂片，
上面為淡綠色，幼葉下面有茸毛，秋
季變橙色和紅色。樹皮灰褐色，光
滑。花小形，有白色花瓣和紅色萼
片，晚春開花，集成下垂花序。
果實有伸展的紅色翅，
長可達3公分。

- **原產地** 北美西部。
- **環境** 常綠森林。

裂片
有尖齒

果實成熟
時翅變紅色

高度 6公尺	樹形 寬展開形	葉持久性 落葉	葉型

科 槭樹科	種 *Acer cissifolium*	命名者 (Siebold & Zuccarini)K. Koch

日本藤槭 (ACER CISSIFOLIUM)

葉有3枚卵圓形至倒卵圓形小葉，長
達10公分，上面為暗綠色，光滑，秋
季變黃或紅色。樹皮黃灰
色，粗糙，有凸起的皮孔。
花為雌雄異株，花小且多，
黃色，集成細長的總狀花序，
長達10公分，春季開花。
果實具有近平行的翅。

- **原產地** 日本。
- **環境** 河流旁。

深齒裂
的小葉

綠色翅成熟
時變紅色
細長的
紅色葉柄

高度 15公尺	樹形 寬展開形	葉持久性 落葉	葉型

科 槭樹科	種 *Acer crataegifolium*	命名者 Siebold & Zuccarini

山楂葉槭 (HAWTHORN MAPLE)

葉呈卵圓形，長可達7.5公分，寬5公分，
有3裂片，邊緣有齒，中間裂片長，漸尖，
上面為暗綠色，下面淡色，光滑。樹皮
綠色，有豎向條。花小，黃綠色，
成直立或下垂的總狀花序，
春季隨葉開放。果實具有
紅色展開翅，長達3公分。

- **原產地** 日本中部和南部。
- **環境** 低山區的森林和日照區。

開花時葉脹大

小花成密集
總狀花序

基部
淺裂

高度 7公尺	樹形 寬錐形	葉持久性 落葉	葉型

科 槭樹科	種 *Acer davidii*	命名者 Franchet

青榨槭 (ACER DAVIDII)

葉呈卵圓形，長15公分，寬10公分，無淺裂，基部為心形，邊緣有齒，上面暗綠色有光澤，幼葉下有茸毛，變型樹的葉在秋季變橙色。樹皮綠色，有豎向白色條，隨年齡增長變為灰色並出現裂縫。花小，綠色，形成下垂總狀花序，晚春隨幼葉開放。果實有展開的翅，長3公分。

- **原產地** 中國。
- **環境** 山區灌木叢和森林。
- **註釋** 本種樹是蛇皮槭樹的一種，葉的大小和形狀各異。有些栽培型在園內生長。

葉無淺裂

細長的尖形葉端

果實成熟翅變紅色

△ 青榨槭

條狀樹皮

秋季葉色

小綠花

△ 秋綠青榨槭「GEORGE FORREST」
此樹的暗色葉在秋季不變色。

△ 秋黃青榨槭「ERNEST WILSON」
此型樹的大葉在秋季變橙色。

高度 15公尺	樹形 寬錐形	葉持久性 落葉	葉型

科 槭樹科	種 *Acer ginnala*	命名者 Maximowicz

茶條槭 (AMUR MAPLE)

葉呈卵圓形，長達7.5公分，寬6公分，有3枚深裂片，中間裂片最大，邊緣有齒，上面為暗綠色帶光澤，初秋變鮮紅色。樹皮暗灰褐色，光滑。花乳白色，芳香，直立叢生，晚春繼幼葉之後開放。果實具有近於平行的紅色翅，長2.5公分，果序下垂。

- **原產地** 中國、日本。
- **環境** 河岸旁的灌木叢和山谷中的暴露區。

銳齒形裂片

果實具紅色寬翅

小花繼葉之後開放

極富光澤的葉

高度 10公尺	樹形 寬展開形	葉持久性 落葉	葉型

科 槭樹科	種 *Acer griseum*	命名者 (Franchet)Pax

血皮槭 (PAPERBARK MAPLE)

葉有3枚橢圓形小葉，各小葉每側有幾個
大而鈍的齒，中心小葉長10公分，橫寬
5公分，上面為暗綠色，下面為藍白色，
並密生軟毛，秋季葉變紅色。樹皮由紅
色至淡黃粽色，有薄紙狀剝皮。花小，
黃綠色，生在細花柄上，晚春隨幼葉
開放，形成下垂花序。果實有淡綠色
的寬翅，長3公分。

- **原產地** 中國中部。
- **環境** 山區森林。
- **註釋** 從其剝落樹皮
很容易區分這種樹。

小葉下面
為藍白色

大型果實
有寬翅

明顯的
薄片形剝皮

綠花

高度 15公尺	樹形 寬柱形	葉持久性 落葉	葉型

科 槭樹科	種 *Acer henryi*	命名者 Pax

建始槭 (ACER HENRYI)

葉有3枚橢圓形無齒或少齒的漸
尖形小葉，長達10公分，寬4
公分，上面為暗綠色，下面
通常有毛，秋季葉片變鮮紅色。
樹皮灰色，有明顯的凸起皮孔。花
黃色，小，數量很多，
成細長的總狀花序，長達20
公分，春季在幼葉前或後
開放。果實有近於平行的
翅，長達2.5公分，初期
綠色，成熟時變紅色。

- **原產地** 中國中部。
- **環境** 山區
森林。

小花形成細長
總狀花序

翅成熟時
帶紅色

小葉可能
為全綠

高度 15公尺	樹形 寬展開形	葉持久性 落葉	葉型

科 槭樹科	種 *Acer japonicum*	命名者 Thunberg

羽扇槭 (FULLMOON MAPLE)

葉的外部輪廓為圓形,有7到10枚漸尖、銳齒、卵圓形至披針形的裂片,長寬皆13公分,幼葉兩面有絲狀毛,成葉上面暗綠色,秋季的葉變紅色,生在有茸毛的葉柄上。樹皮灰褐色,光滑。花小,紅紫色,花藥黃色,生在花柄上,春季在生出幼葉時開花,花序下垂。果實有伸展形翅,長達2.5公分,綠色或綠色帶有紅色。

- **原產地** 日本。
- **環境** 山區森林,常生於乾燥的日照地區。
- **註釋** 圖上所示為栽培型,「Vitifolium」(葡萄葉槭),葉大,有10至12枚裂片,幼葉為青銅色。

葡萄葉槭 ▷
「VITIFOLIUM」

有大量淺裂的葉

心形葉的基部

秋季葉變深紅色

△ 葡萄葉槭
「VITIFOLIUM」

◁ 葡萄葉槭
「VITIFOLIUM」

花序懸在長花柄上

紅紫色花瓣

△ 葡萄葉槭
「VITIFOLIUM」

◁ 烏頭葉槭
「ACONITIFOLIUM」
此種樹的葉有深裂和齒形葉緣。

◁ 葡萄葉槭
「VITIFOLIUM」

展開的果翅

葉開裂到細長裂片的基部

高度 10公尺	樹形 寬展開形	葉持久性 落葉	葉型

科 槭樹科	種 *Acer lobelii*	命名者 Tenore

洛比爾氏槭 (ACER LOBELII)

葉有掌形淺裂，長達15公分，寬稍大些，有5枚尖形裂片，邊緣無齒，呈波浪形，上面為深綠色帶有光澤，光滑，下面脈腋上有叢毛，生於藍白色帶白霜的枝上。樹皮淡灰色，光滑，有縱向的淺裂縫。花小型，黃綠色，晚春隨葉形成直立花序。果實有伸展的綠色翅，長達3公分，直立叢生。

- **原產地** 義大利南部。
- **環境** 山區森林。

裂片先端漸尖

果實具有伸展的翅

帶有白霜的枝

裂片邊緣呈波浪形

高度 20公尺	樹形 窄柱形	葉持久性 落葉	葉型

科 槭樹科	種 *Acer macrophyllum*	命名者 Pursh

奧立岡槭，大葉槭 (OREGON MAPLE)

葉掌形淺裂，長達25公分，寬30公分，有3至5枚裂片，每片各具少數大齒，葉上面為暗綠色，幼葉下面有茸毛，秋季變為深黃色，橙色至褐色，生於長葉柄上。樹皮灰褐色，由淺裂縫而形成豎向脊。花黃色，芬芳飄香，春季花與葉同時生，花序下垂，長25公分。果實有短硬的毛，大而光滑的翅相互垂直，長5公分，產生大的下垂果序。

- **原產地** 北美西部。
- **環境** 河岸、潮濕林地和峽谷。
- **註釋** 也稱大葉槭，峽谷槭。外形大小是區分這種漂亮樹木的特徵，它有粗大的葉、花和果實。

大型而下垂的艷麗花序

花具有伸出的花藥

深裂的葉

葉裂片有數齒

高度 25公尺	樹形 寬柱形	葉持久性 落葉	葉型

科 槭樹科	種 *Acer maximowiczianum*	命名者 Miquel

日光槭 (NIKKO MAPLE)

葉具有3枚小葉，全緣或有小齒，中間葉長達10公分，寬6公分，兩側小葉較小，基部兩邊不對稱，上面為暗綠色且光滑，下面為藍白色，有軟毛，秋季葉變紅色。樹皮灰褐色，光滑。花黃色，小，三花一束，下垂於有茸毛的花柄上，晚春隨幼葉同時生出。果實有寬展開的綠色翅，長達5公分。

- **原產地** 日本。
- **環境** 河流旁。
- **註釋** 也稱為*Acer nikoense*(毛果槭)。本種樹最顯著的特徵是其秋季的鮮紅色彩。果實雖誘人，但很少有好種子。

小葉下面有軟毛

鮮豔的秋色

小葉有淺齒形葉緣

高度 20公尺	樹形 寬展開形	葉持久性 落葉	葉型

科 槭樹科	種 *Acer miyabei*	命名者 Maximowicz

宮布氏槭 (ACER MIYABEI)

葉有掌形淺裂，長可達13公分，有3至5枚裂片，最大者先端漸尖，葉緣各具少數大而鈍的齒，基部為心形，上面為鮮綠色，下面淡色，兩面皆有茸毛，下面更密些，秋季葉變為黃色，生在紅色的細長葉柄上；葉柄割斷時有乳狀汁。樹皮灰褐色，軟木狀，有淺橙褐色裂縫，老樹有薄鱗片狀剝裂。花細小，黃色，長在細長花柄上的下垂花序，位在短葉枝頂端，春季與幼葉同時生出。果實有伸展、彎曲的翅，長達2.5公分。

- **原產地** 日本。
- **環境** 森林。

綠色花產生圓形花序

深裂葉

果翅展寬

葉裂片有鈍形齒

高度 12公尺	樹形 寬柱形	葉持久性 落葉	葉型

科 槭樹科	種 *Acer negundo*	命名者 Linnaeus

白臘槭，梣葉槭 (BOX ELDER)

葉羽狀，有3至5或7齒，有時裂成小葉，小葉
生在細長葉軸上，其先端長而漸尖，頂端小葉
長達10公分，寬6公分，上面暗綠色，光滑，
下面光滑或有茸毛。樹皮灰褐色，
光滑。花為雌雄異株，花皆小，
黃綠色，有些種類為粉紅色，無花
瓣，雌花能很快顯露出小而發育中
的果翅，花序呈懸穗狀，春季先於葉
或與葉同時開放。果實有朝下彎曲的
翅，長4公分，冬季可存留在樹上。

- **原產地** 北美。
- **環境** 河岸，生在潮濕土地上。
- **註釋** 也稱為灰葉槭。此種樹有變異
品種，有幾種栽培的
觀賞型樹。

流蘇狀雄花
有長的花絲

白臘槭，梣葉槭

紅色花藥

小葉有寬的
黃色葉緣

小葉邊緣
帶粉紅色

黃斑白臘槭 ▷
「ELEGANS」
此種樹的小葉
有明顯黃色葉斑。

小葉邊緣
為白色

粉紅白斑臘槭 ▷
「FLAMINGO」
此斑駁型樹的小葉
具白色葉緣。

深色葉柄

青銅色
幼葉

◁ 紅花白臘槭
VAR. *VIOLACEUM*
又名紫枝梣葉槭，此種樹
有誘人的漂亮樹枝，後來
變為紫色。

△ 白斑白臘槭
「VARIEGATUM」
本種樹的小葉帶粉紅色，
葉緣以後變白色。

花藥懸於粉紅
色的長花絲上

高度 20公尺	樹形 窄柱形	葉持久性 落葉	葉型

科 槭樹科	種 *Acer opalus*	命名者 Miller

義大利槭 (ITALIAN MAPLE)

葉有掌狀淺裂，長、寬10公分，
有3至5枚鈍齒形裂片，上面為綠
色帶光澤，而且光滑，幼葉下
面有茸毛，秋季變為黃色。
樹皮灰色，有粉紅色彩，
剝皮呈大方片形。花鮮黃
色，小，初春先於幼葉在
裸枝上開放。果實有翅，
長4公分。

花先於
葉出現

淺裂葉片有
鈍齒形葉緣

• **原產地** 歐洲南部和西部，
由義大利至西班牙。
• **環境** 山區。
• **註釋** 本種樹於開花時最美麗。

高度 20公尺	樹形 寬展開形	葉持久性 落葉	葉型

科 槭樹科	種 *Acer palmatum*	命名者 Thunberg

日本槭，雞爪槭 (JAPANES EMAPLE)

細尖形的
葉裂片

葉的外廓為圓形，有5至7枚深裂片，各片呈漸
尖形，有銳齒，裂片長、寬10公分，鮮綠色且
光滑，葉下面的脈腋上有叢毛，秋季葉變為
紅、橙或黃色。樹皮灰褐色，光滑。花小，
紅紫色，花序直立或下垂，春季與幼葉同時開
放。果實具有綠至紅色翅，長達1公分。

• **原產地** 中國、日本、韓國。
• **環境** 灌木叢。
• **註釋** 主要是灌木型的園藝型樹，包括矮形樹
和那些具半裂、彩色或斑駁葉的樹。

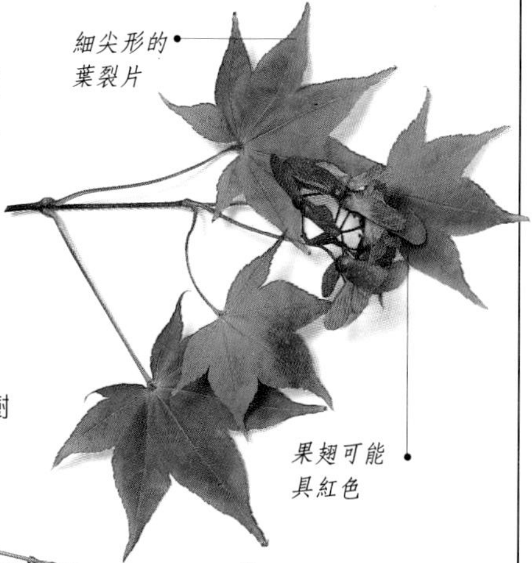

果翅可能
具紅色

有變異的
秋季葉色

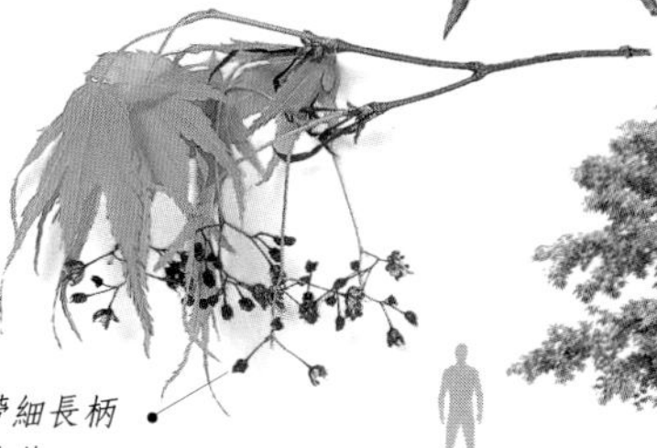

帶細長柄
的花

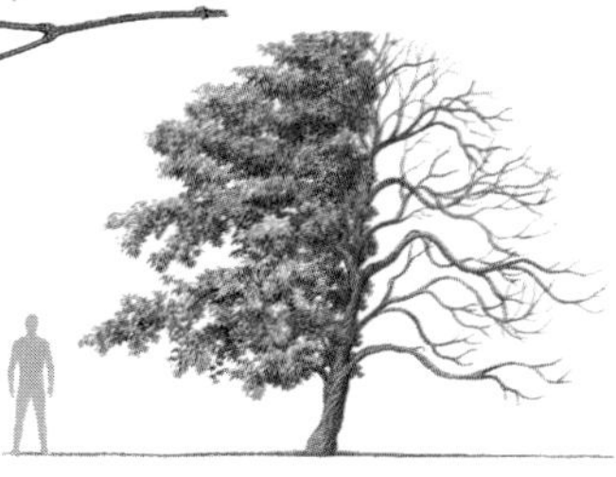

高度 15公尺	樹形 寬展開形	葉持久性 落葉	葉型

科 槭樹科	種 *Acer palmatum*	命名者 Thunberg

葉裂片漸成
細尖

春天，葉從細
長葉芽展開

冬季呈鮮粉紅
色的枝

△ 紅葉雞爪槭
「Atropurpureum」
選擇此型樹是因其具有深紫色
葉，秋季又變成鮮紅色。

秋季色彩由黃色變
成深淺不同的橙色
及褐色

△ 黃葉雞爪槭
「Senkaki」

◁ 黃葉雞爪槭
「Senkaki」
常稱為珊瑚皮槭，此種
樹有小葉，成熟時從橙
黃色變淡綠色，秋天又
變青銅色調的黃色。

較小的銳尖形裂
片密集成群

紫色葉分裂成極
深地細長裂片

紅果雞爪槭 ▷
「Linearilobum
Atropurpureum」
紫黑色線狀葉的樹，似蜘蛛的
紅紫色葉是本種型樹的特徵。
帶翅的秋果具紅色彩，
小型、果序下垂。

△ 矮雞爪槭「Ribesifolium」
此種較小型的樹是結構緊湊的植
物，高達5公尺。

高度 15公尺	樹形 寬展開形	葉持久性 落葉	葉型

科 槭樹科	種 *Acer pensylvanicum*	命名者 Linnaeus

白條槭 (MOOSE WOOD)

葉長15公分或更長，寬度與長度相
等，接近葉端有三個三角形裂片，朝
前漸尖，邊緣有齒，上面暗黃綠色且光
滑，幼葉下面有紅褐色毛，秋季葉變黃色。
樹皮綠色，有豎向紅褐色和白色條紋，隨年
齡增長變成灰色。花黃綠色，小，成下垂的
總狀花序，晚春與幼葉同時開放。
果實有下彎的綠色翅，長2.5公分。

- **原產地** 北美東部。
- **環境** 潮濕林地。
- **註釋** 英文俗名為Striped maple(條紋槭)。
本種樹是唯一的北美蛇皮槭。取俗名為
麋木，是因為麋鹿在冬季食其樹皮。

*葉分裂成三
瓣尖形裂片*

綠色花瓣

◁ △ 白條槭

*引人注目的
冬季樹枝*

◁ 紅芽白條槭
「ERYTHROCLADUM」
紅枝型，鮮豔的粉紅色幼枝
和芽是區分本型樹的特徵。

*側面的
短裂片*

*典型的
條紋樹皮*

大的中間裂片　　△ 白條槭

高度 8公尺	樹形 寬柱形	葉持久性 落葉	葉型

科 槭樹科	種 *Acer platanoides*	命名者 Linnaeus

牡丹槭，挪威槭 (NORWAY MAPLE)

葉有掌狀淺裂，長達15公分，寬17.5公分，分成5裂片，每片先端有數齒，具細長尖端，鮮綠色，成熟時兩面光滑，秋季變黃色，有時紅色，細長的葉柄於切割時會流出乳狀汁。樹皮灰色，光滑。花鮮黃綠色，小，春季先於幼葉開放或與其同時開放，花序引人注目。果實有展開的大翅，長達5公分。

- **原產地** 亞洲西南部、歐洲。
- **環境** 山區森林。
- **註釋** 這是種生長很快的樹，能迅速長到最大高度。在栽培品種中，有許多觀賞型樹，其葉和樹形都是選擇的特徵。

裂片先端的細齒

果實具大翅

花先於葉開放

△ 牡丹槭

◁ 牡丹槭

▽ 紅芽牡丹槭「CRIMSON KING」

深紫型，此種樹的鮮紅色幼葉於成熟時變深紫綠色，樹形呈直立狀。

▽ 紅葉牡丹槭「CRIMSON SENTRY」

深紅型，此種樹具深紅紫色葉和紅色芽鱗以及花柄。

紅色花柄

成熟葉為深紫色

葉柄為深紫色

幼葉為紅色

高度 25公尺	樹形 寬柱形	葉持久性 落葉	葉型

科 槭樹科	種 *Acer platanoides*	命名者Linnaeus

▽ 扇葉牡丹槭「CUCULLATUM」
選擇此種樹是因其具奇異的葉。
葉呈扇形，先端有爪形裂片，
下捲，扭曲，葉的外觀幾乎為畸形。

幼葉紫紅色

裂片先
端下翻

成熟葉深綠色

△ 暗紅葉牡丹槭「DEBORAH」
本種樹的葉於生出和展開時具紅色
彩，而後成熟變暗綠色。

葉的淺裂片

寬的乳黃
色葉緣

▽ 深裂葉牡丹槭「LORBERGII」
此小型樹可達15公尺。淡綠色葉深
裂成5枚裂片，其葉緣光滑，
先端有長尖。

△ 白斑葉牡丹槭「DRUMMONDII」
這是一種引人注目的斑駁型，其寬的乳
黃色葉緣成熟時變乳白色，有時恢復到
有全部的綠葉。

葉分裂到基部

高度 25公尺	樹形 寬柱形	葉持久性 落葉	葉型

科 槭樹科	種 *Acer pseudoplatanus*	命名者 Linnaeus

洋桐槭 (SYCAMORE)

葉為掌狀5淺裂，長達12公分，寬15公分，裂片有粗齒，葉上面為暗綠色且光滑，下面藍灰色。樹皮粉灰至黃灰色，有不規則片狀剝皮。花黃綠色，小，無花瓣，密集的花序下垂，春季與幼葉同時開放。果實有略微朝下的翅，長達2.5公分。

- **原產地** 亞洲西南部、歐洲。
- **環境** 山區落葉林。
- **註釋** 在蘇格蘭稱為飛機(plane)樹。

在北美和英國，此種樹已廣泛移入。在開闊地帶，此樹趨於展開形。

心形葉的基部

葉上面為深綠色

△ 洋桐槭

下垂花序

鮮紅果翅

△ 紫葉洋桐槭
「ATROPURPUREUM」
紫黑色型，此栽培品種的特徵是葉下面呈紫色。

色彩誘人的幼葉

△ 紅果洋桐槭
F. ERYTHROCARPUM
此種樹的幼果具有壯觀的鮮紅色翅。

引人注目的斑駁

變色葉洋桐槭 △
「BRILLIANTISSIMUM」
此種樹的幼葉展開時呈鮮豔粉紅色，後變白色帶有綠色的葉脈，成熟時變黃褐色。

葉的下面有紫色

◁ 粉紅葉洋桐槭「NIZETII」
此種樹葉，上表面有粉白色大斑，下面為紫綠色。

高度 30公尺	樹形 寬柱形	葉持久性 落葉	葉型

科 槭樹科	種 *Acer rubrum*	命名者 Linnaeus

紅花槭 (RED MAPLE)

葉長達10公分，寬等於長，有3或5枚
齒形淺裂片，上面為暗綠色且光滑，下
面為藍白色，沿脈有毛，秋季變為紅
色或黃色。樹皮暗灰色，光滑。花
紅色，小，有細長花柄，初春密
集叢生於枝條上。果實有紅色翅，
長2公分。

- **原產地** 北美東部。
- **環境** 潮濕土地。

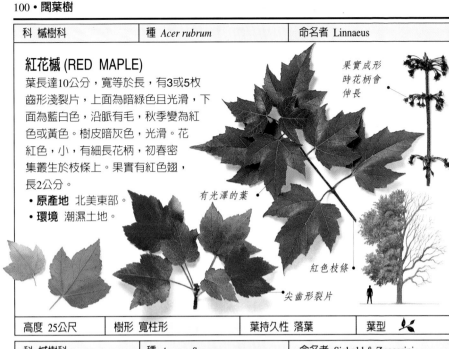

果實成形
時花柄會
伸長

有光澤的葉

紅色枝條

尖齒形裂片

高度 25公尺	樹形 寬柱形	葉持久性 落葉	葉型

科 槭樹科	種 *Acer rufinerve*	命名者 Siebold & Zuccarini

紅脈槭 (ACER RUFINERVE)

葉的長、寬達13公分，有3枚粗齒形淺裂
片，上面暗綠色，下面的葉脈上有鏽色毛，
秋季變紅色。樹皮暗綠色帶有白色和淡綠色
條紋，隨年齡增長而變灰色並出現裂縫。花
黃綠色，小，春季開花，成直立總狀花
序。果實有展開的翅，長2公分。

- **原產地** 日本。
- **環境** 山區森林。

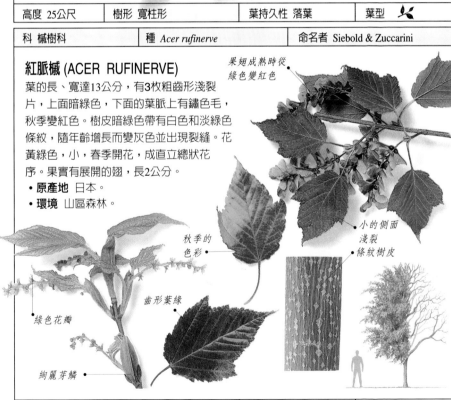

果翅成熟時從
綠色變紅色

小的側面
淺裂

條紋樹皮

秋季的
色彩

齒形葉緣

綠色花瓣

絢麗芽鱗

高度 10公尺	樹形 寬柱形	葉持久性 落葉	葉型

科 槭樹科	種 *Acer saccharinum*	命名者 Linnaeus

銀槭 (SILVER MAPLE)

葉為掌狀5淺裂，長、寬皆達15公分，
各裂片的本身又有淺裂且具銳齒，上面為亮
綠色且光滑，下面為藍白色，有薄毛，
秋季變為黃色。樹皮灰色，光滑，
隨年齡增長而出現剝落。雄花、雌花皆
小，綠黃色，無花瓣，初春叢生於枝
上。果實具展開形翅，長達2公分。
- **原產地** 北美東部。
- **環境** 潮濕土地
和河岸。

*葉的下面
為藍白色*

*裂片於近
基部變窄*

*秋季葉變
黃色*

高度 30公尺	樹形 寬柱形	葉持久性 落葉	葉型

科 槭樹科	種 *Axer saccharum*	命名者 Marshall

糖槭 (SUGAR MAPLE)

葉為掌狀5淺裂，長13公分，寬略大於長，
3枚最大的裂片具少數突出的齒，基部為心
形，上面為中綠至暗綠色，下面脈腋上有
毛，秋季變為黃色至橙色或紅色。樹皮灰
褐色，光滑，隨樹齡增長而出現溝紋和
鱗片。花黃綠色，小，無花瓣，下垂
於細長柄上，春季隨幼葉開放，
呈開放型花序。果實具有
平行的翅，長2.5公分。
- **原產地** 北美東部。
- **環境** 密林區。
- **註釋** 也稱岩石槭，
樹液可製槭糖漿。

*漸尖形裂片的
葉緣有少數齒*

*秋季葉色
有變異*

高度 30公尺	樹形 寬柱形	葉持久性 落葉	葉型

科 楓樹科	種 *Acer shirasawanum*	命名者 Koidzumi

白澤氏楓 (ACER SHIRASAWANUM)

葉外廓為圓形，長、寬可達12公分，有11枚
銳齒形的淺裂片，上面為亮綠色，兩面皆光
滑，秋季變為橙色和紅色。樹皮灰褐色，光
滑。花小，具粉紅色花萼和乳黃色萼片，
春季隨葉開放，展開成直立的花序。果
實具有展開的翅，果序直立。

銳齒形裂片

白澤氏楓 ▷

- **原產地** 日本。
- **環境** 山坡和山谷。
- **註釋** 此種樹常與羽扇楓
(參閱90頁)混淆，二者為
近緣關係。

小型花序

直立花序

◁**黃葉白澤氏楓「AUREUM」**
金黃型，此種樹具金黃色葉。

高度 20公尺	樹形 寬展開形	葉持久性 落葉	葉型

科 楓樹科	種 *Acer sieboldianum*	命名者 Miquel

西博氏楓 (ACER SIEBOLDIANUM)

葉外廓為圓形，長、寬達7.5公分，有7至9或
有時11枚的淺裂片，呈漸尖和銳齒形，分裂
到近於中部，淡綠色，後來葉上面變為暗綠
色，幼時有白毛，下面有茸毛，秋季葉片變
為紅色。樹皮暗灰褐色，光滑。花小，具黃
色花瓣和紫色萼片，生在長花柄上，呈下垂
的茸毛花序，春季隨幼葉同時開放。果實
具展開形翅，長2公分。

果實成熟時翅
為紅色

秋季葉色
鮮豔多彩

- **原產地** 日本。
- **環境** 日照山嶺，
山區河岸。

幼枝有毛

葉柄有毛

高度 10公尺	樹形 寬展開形	葉持久性 落葉	葉型

科 槭樹科	種 *Acer spicatum*	命名者 Lamarck

山槭 (MOUNTAIN MAPLE)

葉為掌狀淺裂，長可達12公分，有3或5枚
漸尖、粗齒形的裂片，上面為深黃綠色且
光滑，有印痕狀脈，下面有茸毛，秋季變
為黃、橙、或紅色。樹皮灰褐色，光滑。
花綠白色，小，數量多，形成密
集、細長、直立的圓錐花序，
長15公分，初春開花。
果實具有展開成直角的翅，
長2.5公分，綠色，
後來變紅色。

葉裂片邊緣有
長齒

* **原產地** 北美東部。
* **環境** 寒冷的潮濕森林，
常生在山區。

果翅有紅色
色彩

* **註釋** 可成小型叢樹或大型灌
木。廣泛分佈在原產地。若干
近緣種類原產區在東亞。

高度 8公尺	樹形 寬展開形	葉持久性 落葉	葉型

科 槭樹科	種 *Acer trautvetteri*	命名者 Medwedew

紅芽槭 (RED-BUD MAPLE)

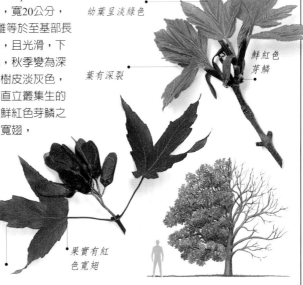

葉有掌狀淺裂，長達15公分，寬20公分，
有5枚粗齒形裂片，分裂距離等於至基部長
的一半，上面暗綠色有光澤，且光滑，下
面為藍綠色，脈腋上有叢毛，秋季變為深
金黃色，生在紅色長柄上。樹皮淡灰色，
光滑。花小，黃色，具集成直立叢集生的
花序，春季當幼葉生出時在鮮紅色芽鱗之
間開放。果實有近於平行的寬翅，
鮮紅色，長可達5公分。

幼葉呈淡綠色

鮮紅色
芽鱗

葉有深裂

* **原產地** 亞洲西南部、
高加索山脈。
* **環境** 落葉與常綠樹
混生的森林。
* **註釋** 果實具有誘人
的特徵。

葉裂片邊
緣有大齒

果實有紅
色寬翅

高度 15公尺	樹形 寬展開形	葉持久性 落葉	葉型

科 槭樹科	種 *Acer triflorum*	命名者 Komarov

三花槭 (ACER TRIFLORUM)

葉具3枚小葉，其邊緣有少數齒，中間小葉長達10公分，寬4公分，上面呈頗淡的綠色，兩面皆有硬毛，秋季變為鮮橙色或紅色。樹皮淡褐色至灰褐色，有豎向剝皮。花黃色，小，三花一束，下垂，春季與幼葉同時開放。果實有平行的翅，長達3公分。

• **原產地** 中國東北、韓國。

• **環境** 山林和深谷。

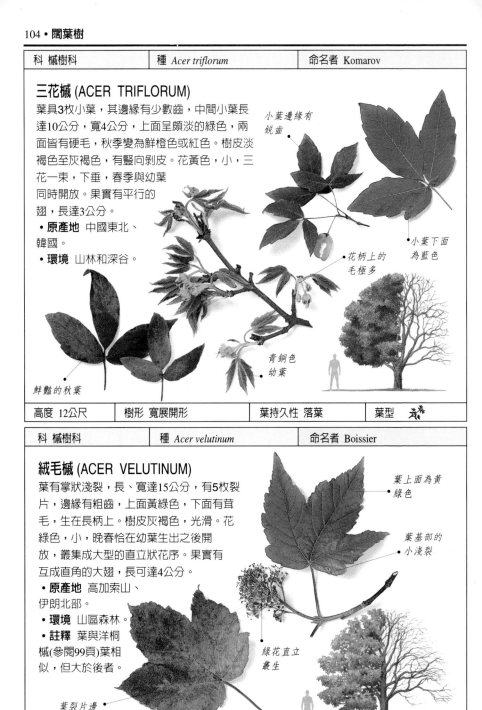

小葉邊緣有銳齒

小葉下面為藍色

花柄上的毛極多

青銅色幼葉

鮮豔的秋葉

高度 12公尺	樹形 寬展開形	葉持久性 落葉	葉型

科 槭樹科	種 *Acer velutinum*	命名者 Boissier

絨毛槭 (ACER VELUTINUM)

葉有掌狀淺裂，長、寬達15公分，有5枚裂片，邊緣有粗齒，上面黃綠色，下面有茸毛，生在長柄上。樹皮灰褐色，光滑。花綠色，小，晚春恰在幼葉生出之後開放，叢集成大型的直立狀花序。果實有互成直角的大翅，長可達4公分。

• **原產地** 高加索山、伊朗北部。

• **環境** 山區森林。

• **註釋** 葉與洋桐槭(參閱99頁)葉相似，但大於後者。

葉上面為黃綠色

葉基部的小淺裂

綠花直立叢生

葉裂片邊緣有粗齒

高度 15公尺	樹形 寬展開形	葉持久性 落葉	葉型

漆樹科

本科樹廣泛分佈在溫帶地區，包括800多種常綠和落葉的喬木，灌木和攀緣植物，收集在80個屬中。樹葉幾乎都是互生，且為羽狀或單葉。具小型雄花和雌花，有時為雌雄異株。葉常含有刺激皮膚的樹脂。本科其他成員包括賈如樹、芒果、毒常春藤。

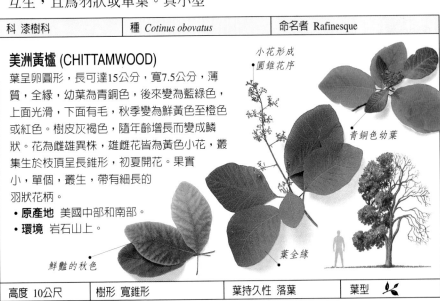

科 漆樹科	種 *Cotinus obovatus*	命名者 Rafinesque

美洲黃櫨 (CHITTAMWOOD)

葉呈卵圓形，長可達15公分，寬7.5公分，薄質，全緣，幼葉為青銅色，後來變為藍綠色，上面光滑，下面有毛，秋季變為鮮黃色至橙色或紅色。樹皮灰褐色，隨年齡增長而變成鱗狀。花為雌雄異株，雌雄花皆為黃色小花，叢集生於枝頂呈長錐形，初夏開花。果實小，單個，叢生，帶有細長的羽狀花柄。

- **原產地** 美國中部和南部。
- **環境** 岩石山上。

小花形成圓錐花序

青銅色幼葉

葉全緣

鮮豔的秋色

高度 10公尺	樹形 寬錐形	葉持久性 落葉	葉型

科 漆樹科	種 *Rhus copallina*	命名者 Linnaeus

亮葉漆樹 (DWARF SUMACH)

葉為羽狀，長可達35公分，最多有23枚長圓形、窄的小葉，為全緣葉，長達10公分和寬2公分，上面有茸毛，後來變為有光澤的暗綠色，下面為淡色帶毛，秋季變鮮紅色。樹皮暗灰色，薄鱗狀。花黃色，小，形成密集錐形花序，夏季生於枝頂。果實小，緊密包成錐形鮮紅色聚花果，長達20公分。

- **原產地** 北美東部。
- **環境** 山區、森林、灌木林，生在乾燥的土地上。

葉軸有寬翅

高度 10公尺	樹形 寬展開形	葉持久性 落葉	葉型

科 漆樹科	種 *Rhus trichocarpa*	命名者 Miquel

毛漆樹 (RHUS TRICHOCARPA)

葉長可達50公分，最多有17枚卵圓
形、漸尖的小葉，小葉長達10公
分，寬4公分，初期為紅色，
後來變為無光澤的暗綠色，有
茸毛，秋季變為橙紅色。樹皮
淡灰褐色，有明顯的皮孔。花
極小，黃色，圓錐花序，夏季生
於葉腋。果實小型，褐黃色。

• **原產地** 中國、日本、韓國。
• **環境** 山區和道路旁的灌木叢。

小而堅硬的果實

小葉為全緣

高度 8公尺	樹形 寬展開形	葉持久性 落葉	葉型

科 漆樹科	種 *Rhus typhina*	命名者 Linnaeus

鹿角漆樹 (STAG'S-HORN SUMACH)

葉長60公分，最多有27枚披針形至長圓形、
有銳齒的小葉，小葉長12公分，寬5公分，
上面為暗綠色，下面為藍綠色，幼葉兩面都
有茸毛，後來接近於無毛，秋季變為鮮橙色
和紅色，生在堅挺、光滑的枝上。樹皮暗褐
色，光滑。花為雌雄同株或異株，花皆小，
綠色，形成密集的圓錐形花序，夏季生於
枝頂。果實小，鮮紅色，產生密集的圓
錐形聚花果，長達20公分。

• **原產地** 北美東部。
• **環境** 草地、灌木叢森林邊緣或
乾燥岩土上。

◁ 鹿角漆樹

秋季葉色
鮮豔

鹿角漆樹 ▷

淺裂的小
葉為綠色

◁ **深裂葉鹿角漆樹**
「DISSECTA」
此觀賞型樹具有裂成很
細的葉。

高度 10公尺	樹形 寬展開形	葉持久性 落葉	葉型

番荔枝科

此科以熱帶樹爲主,包括2,000多種,與木蘭(參閱202－215頁)爲近緣。此類樹一般有單生及互生葉,花瓣爲三瓣輪生。番荔枝爲本科著名成員。

科 番荔枝科	種 *Asimina triloba*	命名者 (Linnaeus)Dunal

巴波番荔枝 (PAWPAW)

葉長圓形至卵圓形,長可達25公分,先端漸尖,全緣,頗淡的綠色,幼葉下面有茸毛,後來變光滑,秋季葉變黃色。樹皮灰褐色,隨年齡增長而變得有些粗糙並呈鱗狀。花直徑可達4公分,初期為綠色,後來變紫褐色,有6枚花瓣,內部3瓣直立,外部3瓣較大並展開,晚春隨幼葉的出現而單生於老枝上的結實短花柄上。果實肉質,可食,長可達15公分,初期為綠色,成熟時變黃褐色。

- **原產地** 北美東部。
- **環境** 潮濕的密林區。
- **註釋** 這種不常見的果實其味道可與香蕉比美。此種樹常與木瓜(*Carica papaya*)混淆,這是一種果實可食而在熱帶種植的樹,其俗名也稱為萬壽果。

葉先端呈短尖形

葉至基部漸窄

果實成熟時變黃褐色

成熟的花為紫褐色

綠色幼花的顏色隨樹齡增加而變暗

高度 9公尺	樹形 寬展開形	葉持久性 落葉	葉型

冬青科

本科廣泛分佈在溫帶和熱帶地區，包括400多種常綠和落葉種植物，幾乎全部為冬青屬 *(Ilex)*。這些喬木和灌木常具對生葉。雄雌花皆小，呈白色或粉紅色，雌雄異株；雌花在秋天發育成黃、紅、橙或黑色的漿果。有一種南美種樹*(Ilex paraguariensis)*，其葉可製巴拉圭茶。

科 冬青科	種 *Ilex x altaclerensis*	命名者 (Hort.ex Loudon)Dallimore

阿爾塔可拉冬青 (HIGHCLERE HOLLY)

葉的大小和形狀有變異，呈長圓形至卵形或近於圓形，長可達13公分或更長，寬7.5公分，尖端有刺，葉緣也常有刺，上面為暗綠色有光澤。樹皮灰色，光滑。花為雌雄異株，雄花和雌花皆為小白花，常帶紫色色彩，芳香，春季叢集生於葉腋。果實大型、肉質、紅色的漿果。

• **原產地** 園藝植物。

• **註釋** 枸骨冬青(參閱109頁)與*Ilex perado* (原產加那利，馬得拉和亞速群島的樹)的雜交品種。得到承認的此類樹，主要是已命名的栽培品系，公園中許多觀賞型樹可為代表。

◁ 長葉阿爾塔可拉冬青
「BELGICA AUREA」
此雌性植物的大葉
具少量的刺。

紅紫色葉柄

乳黃色葉緣

深的葉脈

△ 茶葉阿爾塔可拉冬青
「CAMELLIIFOLIA」
此雌性植物，其葉無刺，
幼時紫色。

黃綠葉阿爾塔可拉冬青 △
「GOLDEN KING」
此雌性植物寬厚的葉，
具寬闊黃色葉緣。

紅色澤的芽開
出白色的花

黃斑葉阿爾塔可拉冬青
「LAWSONIANA」▷
此雌性植物的葉有潑濺狀的
黃色，其邊緣無刺。

有光澤的
暗色葉

△ 阿爾塔可拉冬青
「HODGINSII」
此雄性植物具
大型、少刺的
暗綠色葉和
紫色枝條。

◁ 大葉阿爾塔可拉冬青
「WILSONII」
此雌性植物有大型葉。

葉上具不規則
黃綠色斑塊

高度 20公尺	樹形 寬柱形	葉持久性 常綠	葉型

科 冬青科	種 *Ilex aquifolium*	命名者 Linnaeus

枸骨葉冬青 (COMMON HOLLY)

葉有變異，橢圓形至卵形，長可達10公分，
寬5公分，樹下部幼葉的葉緣有極尖的刺，
成熟時葉緣幾乎無刺，上面為暗綠色有光澤。
樹皮淡灰色，光滑。花常為雌雄異株，
雄花和雌花皆小，有白或紫色色
澤，有芳香，叢集生於葉腋，
常在晚春開花。果實常為紅色
漿果，長可達1公分。

• **原產地** 亞洲西部，歐洲。
• **環境** 森林，特別是山毛櫸和
櫟屬植物林。
• **註釋** 本種樹在葉和果實方面
已產生大量的變種。

▽ 枸骨葉冬青

雌花有突出的
綠色子房

雄花

◁ 枸骨葉冬青

葉有帶刺和
無刺兩種

黃斑枸骨葉冬青 ▷
「CRISPA AUREA PICTA」
這種雄性植物有
厚而扭曲的葉子，
尖端有刺，中心
有黃色和
淡綠色斑塊。

刺從有印痕的
葉尖生出

▽ 白邊枸骨葉冬青
「ARGENTEA MARGINATA」
這種雌性植物有粉紅色幼
葉、綠色枝和紅色漿果。

◁ 枸骨
葉冬青

密集叢生的
紅色漿果

漿果茂盛

有刺的葉有
乳白色邊緣

◁ 刺枸骨葉冬青
「FEROX」
這種雄性植物的俗名刺蝟
冬青，因其葉上表面的刺
而得。

黃果枸骨葉冬青 △
「BACCIFLAVA」
這種漂亮的栽培品種生有
黃色漿果和帶刺葉子。

葉子上表面
的淡色刺

高度 20公尺	樹形 寬柱形	葉持久性 常綠	葉型

科 冬青科	種 *Ilex aquifolium*	命名者 Linnaeus

▽ 白邊刺枸骨葉冬青「FLAVESCENS」
又名月光冬青，此種雌性植物，具有泛黃色的葉。葉柄和中脈也是黃色。

葉表面和邊緣的乳黃色刺

葉可能有不規則刺

葉中脈兩側表面有綠色光澤

△ 黃柄枸骨葉冬青「FEROX ARGENTEA」
此雄性栽培品種的葉具有乳黃至白色葉緣。此樹的俗名為銀刺蝟冬青。

葉緣可能光滑

葉緣有粉紅色色澤

紅色漿果叢生

◁ 厚枸骨葉冬青「J.C. VAN TOL」
此樹雌雄同株。其厚葉具綠色光澤，上面光滑，並有少數刺或根本無刺。

△ 紫枝枸骨葉冬青「HANDSWORTH NEW SILVER」
此雌性樹的特徵，是其具有紫色莖、白色葉緣和小的紅色漿果。

深印痕的葉脈

高度 20公尺	樹形 寬柱形	葉持久性 常綠	葉型

科 冬青科	種 *Ilex aquifolium*	命名者 Linnaeus

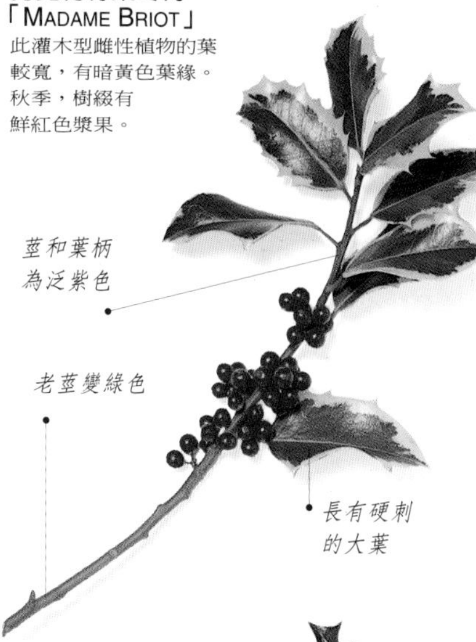

猗寬枸骨葉冬青 ▷
「MADAME BRIOT」
此灌木型雌性植物的葉
較寬，有暗黃色葉緣。
秋季，樹綴有
鮮紅色漿果。

漿果長成緊
密的聚花果

莖和葉柄
為泛紫色

老莖變綠色

長有硬刺
的大葉

△ 團黃果枸骨葉冬青
「PYRAMIDALIS
FRUCTU LUTEO」
這種雌性植物的寬橢圓
形、綠色光澤、常無刺
的葉與茂盛的黃色漿
果，形成鮮明的對比。

葉可能僅在
先端有刺

有些刺朝上，
有些朝下

葉腋內的
花芽

短柄上的漿果
緊貼於莖

△ 白邊紫枝枸骨葉冬青
「SILVER QUEEN」
這種無性生殖的雄性株，
其寬葉具白色邊緣，幼時為淡
橙粉色，枝呈深紫色。

△ 白斑枸骨葉冬青
「SILVER MILKMAID」
這種老栽培品種的葉呈暗綠色，
中心有乳白色斑塊。它曾被稱為
「Silver Milkboy」(銀質奶油小子)，
盡管如此，卻是雌性植物。

葉上微弱的灰
綠色大理石紋

高度 20公尺	樹形 寬柱形	葉持久性 常綠	葉型

科 冬青科	種 *Ilex x koehneana*	命名者 Loesener

寇內氏冬青 (ILEX X KOEHNEANA)

葉為橢圓形至卵形,長可達15公分,葉緣有
極尖的刺,幼葉常為青銅色,後來變暗綠
色,有光澤,幼枝泛紫色。
樹皮灰色,光滑。花為
雌雄異株,雄花和雌花
皆小,綠白色,春季叢
生於葉腋。果實為紅色漿
果,直徑可達8公釐。

• **原產地** 園藝種。

• **註釋** 這是枸骨葉冬青(參
閱109頁)與大葉冬青(參閱下
面)的一種雜交品種,首次報
告見於義大利佛羅倫斯。
大型的葉表現出它後
代親本的影響。

青銅色幼葉
下面有堅挺
的橫葉脈

可在雌花
中見到
綠色子房

大量的刺有規
律地隔開

△ 寇內氏冬青

伸長的
革質黃綠
色葉

粟葉寇內氏冬青 ▷
「CHESTNUT LEAF」
此種樹原產於法國。
它有多刺的葉,長有小的
鮮紅色漿果。

高度 6公尺	樹形 寬錐形	葉持久性 常綠	葉型

科 冬青科	種 *Ilex latifolia*	命名者 Thunberg

大葉冬青 (TARAJO HOLLY)

葉為長圓形,長20公分,寬7.5公分,極厚,
有粗糙但無刺的齒,上面暗綠色有光澤,下面
黃綠色;幼時分枝為橄欖綠色。樹皮灰色,
隨年齡增長而有裂縫。
花為雌雄異株,雄花和雌花皆
小,黃綠色,芳香,晚春叢生於葉腋。
果實為紅橙色漿果,直徑8公釐,
多果聚生,晚秋成熟。

極大的革質
葉,有鋸齒
狀葉緣

• **原產地** 中國東部、日本。

• **環境** 溫帶地區。

• **註釋** 這種樹具有超長的葉子,
為溫帶出產的冬青中的唯一品種。
在日本,常種植在寺院附近。

雄花有
黃色花藥

高度 20公尺	樹形 寬錐形	葉持久性 常綠	葉型

科 冬青科	種 *Ilex opaca*	命名者 Aiton

美國冬青 (AMERICAN HOLLY)

葉為橢圓形，長可達10公分，
寬5公分，先端和葉緣都有刺，
上面為無光澤的暗綠色或黃綠
色，下面黃綠色。樹皮灰色，光
滑。花為雌雄異株，雄花和雌花皆
小，呈單調的白色，晚春生於葉腋。
果實為紅色漿果，直徑達1公分。

- **原產地** 美國東部。
- **環境** 靠近海岸的沙土地帶和潮濕森林。

光滑、無光澤
的葉上面部分

雌花

高度 15公尺	樹形 寬錐形	葉持久性 常綠	葉型

科 冬青科	種 *Ilex pedunculosa*	命名者 Miquel

刻脈冬青 (ILEX PEDUNCULOSA)

葉為卵形至橢圓形，長達7.5公分，
寬3公分，漸尖，全緣，上面為暗
綠色有光澤。樹皮灰綠色，光
滑。花為雌雄異株，雄花和雌
花皆小，白色，夏季生於枝
條和葉腋。果實為鮮紅
色漿果，直徑可達8公厘。

- **原產地** 中國、日本、台灣。
- **環境** 森林和灌木叢。

葉緣變
青銅色

雄花叢生

長果柄

高度 10公尺	樹形 寬錐形	葉持久性 常綠	葉型

科 冬青科	種 *Ilex purpurea*	命名者 Hasskarl

紫紅冬青 (ILEX PURPUREA)

葉為橢圓至披針形，長達12公分，
寬4公分，漸尖，邊緣
有齒，上為暗綠色，
下面色較淡。樹皮灰色，光滑。花為
雌雄異株，雄花和雌花皆深紅紫色，
副花冠有4枚反折裂片，初夏至仲夏
開花。果實為紅色漿果，長8公厘。

- **原產地** 中國、日本。
- **環境** 山區森林。

大量雄花叢生
在一起

青銅色幼葉

高度 13公尺	樹形 寬錐形	葉持久性 常綠	葉型

五加科

本科包括50多屬約800多種常綠和落葉喬木、灌木和草本植物，遍佈世界各地。葉子為複葉或有裂，小型綠白色或白色的花叢生。

科 五加科	種 *Aralia spinosa*	命名者 Linnaeus

白芷樹 (DEVIL'S WALKING STICK)

葉為二回羽狀，極大，長可達1公尺，或更長，有大量卵形、漸尖、有齒的小葉，長達7.5公分，寬4公分，幼葉上面為青銅色，後來變暗綠色，下面色較淡，兩面有毛，秋季變黃色至紫色，葉柄多刺，生在極堅挺的帶刺枝條上。樹皮灰色，有硬刺。花小，白色，形成小圓形花束，各花束形成大的頭狀花序，晚夏生在單個主軸上。果實為圓形，紫黑色，長可達6公厘。

- **原產地** 美國東部。
- **環境** 河岸和潮濕林地。
- **註釋** 也稱為當歸樹，海格立斯棒樹。

小黑果生在紅色果柄上

刺蔥 △ ▽
ARALIA SPINOSA

大葉由若干小葉組成

▽ **遼東柯木、刺龍牙**
ARALIA ELATA
這種產於東北亞和日本的相似樹種，在秋季開花，這時白芷樹正在結果。

花序有中心花柄

花已伸出黃色花藥

花序分枝從莖基部分出

高度 10公尺	樹形 寬展開形	葉持久性 落葉	葉型

科 五加科	種 *Kalopanax pictus*	命名者 (Thunberg)Nakai

彩色刺楸 (CASTOR ARALIA)

葉為掌狀淺裂,有5至7枚齒形裂片,
長、寬25公分,上面暗綠色有光澤,
下面幼時有茸毛,生在長柄上。樹皮黑褐色,
有刺和深裂縫。花小,白色,
繁茂,有細長花柄,晚夏產生
大圓形花序。果實圓形,
藍黑色,長約5公厘。

• **原產地** 中國、俄羅斯
東部、日本、韓國。

• **環境** 河岸和其他
潮濕林地。

• **註釋** 此種樹的幼葉經烹調後可
食。相似的變種 *Kalopanax pictus*
var. *maximowiczii* 有深裂的葉,此葉
向基部分裂到一半以上的距離。

葉裂片先端
漸尖

長柄葉

結實而有時帶
刺的嫩枝

高度 25公尺	樹形 寬柱形	葉持久性 落葉	葉型

科 五加科	種 *Pseudopanax ferox*	命名者 (Kirk) Kirk

多刺假參 (TOOTHED LANCEWOOD)

幼樹的葉窄而硬,長可達45公分,葉緣有鉤形
銳齒,暗紫綠色,有橙色中脈,葉朝下生長;
在成熟的樹上,長達15公分,有鈍齒或全緣,
直立展開。樹皮灰色,光滑。花只生在成熟的
樹上,綠色小花夏季生於枝頂,呈圓頭狀。
果實長圓形,黑色,直徑8公厘。

• **原產地** 紐西蘭。

• **環境** 森林和灌木叢。

• **註釋** 此樹多年不分枝,經過幾個階段
的生長,慢慢發育出成樹的圓形樹
冠。近緣樹厚葉假參
(*P. crassifolius*)常見於野外。
這種紐西蘭產的樹有
長的幼葉,
可達1公尺或更長。

葉緣有固定
間距的銳尖齒

突出的中心
葉脈

高度 5公尺	樹形 獨特	葉持久性 常綠	葉型

樺木科

有一些著名的柔荑花序的植物屬於樺木科，例如榛木(參閱127頁)。本科有6個屬和150多種落葉喬木和灌木，主要野生於北溫帶；赤楊(參閱116頁)擴展到安地斯山脈。葉為互生。花單性，雌雄花同株，柔荑花序，但只有雄花明顯。

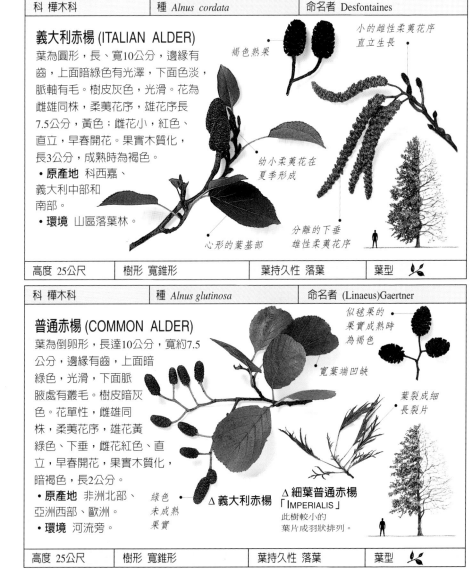

科 樺木科	種 *Alnus cordata*	命名者 Desfontaines

義大利赤楊 (ITALIAN ALDER)

葉為圓形，長、寬10公分，邊緣有齒，上面暗綠色有光澤，下面色淡，脈軸有毛。樹皮灰色，光滑。花為雌雄同株，柔荑花序，雄花序長7.5公分，黃色；雌花小，紅色、直立，早春開花。果實木質化，長3公分，成熟時為褐色。

• **原產地** 科西嘉、義大利中部和南部。

• **環境** 山區落葉林。

褐色熟果

小的雌性柔荑花序直立生長

幼小柔荑花在夏季形成

分離的下垂雄性柔荑花序

心形的葉基部

高度 25公尺	樹形 寬錐形	葉持久性 落葉	葉型

科 樺木科	種 *Alnus glutinosa*	命名者 (Linaeus)Gaertner

普通赤楊 (COMMON ALDER)

葉為倒卵形，長達10公分，寬約7.5公分，邊緣有齒，上面暗綠色，光滑，下面脈腋處有叢毛。樹皮暗灰色。花單性，雌雄同株，柔荑花序，雄花黃綠色、下垂，雌花紅色、直立，早春開花，果實木質化，暗褐色，長2公分。

• **原產地** 非洲北部、亞洲西部、歐洲。

• **環境** 河流旁。

似毬果的果實成熟時為褐色

寬葉端凹缺

葉裂成細長裂片

綠色未成熟果實

△ **義大利赤楊**

△ **細葉普通赤楊**
「IMPERIALIS」
此樹較小的葉片成羽狀排列。

高度 25公尺	樹形 寬錐形	葉持久性 落葉	葉型

科 樺木科	種 *Alnus incana*	命名者 (Linnaeus)Moench

灰赤楊 (GREY ALDER)

葉為卵形，長10公分，寬5公分，先端尖，
有雙重齒，葉緣有淺裂，上面為暗綠色，
下面灰色，有茸毛。樹皮暗灰色，光滑。
花單性，雌雄同株，柔荑花序，雄花序
長10公分，紅色，下垂；雌花序小，紅色、
直立，晚冬至初春開花。果實似毬果，
木質，長2公分，綠色，成熟時為褐色。

- **原產地** 高加索山脈、歐洲。
- **環境** 山區。

雌花

似毬果的果
實可保持一
年多

幼果

△ 灰赤楊

橙色柔
荑花序

◁ **黃葉灰赤楊**
「AUREA」
此種樹有
黃色葉和
橙色枝條。

柔荑花序在
枝頂產生

長而下垂
的雄性柔荑
花序

△ 灰赤楊

高度 20公尺	樹形 寬錐形	葉持久性 落葉	葉型

科 樺木科	種 *Alnus rubra*	命名者 Bongard

美國赤楊 (RED ALDER)

葉為卵形至橢圓形，長10公
分，寬7.5公分，基部窄，
先端尖，上面為暗綠色，
接近光滑，下面有茸毛，
後變藍綠色，接近光滑，只是沿
葉脈有毛。樹皮暗灰色，粗糙，
有樹瘤。花單性，雌雄同株，
柔荑花序，雄花序長15公分，黃
橙色、下垂，雌花序小，紅色、
直立，初春開花。果實似毬果，
木質，長2.5公分。

- **原產地** 北美西部。
- **環境** 山區和沿海岸的河流和峽谷。
- **註釋** 遠看像淡色樹皮的樺木種類。

果實像小毬果

葉緣有雙重齒

直的平行葉脈

葉下面沿
葉脈有鏽
色毛

幼時的
柔荑花序

高度 15公尺	樹形 寬錐形	葉持久性 落葉	葉型

科 樺木科	種 *Betula albo-sinensis*	命名者 Burkill

紅樺 (BETULA ALBO-SINENSIS)

葉為卵形，長7.5公分，寬4公分，漸尖，邊緣
具齒，幼時有茸毛，後來變光滑，有光澤，綠
色，秋季變黃色，生在稍粗糙的枝條上；幼枝
有粘性。樹皮橙紅色至銅紅色，呈薄紙狀水平
剝落；露出乳黃色新皮。花單性，雌雄同株，
形成柔荑花序；雄花序長達6公分，黃色、下
垂；雌花序綠色、直立，春季開花。
果實為柔荑果序，成熟時裂開。

- **原產地** 中國西部。
- **環境** 山區大森林。
- **註釋** 這種樹有彩色剝皮，使它成
為所有樺木中最吸引人的樹。

有光澤的
銳齒狀葉

柔荑花序在
夏季形成，等
來春再開花

直立的雌性
柔荑花序

下垂的雄性
柔荑花序

△ 紅樺、華南樺

具淡色皮孔斑
的紅色樹皮

▽ **毛紅樺** VAR. *SEPTENTRIONALIS*
此變種的特徵是其綠色葉暗淡無光澤，
樹皮呈銅色至灰粉紅色。

無光澤
的綠色
葉

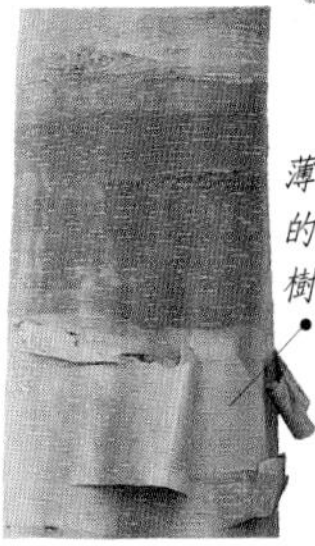

薄條狀剝落
的灰粉紅色
樹皮

綠葉生在粗
糙枝條上

雄性柔荑花序
生於枝頂

結果的雌性柔荑
花序直立生長

高度 25公尺	樹形 寬錐形	葉持久性 落葉	葉型

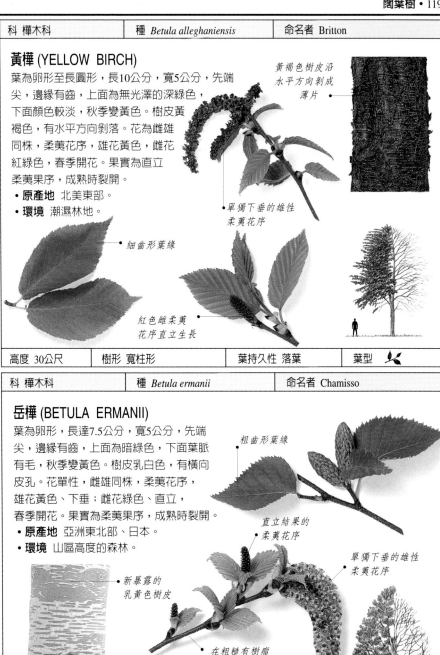

科 樺木科	種 *Betula alleghaniensis*	命名者 Britton

黃樺 (YELLOW BIRCH)

葉為卵形至長圓形，長10公分，寬5公分，先端
尖，邊緣有齒，上面為無光澤的深綠色，
下面顏色較淡，秋季變黃色。樹皮黃
褐色，有水平方向剝落。花為雌雄
同株，柔荑花序，雄花黃色，雌花
紅綠色，春季開花。果實為直立
柔荑果序，成熟時裂開。

• **原產地** 北美東部。
• **環境** 潮濕林地。

黃褐色樹皮沿
水平方向剝成
薄片

單獨下垂的雄性
柔荑花序

細齒形葉緣

紅色雌柔荑
花序直立生長

高度 30公尺	樹形 寬柱形	葉持久性 落葉	葉型

科 樺木科	種 *Betula ermanii*	命名者 Chamisso

岳樺 (BETULA ERMANII)

葉為卵形，長達7.5公分，寬5公分，先端
尖，邊緣有齒，上面為暗綠色，下面葉脈
有毛，秋季變黃色。樹皮乳白色，有橫向
皮孔。花單性，雌雄同株，柔荑花序，
雄花黃色、下垂；雌花綠色、直立，
春季開花。果實為柔荑果序，成熟時裂開。

• **原產地** 亞洲東北部、日本。
• **環境** 山區高度的森林。

粗齒形葉緣

直立結果的
柔荑花序

單獨下垂的雄性
柔荑花序

新暴露的
乳黃色樹皮

在粗糙有樹瘤
的枝條上所生
的葉

樹皮剝成
薄紙狀細條

高度 25公尺	樹形 寬錐形	葉持久性 落葉	葉型

| 科 樺木科 | 種 *Betula grossa* | 命名者 Siebold & Zuccarini |

日本櫻樺 (JAPANESE CHERRY BIRCH)

葉為卵形，長10公分，寬5公分，先端漸尖，
基部為心形，邊緣有粗齒，上面為暗綠色，下面
葉脈上有絲毛，秋季變黃色。樹皮紅色，有橫向
帶條，隨年齡增長而變為暗綠色。花單性，雌
雄同株，柔荑花序，雄花序長達2.5公分，黃
色、下垂；雌花序為綠色、直立，春季開
花。果實為直立狀柔荑果序，成熟時裂開。
• **原產地** 日本。
• **環境** 山區森林。
• **註釋** 本種樹與美加甜樺(參閱下面)
有近緣關係，具有相似的樹皮
和香味枝條。

幼樹有光滑的
紅樹皮

柔荑花序在
夏季形成

芳香幼枝

在突出葉脈間的
葉緣有少數粗齒

| 高度 20公尺 | 樹形 寬錐形 | 葉持久性 落葉 | 葉型 |

| 科 樺木科 | 種 *Betula lenta* | 命名者 Linnaeus |

美加甜樺 (CHERRY BIRCH)

葉為卵形，長12公分，寬6公分，漸尖，
銳齒形，上面暗綠色有光澤，下面顏色較淡且
在幼時有絲毛，秋季變黃色，生在芳香的枝
條上。樹皮紅褐色，
有淡色的橫向皮孔，
後來變暗色且有裂
縫。花單性，雌雄同株，
柔荑花序，雄花序長7.5公分，
黃色、下垂；雌花序綠色、
直立，春季開花。
果實為直立狀柔荑果序，
成熟時裂開。
• **原產地** 北美東部。
• **環境** 原產區南部山地
至北部低海拔的潮濕林地。
• **註釋** 也稱為黑樺、甜樺。

在細印痕葉脈間
的葉緣有小齒

紅色粗糙樹皮有
較淡色的皮孔斑

葉漸窄，形成
短的尖端

| 高度 25公尺 | 樹形 寬展開形 | 葉持久性 落葉 | 葉型 |

科 樺木科	種 *Betula maximowicziana*	命名者 Regel

棘皮樺 (MONARCH BIRCH)

葉為寬卵形,長達15公分,寬12公分,基部為深心形,先端漸尖,邊緣有尖銳雙重齒,上面為暗綠色,光滑,秋季變黃色,生在有樹瘤的枝上。樹皮初期為紅褐色,後變灰白色,帶有橙黃和粉紅色彩,有水平皮孔,成紙條狀剝落。花單性,雌雄同株,柔荑花序,雄花長10公分,黃褐色、下垂;雌花綠色,叢生一起,展開至下垂,冬末開花。果實為下垂柔荑果序,成熟時裂開。

- **原產地** 日本中部和北部。
- **環境** 林地。
- **註釋** 也稱日本紅樺。葉大於其他任何一種樺樹的葉。

葉緣有銳齒

剝皮有粉紅和黃色色澤

黃褐色的雄柔荑花序可單獨下垂

心形的葉基部

高度 25公尺	樹形 寬錐形	葉持久性 落葉	葉型

科 樺木科	種 *Betula nigra*	命名者 Linnaeus

河樺 (RIVER BIRCH)

葉長10公分,基部漸窄,先端尖,邊緣有雙重齒,上面深藍綠色、光滑,下面藍灰色,葉脈處有毛。樹皮粉灰色,隨年齡增長成暗褐色,出現凸脊。花為雌雄同株,柔荑花序,雄花,黃褐色;雌花綠色,春季開花。果實為柔荑果序,成熟時裂開。

- **原產地** 美國東部。
- **環境** 潮濕林地、河流旁。

葉緣有尖銳的雙重齒

樹皮剝落成許多薄層,且有粗毛

雌柔荑花序直立生長

雄柔荑花序下垂

明顯的金剛石形葉

高度 30公尺	樹形 寬展開形	葉持久性 落葉	葉型

科 樺木科	種 *Betula papyrifera*	命名者 Marshall

紙白樺 (PAPER BIRCH)

葉為卵形,長可達10公分,寬7.5公分,先端漸
尖,邊緣有齒,上面為暗綠色,下面顏色較
淡,沿葉脈有毛,至少幼葉如此,秋季變黃色
至橙色。樹皮白色,有明顯的暗色皮孔,有薄
層狀剝落;新暴露的樹皮為粉橙色。花單性,
雌雄同株,柔荑花序,雄花序長達10公分,
黃色、下垂;雌花序較為細長,
綠色,展開或下垂,春季開花。
果實為柔荑果序,成熟時裂開。

- **原產地** 北美。
- **環境** 緯度較北的林地和山區。
- **註釋** 也稱獨木舟樺。美洲土著人
用其樹皮做獨木舟,遂產生此俗
名。這種分佈最廣的美洲樺出現
在從拉布拉多到阿拉斯加一帶以
及美國北部。

光滑的
葉上面

結果的綠色
下垂柔荑花序

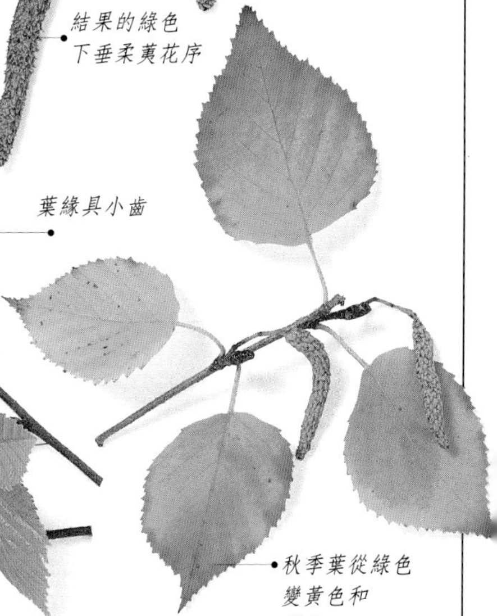

葉緣具小齒

雄柔荑花序
從枝頂下垂

秋季葉從綠色
變黃色和
橙色

樹皮有暗
色的橫向
皮孔斑

較淡色的葉
沿脈有毛

雌柔荑花序成
某一角度下垂

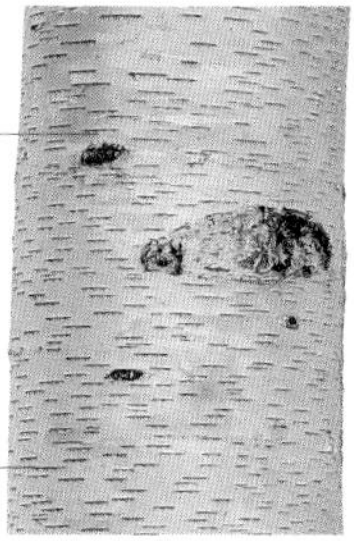

剝落樹皮出現
橙粉色下層

高度 30公尺	樹形 寬錐形	葉持久性 落葉	葉型

科 樺木科	種 *Betula pendula*	命名者 Roth

垂枝樺，歐洲白樺 (SILVER BIRCH)

葉為卵形至三角形，長達6公分，寬4公分，先端漸尖，邊緣有雙重粗齒，上面為暗綠色有光澤，秋季變黃色，生在細長、無毛而有樹瘤的下垂枝上。樹皮白色，隨年齡增長而在基部發展成暗色不平的裂縫。花單性，雌雄同株，柔荑花序，雄花序長達6公分，黃色、下垂；雌花序為綠色，直立或下垂，初春開花。果實為柔荑果序，成熟時裂開。

• **原產地** 亞洲北部，歐洲。
• **環境** 光線充足的土地，特別是沙地。
• **註釋也** 又稱歐洲白樺。
在其生活環境內可形成大片森林。

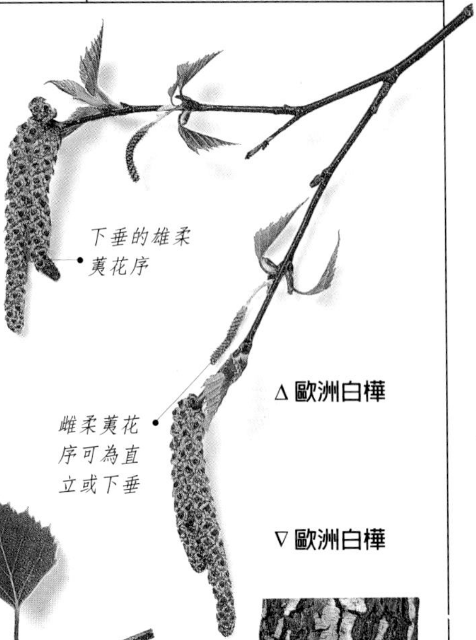

下垂的雄柔 • 荑花序

△ 歐洲白樺

雌柔荑花 • 序可為直立或下垂

▽ 歐洲白樺

葉緣有雙重 • 大齒

歐洲白樺 ▷

樹幹基部的樹皮發展成暗色裂紋

結果的下垂柔荑花序

細葉銀樺 ▷
「DALECARLICA」
細葉銀樺有小而細長的葉；分裂成漸尖的細齒狀裂片。

深裂的小葉 •

葉生在紅色 • 葉柄上

紫葉銀樺 △
「PURPUREA」
選擇此觀賞型樹，因其具有深紫色葉和紅色葉柄，樹皮也散出紫色調。

高度 30公尺	樹形 窄垂枝形	葉持久性 落葉	葉型

科 樺木科	種 *Betula populifolia*	命名者 Marshall

灰樺 (GREY BIRCH)

葉為卵形至三角形，長7.5公
分，先端長尖，邊緣有銳齒，
上面為暗綠色稍粗糙，秋季變黃
色。樹皮白色，分枝下面有黑斑，
無剝落，隨年齡增長基部變黑。
花單性，雌雄同株，柔荑花序，
雄花序長7.5公分，黃褐色，下垂；
雌花序綠色，春季開花。
果實為柔荑果序，成熟時裂開。

- **原產地** 北美東部。
- **環境** 山區林地。
- **註釋** 也稱白樺，野生於加拿
大的新斯克舍到美國的北卡羅
來納。此種樹常從基部分枝，
生長快，壽命短。

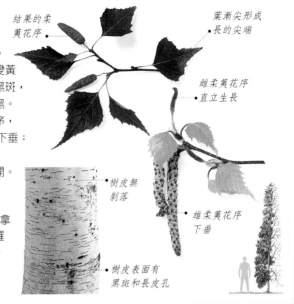

結果的柔
荑花序

葉漸尖形成
長的尖端

雌柔荑花序
直立生長

樹皮無
剝落

雄柔荑花序
下垂

樹皮表面有
黑斑和長皮孔

高度 10公尺	樹形 窄錐形	葉持久性 落葉	葉型

科 樺木科	種 *Betula pubescens*	命名者 Ehrhart

白樺 (WHITE BIRCH)

葉為圓形至卵形，長可達6公分，寬5公分，
邊緣分佈有規律的單齒，上面為暗綠色，至少
幼葉有茸毛，下面沿葉脈有茸毛，秋季葉變黃
色，生在有茸毛的枝上。樹皮白色直至基部。
花單性，雌雄同株，春季開花，形成柔荑花
序，雄花序長達6公分，黃色、下垂；
雌花序為綠色、直立。果實為柔荑果序，
成熟時裂開。

- **原產地** 亞洲北部，歐洲。
- **環境** 森林。
- **註釋** 也稱茸毛樺。此種樹與垂枝
樺為近緣關係，但易由其枝區分，
該枝有毛，不下垂。其生長環境，
尤其喜愛瘠土和潮濕土地。

結果的柔荑花序

由小單齒
形成的葉緣

直立的
雌柔荑花序

幼葉生在
有細毛的
枝上

雄柔荑花序
由枝頂下垂

高度 25公尺	樹形 寬錐形	葉持久性 落葉	葉型

科 樺木科	種 *Betula utilis*	命名者 D. Don

糙皮樺 (HIMALAYAN BIRCH)

葉為卵形，長可達10公分，寬6公分，先端漸尖，
邊緣有齒，上面為暗綠色，有時為有光澤的綠
色，下面沿脈有茸毛，秋季變為濃金黃色，
生在有茸毛的枝上。樹皮變異極大，
薄紙狀剝皮為有光澤的橙褐色或
暗銅褐色至粉白色或純白色。花
序為柔荑花序，雄花序為黃色，下
垂，長達12公分或更長；雌花序為綠
色、直立，春季開花。果實為柔荑果序，
綠色，成熟時為褐色，並裂開。

- **原產地** 中國，喜馬拉雅山脈。
- **環境** 高山森林。
- **註釋** 這種分佈廣泛的樹
種；包括一些細白樹皮的樺
木。在喜馬拉雅山區，人們用
這類樹皮造紙和做屋頂。

雌柔荑
花序結果

△ 糙皮樺

▽ 糙皮樺

雌柔荑花序
直立生長

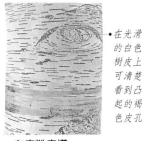

在光滑
的白色
樹皮上
可清楚
看到凸
起的褐
色皮孔

△ **白皮糙皮樺**
VAR. *JACQUEMONTII*
以白色樹皮為特徵的這種
變種，其葉多變，下面顯示
出三種不同類型。

雄柔荑
花序有
18公分
長

樹皮有
橫條狀
剝落

白皮糙皮樺 VAR. *JACQUEMONTII* ▽
垂葉糙皮樺 「SILVER SHADOW」
此變種有大而
下垂的暗綠色葉。

白皮糙皮樺 △
VAR. *JACQUEMONTII*
光滑糙皮樺
「GRAYSWOOD GHOST」
光澤的葉顯出引人注目的變種特色。

◁ **白皮糙皮樺**
VAR. *JACQUEMONTII*
寬葉糙皮樺
「JERMYNS」
此種茁壯的變
種具有寬葉。

高度 25公尺	樹形 寬錐形	葉持久性 落葉	葉型

科 樺木科	種 *Carpinus betulus*	命名者 Linnaeus

鵝耳櫪 (HORNBEAM)

葉為卵形至長圓形，長可達10公分，寬6公分，先端尖，邊緣有雙重齒，葉脈明顯，葉上面為暗綠色，光滑，下面沿葉脈有茸毛，秋季葉變為黃色。樹皮淡灰色，隨年齡增長而出現溝槽和裂縫。花單性，雌雄同株，春季開花，成柔黃花序，雄花序長達5公分，黃色、下垂；雌花序小，綠色，生於枝頂。果實為堅果，有3淺裂的綠色苞片，後變黃褐色，集成柔黃果序，下垂，長達7.5公分。

- **原產地** 亞洲西南部、歐洲。
- **環境** 籬牆和闊葉林。
- **註釋** 一種常見的籬牆植物。

葉緣有雙重齒

3淺裂，無齒，苞片包圍每個果實

果實苞片在夏季為綠色

雌柔黃花序生於枝頂

雄柔黃花序下垂

果實於秋季成熟

高度 30公尺	樹形 寬展開形	葉持久性 落葉	葉型

科 樺木科	種 *Carpinus caroliniana*	命名者 Walter

美國鵝耳櫪 (AMERICAN HORNBEAM)

葉為卵形，長10公分，先端漸尖，邊緣有雙重齒，暗綠色，秋季變橙色至紅色，生在細長枝上。樹皮灰色，光滑，有溝槽。花單性，雌雄同株，春季開花，形成柔黃花序，雄花序長4公分，黃色，下垂；雌花序小，綠色，生於枝頂。果實為堅果，有2至3淺裂的綠色苞片，集成柔黃果序，下垂，長7.5公分。

- **原產地** 墨西哥、北美東部。
- **環境** 潮濕林地、河岸和沼澤地帶。
- **註釋** 也稱為藍山毛櫸，水山毛櫸。與山毛櫸(參閱151－153頁)相似，但其果實有差別。

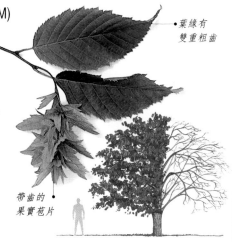

葉緣有雙重粗齒

帶齒的果實苞片

高度 10公尺	樹形 寬展開形	葉持久性 落葉	葉型

科 樺木科	種 *Carpinus cordata*	命名者 Blume

千斤榆 (CARPINUS CORDATA)

葉為卵形至長圓形，長12公分，寬7.5公分，基部心形，先端尖，邊緣有齒，上面深綠色。樹皮灰褐色，光滑。花單性，雌雄同株，春季開花，成柔荑花序，雄花黃色；雌花，綠色，生於枝頂。果實為堅果，呈下垂的柔荑果序，長達10公分。

• **原產地** 日本。
• **環境** 山區森林。

雌柔黃花序

雄柔黃花序

有齒的果實苞片呈瓦覆狀排列

高度 15公尺	樹形 寬柱形	葉持久性 落葉	葉型

科 樺木科	種 *Carpinus japonica*	命名者 Blume

日本鵝耳櫪 (CARPINUS JAPONICA)

葉為卵形至長圓形，長10公分，寬4公分，先端尖，邊緣有齒，上面暗綠色，秋季變黃。隨年齡增長變成暗褐色並呈鱗狀。花雌雄同株，春季開花，形成柔荑花序，雄序5公分，黃色；雌花序小，綠色，生於枝頂。果實為堅果，有齒形苞片，成柔荑果序，長達6公分。

• **原產地** 日本。
• **環境** 森林和灌木叢。

中脈兩側有大量平行脈

下面的葉有毛

雄柔黃花序

無裂口而有齒的果實苞片

高度 15公尺	樹形 寬展開形	葉持久性 落葉	葉型

科 樺木科	種 *Corylus colurna*	命名者 Linnaeus

土耳其榛木 (TURKISH HAZEL)

葉為寬橢圓形，長15公分，寬10公分，基部為心形，邊緣有雙重粗齒，上面為暗綠色，光滑，下面沿葉脈有茸毛，秋季變黃色。樹皮灰色，木栓質。花為雌雄同株，晚冬至初春開花，形成柔荑花序，雄花黃色，下垂；雌花紅色。果實為可食的堅果。

• **原產地** 亞洲西南部、歐洲東南部。
• **環境** 蔭涼山區森林。

下垂的雄柔荑花序

寬葉邊緣有雙重粗齒

高度 25公尺	樹形 寬錐形	葉持久性 落葉	葉型

科 樺木科	種 *Ostrya carpinifolia*	命名者 Scopoli

歐洲鐵木 (HOP HORNBEAM)

葉為卵圓形,長達10公分,寬5公分,先端尖,邊緣有雙重齒,兩面皆有稀毛。樹皮灰色,光滑。花單性,雌雄同株,春季開花,形成柔荑花序,雄花長7.5公分,黃色,下垂;雌花序小,綠色。果實為堅果,包在氣囊狀的乳黃色果殼內,叢生,下垂,長5公分。

- **原產地** 亞洲西部、歐洲南部。
- **環境** 山區矮森林。

葉下面有毛

葉緣有雙重齒

果序像蛇麻草

下垂的雄柔荑花序

高度 20公尺	樹形 寬錐形	葉持久性 落葉	葉型

科 樺木科	種 *Ostrya japonica*	命名者 Sargent

鐵木 (JAPANESE HOP HORNBEAM)

葉卵圓形,長達12公分,寬5公分,先端尖,邊緣有銳齒,兩面皆有軟毛。樹皮灰褐色,鱗狀。花單性,雌雄同株,春季開花,形成柔荑花序,雄花黃色,下垂;雌花綠色。果實為堅果,包在氣囊狀的乳黃色果殼內,叢生,下垂,長達5公分。

- **原產地** 中國、日本、韓國。
- **環境** 山區森林。

果殼落下前變褐色

雄柔黃花序

雌柔黃花序

高度 25公尺	樹形 寬錐形	葉持久性 落葉	葉型

科 樺木科	種 *Ostrya virginianaa*	命名者 (Miller)K. Koch

美洲鐵木 (IRON WOOD)

葉為卵圓形,長達12公分,寬5公分,先端尖,邊緣有齒,葉下面脈腋處有叢毛。樹皮灰褐色,鱗狀。花為雌雄同株,春季開花,成柔荑花序,雄花黃色,下垂;雌花綠色。果實為堅果,包在氣囊狀的乳黃色果殼內,叢生,下垂,長6公分。

- **原產地** 北美東部。
- **環境** 森林。
- **註釋** 也稱為American hop hornbeam (美洲鐵木)。

葉緣有粗齒

果殼裂開時放出小堅果

高度 20公尺	樹形 寬錐形	葉持久性 落葉	葉型

紫葳科

這是一個大的熱帶植物科，有常綠和落葉的喬木和灌木、少數草本植物和許多攀緣植物。此科包括100多屬和約700種植物，分佈廣泛，尤以南美為最。葉子為複葉，輪生或對生。管狀花的先端為褶邊花瓣的張口鐘形。

科 紫葳科	種 *Catalpa bignonioides*	命名者 Walter

美國梓 (INDIAN BEAN TREE)

葉為寬卵圓形，長達25公分，寬20公分，基部為心形，先端急尖，有淺裂，全緣，上面有紫色色澤，幼葉有茸毛，後來變淺綠色，光滑，下面顏色較淡，有茸毛，生在長葉柄上。樹皮灰褐色，鱗狀。花鐘形，長5公分，有二唇瓣，白色，具黃色和紫色斑，圓錐花序，仲夏至晚夏開花。果實細長像豆一樣有下垂的莢果，長40公分，其種子不可食，能存留很長時間。

- **原產地** 美國西南部。
- **環境** 河岸和低矮森林。
- **註釋** 也稱南方梓。

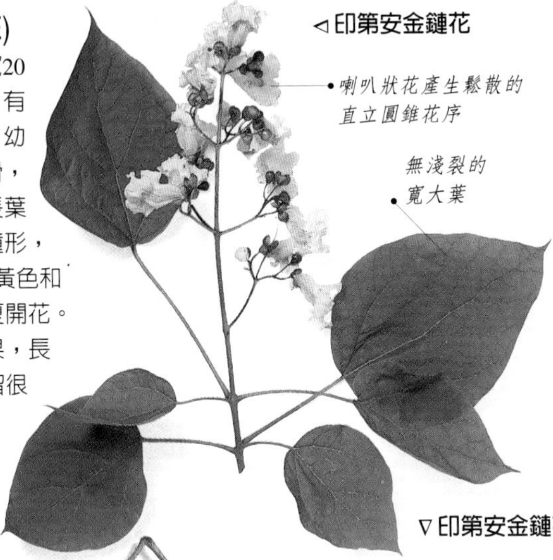

◁ 印第安金鏈花

- 喇叭狀花產生鬆散的直立圓錐花序

無淺裂的寬大葉

▽ 印第安金鏈花

◁ 印第安金鏈花

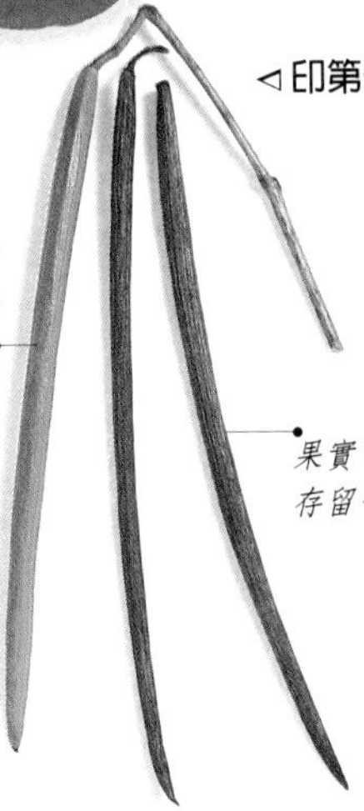

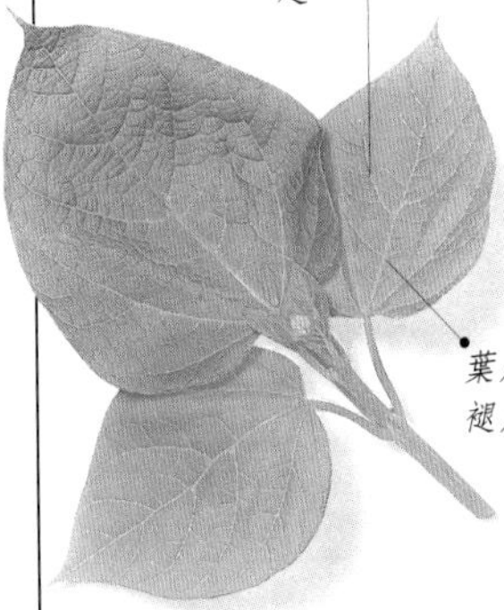

3枚葉生在一起

綠色長莢果成熟時變褐色

葉展現黃色或褪成綠色

果實可在樹上存留一年

花內有黃色和紫色斑

△ 黃葉印第安金鏈花
「AUREA」
此種樹的鮮黃色幼葉於仲夏後變綠色。

高度 15公尺	樹形 寬展開形	葉持久性 落葉	葉型

科 紫葳科	種 *Catalpa x erubescens*	命名者 Carriere

淺紅梓 (CATALPA X ERUBESCENS)

葉有3淺裂，長達30公分，寬25公分或更大，全緣，青銅色，後來變淡綠色。樹皮灰褐色，有凸脊。花鐘形，白色，有黃色和紫色斑，芳香，呈大型圓錐花序，晚夏開花。果實像豆一樣的下垂莢果，長40公分。

- **原產地** 園藝品種。
- **註釋** 這是印第安金鏈花(參閱129頁)與中國卵葉梓(*Catalpa ovata*)的雜交種。下面所示的「Purpurea」(深紫梓)有黑紫色幼葉。

葉有3淺裂

花瓣有黃色和紫色細斑

成熟莢果裂開時放出種子

◁△ 紫葉淺紅梓「PURPUREA」

花序生於枝頂

深紫色幼葉成熟時變暗綠色

高度 15公尺	樹形 寬展開形	葉持久性 落葉	葉型

科 紫葳科	種 *Catalpa fargesii*	命名者 Bureau

灰楸 (CATALPA FARGESII)

葉為寬卵圓形，長達15公分，寬12公分，有一或二漸尖的側淺裂，幼時為青銅色，後來變成頗為光澤的綠色，下面常有茸毛。樹皮暗灰，有矩形片狀剝落。花鐘形，長5公分，粉紅色帶若干紫色斑和黃色斑，仲夏開花，叢生。果實像豆一樣的下垂莢果，長45公分。

- **原產地** 中國西部。
- **環境** 山區開闊地帶。
- **註釋** 開花時期稍早於本屬的其他種類。最常見的栽培型是var. *duclouxii*(光灰楸變種)。

粉紅色花密集叢生

葉先端細尖

葉有一或二個側裂片

高度 20公尺	樹形 寬柱形	葉持久性 落葉	葉型

科 紫葳科	種 *Catalpa speciosa*	命名者 (Warder ex Barney)Engelmann

黃金樹 (WESTERN CATALPA)

葉為寬卵圓形，長達30公分，寬20公分，先端
長、漸尖，上面為暗綠色有光澤，幼葉有茸
毛，後來變光滑，下面有茸毛，生在長葉柄
上。樹皮灰色，鱗狀，有裂縫。花鐘形，長5公
分，白色，具黃色和略帶紫色的斑，
呈大型圓錐花序，夏季開
花。果實為細長豆狀莢
果，下垂，長達45公分，
能在樹上存留到來年。

幾朵花
成一束

果實晚夏成
熟，但來年才
落下

- **原產地** 美國。
- **環境** 河岸，潮濕林地
以及沼澤地。

3葉排列一起

高度 40公尺	樹形 寬柱形	葉持久性 落葉	葉型

黃楊科

被 稱作黃楊的植物是本科最
為人所熟悉的樹，它有4
或5個屬，約60種常綠的喬木、
灌木和偶而見到的草本植物。它
們一般有對生葉和叢生的小花。

科 黃楊科	種 *Buxus sempervirens*	命名者 Linneaus

黃楊 (COMMON BOX)

柱頭變成果上的角

葉為卵圓至長圓形，長2.5公分，寬1公分，
先端凹缺，上面為暗綠色，下面顏色較淡，
生在稜形截面枝條上。樹皮灰色，光滑，
隨年齡增長裂成小片。雄花和雌花皆小，
綠色，雄花有明顯黃色花藥，花單性，
生在同一花序內，初春生於葉腋。
果實小，木質，綠色蒴果，長8公厘。

- **原產地** 非洲北部，歐洲及亞洲南部。
- **環境** 常生於鹼性土壤。
- **註釋** 可能是小型喬木，也是大型灌
木，能生產極硬且緻密紋理的黃色木
材。在栽培方面，慣用作綠籬植物和
修剪灌木。

雄花有
黃色花藥

雌花有
3柱頭

高度 6公尺	樹形 寬錐形	葉持久性 常綠	葉型

衛矛科

這一分佈廣泛的科，包括近100屬1,000多種常綠和落葉的喬木、灌木和攀緣植物。葉為對生或互生，花一般較小，綠色。

科 衛矛科	種 *Euonymus europaeus*	命名者 Linnaeus

歐洲衛矛 (SPINDLE TREE)

葉為橢圓至卵圓形或披針形，長8公分，寬3公分，先端漸尖，邊緣有細齒，秋季變紅色。樹皮灰色，光滑。花為雌雄異株，雌雄花皆小，綠白色，有4枚花瓣，最多10朵叢生於葉腋，晚春至初夏開花。果實為鮮粉紅色，直徑12公厘，4裂片張開露出鮮橙色皮的種子。

- **原產地** 亞洲西部、歐洲。
- **環境** 森林、灌木叢和圍籬。

有綠色色澤的枝條

粉紅色果實含橙色種子

紅色秋葉

4瓣花

高度 6公尺	樹形 寬展開形	葉持久性 落葉	葉型

科 衛矛科	種 *Maytenus boaria*	命名者 Molina

南美衛矛 (MAITEN)

葉窄橢圓形至披針形，長5公分，寬2公分，先端尖，邊緣有細齒，上面淡綠色，後變暗綠色，下面顏色較淡，生在下垂枝上。樹皮灰色，光滑，有窄裂縫，基部剝落；露出時為橙色。花小，淡綠色，有黃色花藥，中春至晚春叢生於葉腋。果實小，橙紅色蒴果。

- **原產地** 南美。
- **環境** 山區開闊地帶。

葉成熟時為綠色有光澤

微小齒形葉緣

花序幾乎藏在葉腋內

小花

高度 20公尺	樹形 寬垂枝形	葉持久性 常綠	葉型

連香科

下述種類為本科唯一的成員。一度曾認為它與木蘭(參閱202－215頁)有近緣關係，並與其劃分在一起，但現在認為它是原始植物，更近於懸鈴木(參閱234－235頁)。

科 連香科	種 *Cercidiphyllum japonicum*	命名者 Siebold & Zuccarini

連香樹 (KATSURA TREE)
葉為圓形，長、寬7.5公分，基部心形，邊緣有圓齒，青銅色，後變藍綠色，秋季變黃、粉紅或紫色。樹皮灰褐色，有裂縫。花為雌雄異株，花小，無花瓣，雄花有大量紅色雄蕊，雌花有4至6個花柱，生於葉腋，春季開花。果實呈小而彎的綠色莢果。
• **原產地** 喜馬拉雅山至日本。
• **環境** 山區森林。

明顯呈心形的葉基部

雌花發育成果實

葉互生或對生

高度 30公尺	樹形 寬展開形	葉持久性 落葉	葉型

山茱萸科

此科約有12屬，100種常綠和落葉喬木和灌木，包括山茱萸(參閱133－138頁)；大多數生長在北溫帶地區。小花被明顯的苞片所包圍。

科 山茱萸科	種 *Cornus alternifolia*	命名者 Linnaeus f.

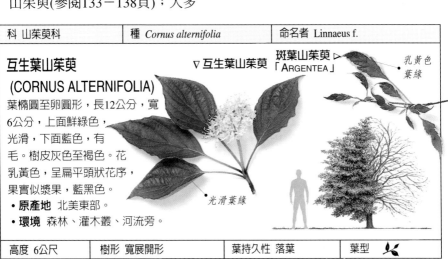

互生葉山茱萸
(CORNUS ALTERNIFOLIA)
葉橢圓至卵圓形，長12公分，寬6公分，上面鮮綠色，光滑，下面藍色，有毛。樹皮灰色至褐色。花乳黃色，呈扁平頭狀花序，果實似漿果，藍黑色。
• **原產地** 北美東部。
• **環境** 森林、灌木叢、河流旁。

▽ 互生葉山茱萸

斑葉山茱萸 ▷
「ARGENTEA」

乳黃色葉緣

光滑葉緣

高度 6公尺	樹形 寬展開形	葉持久性 落葉	葉型

科 山茱萸科	種 *Cornus controversa*	命名者 Hemsley

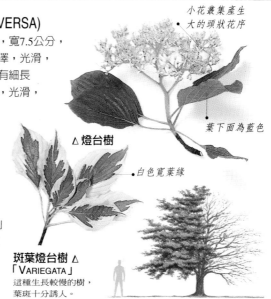

小花叢集產生
大的頭狀花序

燈台樹 (CORNUS CONTROVERSA)

葉為卵圓形至橢圓形,長15公分,寬7.5公分,
漸尖,全緣,上面為暗綠色有光澤,光滑,
下面為藍綠色,秋季變成紫色,有細長
葉柄,叢集生於枝頂。樹皮灰色,光滑,
隨年齡增長而出現裂縫。花小,
乳白色,花瓣4枚,扁平的頭狀
花序,直徑15公分,沿層次
分明的分枝而生,仲夏開花。
果實小,為圓形漿果,藍黑色。

葉下面為藍色

△ 燈台樹

白色寬葉緣

- **原產地** 亞洲東部。
- **環境** 森林、灌木叢。
- **註釋** 此種樹和更小的互生葉山
茱萸(參閱見133頁)是生有互生葉
而不是對生葉的僅有的兩種山
茱萸。在日本,常用此樹製做
木娃娃。

斑葉燈台樹 △
「VARIEGATA」
這種生長較慢的樹,
葉斑十分誘人。

高度 20公尺	樹形 寬展開形	葉持久性 落葉	葉型

科 山茱萸科	種 *C.*「Eddie's White Wonder」	命名者 無

雜交山茱萸 (CORNUS EDDIE'S WHITE WONDER)

葉為寬橢圓形,長達12公分,先端鈍,上面略
有光澤,下面灰色,有毛,秋季變為橙色,
紅色和紫色。樹皮灰色,光滑,有少數
細長的淡色條紋。花小,綠色,數目
多,密集成半球形花序,每一花序均
被4片白色或略具粉紅色色澤的苞片
所包圍,初期苞片不與枝頂相連,
晚春隨幼葉出現的同時開花。果實
小,紅色,集成半球形果序,
成熟時果實分離。

大苞片包圍
成頭狀花序

單個小花

- **原產地** 園藝品種。
- **註釋** 這是美國四照花(參閱135
頁)和太平洋山茱萸(參閱137頁)
的雜交種。
有的樹並不結果。

秋季葉不變色

高度 12公尺	樹形 寬錐形	葉持久性 落葉	葉型

科 山茱萸科	種 *Cornus florida*	命名者 Linnaeus

美國四照花，大花山茱萸 (FLOWERING DOGWOOD)

葉為橢圓形至卵圓形，長達10公分，
寬6公分，漸尖，全緣，上面為暗綠
色，下面白色，有軟毛，秋季變紅色，
生在有白霜的枝上。樹皮紅褐色至黑
色，深裂成小方片。花小，綠色，
花多，密集成半球形花序，每個花序
均被4片白色至深粉色苞片所包圍，
各苞片先端凹缺，冬季可在芽內發現，
先於幼葉或與其同時開放。果實小，
紅色，叢生，成熟時分離。

- **原產地** 北美東部。
- **環境** 森林中的酸性土壤。

秋季葉變色

大花山茱萸

*連苞片的
先端有凹缺*

*有白霜的
枝條*

大的純白色苞片

*綠色花產生
緊密的花序*

葉全緣

紫苞大花山茱萸 △
「CHEROKEE CHIEF」
此種樹的深粉色苞片基部，
褪色變成粉白色。

△ **大苞大花山茱萸**
「WHITE CLOUD」
此精選樹種的區分特徵
是：有寬的白色苞片包
圍著綠色花。

高度 12公尺	樹形 寬展開形	葉持久性 落葉	葉型

科 山茱萸科	種 *Cornus kousa*	命名者 Hance

日本楊梅 (JAPANESE STRAWBERRY TREE)

葉為卵圓形，長達7.5公分，寬5公分，漸尖，波形葉緣，無齒，上面為暗綠色，兩面光滑，下面脈腋處有叢生的褐色毛。樹皮紅褐色，隨年齡增長而出現不規則的剝片。花微小，黃白色或綠色，花多，密集成半球形的長柄直立花序，每一花序均被4片乳白色或有粉色色澤的漸尖形苞片所包圍，初夏開花。果實小，叢生在肉質、紅色、似草莓而可食的頭狀果序內，呈下垂狀。

- **原產地** 日本。
- **環境** 山區森林。

許多小花叢生在一起

漂亮的苞片先端有長尖

日本楊梅 ▷

葉上面光滑且有光澤

中國四照花 △
VAR. *CHINENSIS*

葉下面脈腋處有毛

高度 15公尺	樹形 寬柱形	葉持久性 落葉	葉型

科 山茱萸科	種 *Cornus macrophylla*	命名者 Wallich

梾木 (CORNUS MACROPHYLLA)

葉為卵圓形，長15公分，寬7.5公分，細長漸尖，波形葉緣，無齒，上面為暗綠色，中脈兩側最多有8對葉脈，下面為藍綠色，有毛。樹皮暗灰色，隨年齡增長出現裂縫。花小，乳白色，有4枚花瓣，鬆散的扁平頭狀花序，直徑15公分，仲夏至晚夏開花。果實小，圓形，似漿果，成熟時從綠色變紅紫色，最後變藍黑色，直徑6公厘。

- **原產地** 喜馬拉雅山、日本。
- **環境** 森林和灌木叢。
- **註釋** 這是一種漂亮的樹，在栽培方面所知不多。

小花產生不整齊花序

葉下面有堅挺的葉脈

無齒的波形葉緣

高度 20公尺	樹形 寬展開形	葉持久性 落葉	葉型

科 山茱萸科	種 *Cornus nuttallii*	命名者 Audubon

太平洋山茱萸 (PACIFIC DOGWOOD)

葉為橢圓形至倒卵圓形，長達15公分，寬
7.5公分，先端尖，全緣，上面為暗綠色，
近於光滑，幼時下面有毛，秋季常變為
黃色，有時變紅色。樹皮灰色，光滑，
有少量細長的淡色條紋，基部有輕微
的溝槽。花小而多，綠色，密集成半
球形直立花序，每一花序均被4至7
片大苞片包圍，苞片長7.5公分，
初期為乳白色，後來變白色或白色
泛粉紅色，晚春開花。果實
小，紅色，產生半球狀果序，
果實成熟時分離。

- **原產地** 北美西部。
- **環境** 低地
森林和其原產區
南部的山上。

最多有7枚大苞片

許多綠色花

葉在開花
期長出

葉在秋季
變紅色

高度 25公尺	樹形 寬錐形	葉持久性 落葉	葉型

科 山茱萸科	種 *Cornus*「Porlock」	命名者 無

波爾山茱萸 (CORNUS「PORLOCK」)

葉為橢圓形，長7.5公分，上面為青銅綠色，
後來變淡綠色，下面為灰綠色，秋季有些
葉變粉紅色，其他葉則能維持越冬。
樹皮灰色，光滑，基部有剝落。
花黃白色，密集成半球形的長柄
直立花序，每一花序均被4片漸尖形
苞片包圍，花為乳白色，後來變
深粉色，初春開花。果小，叢集
產生肉質、似草莓的紅色頭狀果序，
呈下垂狀，可食。

- **原產地** 園藝品種。
- **註釋** 這是頭狀山茱萸
木與日本楊梅
(參閱136頁)的
雜交種。

漸尖形葉

頭狀花序最初支承
在直立的花柄上

果序下懸

乳黃色
苞片

高度 8公尺	樹形 寬展開形	葉持久性 落葉	葉型

科 山茱萸科	種 *Cornus walteri*	命名者 Wangerin

毛梾 (CORNUS WALTERI)

葉為橢圓形,長10公分,寬5公分,漸尖,全緣,上面為暗綠色,下面有薄毛。樹皮淡灰褐色,有深裂縫,木栓質凸脊。花小,乳白色,花瓣4枚,呈扁平頭狀花序,直徑7.5公分,仲夏開花。果實小,圓形,黑色。

- **原產地** 中國。
- **環境** 山林。
- **註釋** 此種樹既可成灌木,也可成小型喬木。野生植物不常見,對栽培品種也了解不多。冬季,暴露在日光下的枝條呈紫粉色。

花有黃色花萼

葉端有細長尖頂

葉緣呈波浪形

高度 12公尺	樹形 寬錐形	葉持久性 落葉	葉型

柿樹科

大 約500種樹被收集在本科兩屬內,幾乎所有的樹皆屬於柿屬。這些植物主要產於熱帶區,為常綠和落葉喬木和灌木,具有互生和全緣葉。有小型雌花和雄花,為雌雄異株。

科 柿樹科	種 *Diospyros kaki*	命名者 Linnaeus f.

柿樹 (CHINESE PERSIMMON)

葉為卵圓形至倒卵圓形,長達15公分以上,寬7.5公分,漸尖,全緣,上面為暗綠色有光澤,光滑或接近光滑,下面顏色較淡,常有毛,秋季變紅色或橙色。樹皮淡灰色,鱗狀,剝落成裂縫。花為雌雄異株,雄、雌花皆小,鐘形,黃色,雄花叢生,雌花單生,仲夏開花。果實大、有汁,黃色至橙色或紅色漿果,直徑7.5公分,成熟時可食。

- **原產地** 不詳。
- **環境** 僅知有栽培品種。
- **註釋** 果實也稱為柿子。

薄紙狀花萼

扁平的褐色種子

大而有光澤的葉

高度 14公尺	樹形 寬展開形	葉持久性 落葉	葉型

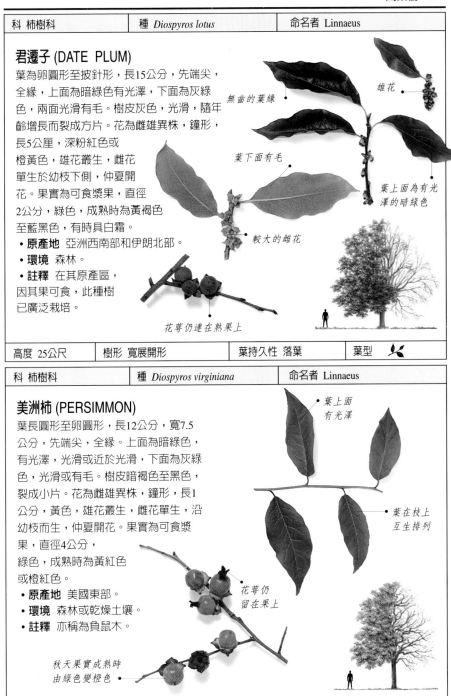

| 科 柿樹科 | 種 *Diospyros lotus* | 命名者 Linnaeus |

君遷子 (DATE PLUM)

葉為卵圓形至披針形，長15公分，先端尖，全緣，上面為暗綠色有光澤，下面為灰綠色，兩面光滑無毛。樹皮灰色，光滑，隨年齡增長而裂成方片。花為雌雄異株，鐘形，長5公厘，深粉紅色或橙黃色，雄花叢生，雌花單生於幼枝下側，仲夏開花。果實為可食漿果，直徑2公分，綠色，成熟時為黃褐色至藍黑色，有時具白霜。

- **原產地** 亞洲西南部和伊朗北部。
- **環境** 森林。
- **註釋** 在其原產區，因其果可食，此種樹已廣泛栽培。

雄花
無齒的葉緣
葉下面有毛
葉上面為有光澤的暗綠色
較大的雌花
花萼仍連在熟果上

| 高度 25公尺 | 樹形 寬展開形 | 葉持久性 落葉 | 葉型 |

| 科 柿樹科 | 種 *Diospyros virginiana* | 命名者 Linnaeus |

美洲柿 (PERSIMMON)

葉長圓形至卵圓形，長12公分，寬7.5公分，先端尖，全緣。上面為暗綠色，有光澤，光滑或近於光滑，下面為灰綠色，光滑或有毛。樹皮暗褐色至黑色，裂成小片。花為雌雄異株，鐘形，長1公分，黃色，雄花叢生，雌花單生，沿幼枝而生，仲夏開花。果實為可食漿果，直徑4公分，綠色，成熟時為黃紅色或橙紅色。

- **原產地** 美國東部。
- **環境** 森林或乾燥土壤。
- **註釋** 亦稱為負鼠木。

葉上面有光澤
葉在枝上互生排列
花萼仍留在果上
秋天果實成熟時由綠色變橙色

| 高度 30公尺 | 樹形 寬展開形 | 葉持久性 落葉 | 葉型 |

胡頹子科

此科有3屬，約50種常綠和落葉的小型喬木和灌木，遍佈溫帶地區。這些植物有刺。常呈鱗片狀的全緣葉成對生或互生排列。小型無瓣的雄花和雌花，可能是雌雄異株；有幾種樹可產生可食的果實。

科 胡頹子科	種 *Elaeagnus angustifolia*	命名者 Linnaeus

沙棗 (OLEASTER)

葉披針至長圓形，長7.5公分，寬1.5公分，全緣，上面綠色，下面銀色，鱗狀，生在銀色帶刺的枝上。樹皮紅褐色，粗糙，碎片狀。花小，黃色，芳香，晚春至初夏叢生於葉腋。果實甜，可食，黃色漿果，長1公分，有銀色鱗片。

• **原產地** 亞洲西部。
• **環境** 海岸、河岸、乾燥河床和氾濫平原。
• **註釋** 也稱為俄羅斯橄欖。此種樹因其果實和木材而具有重要的商業價值。

葉上面有少數鱗片

葉在銀色枝條上互生排列

芳香的黃花

葉下面為銀色

高度 12公尺	樹形 寬錐形	葉持久性 落葉	葉型

科 胡頹子科	種 *Hippophae rhamnoides*	命名者 Linnaeus

沙棘 (SEA BUCKTHORN)

葉為窄線形，長可達7公分，寬1.5公分，全緣，兩面皆銀色，鱗狀，生在有刺的枝條上。樹皮綠褐色至黑色，粗糙，有豎向裂縫。雄雌花皆小，黃色，雌雄異株，春季先於葉開放，產生小型花序。果實為鮮橙色漿果，長約8公厘，密集叢生於枝條上，常可越冬生長。

• **原產地** 亞洲、歐洲。
• **環境** 河岸、沙質林地。
• **註釋** 可成為灌木。

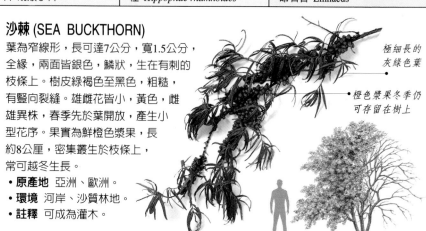

極細長的灰綠色葉

橙色漿果冬季仍可存留在樹上

高度 3公尺	樹形 寬展開形	葉持久性 落葉	葉型

杜鵑花科

本科約有100屬，3,000種植物，幾乎遍佈全世界，僅在澳洲的分佈具局限性。這些植物主要是常綠和落葉的喬木和灌木，具互生葉。花的形狀和大小有變化，但一般有5枚花瓣，至少在基部連接。在本科所有成員中，與根部相連的真菌有助於吸收營養。

科 杜鵑花科	種 *Arbutus andrachne*	命名者 Linnaeus

希臘黑鉤葉漿果鵑，希臘楊梅 (GREEK STRAWBERRY TREE)

葉為橢圓形至倒卵圓形，長可達10公分，寬5公分，葉常為全緣，但有時有齒，尤其在茁壯的枝上。葉上面為暗綠色，有光澤，下面顏色較淡，光滑。樹皮紅褐色，有薄條形剝落；新暴露時為橙褐色。花為甕狀，小，長6公厘，初期綠色，開花時為白色，具短柄，直立叢生，長、寬10公分，初春生於枝頂。果實為近光滑的圓形、橙紅色漿果，直徑1公分。

- **原產地** 歐洲東南部至亞洲西南部。
- **環境** 森林、灌木叢和岩石坡上。
- **註釋** 在其與黑鉤葉漿果鵑(參閱143頁)共同野生的地方，兩種植物可雜交產生類黑鉤葉漿果鵑(參閱142頁)。

綠色的花序
初春開花時為白色

光滑的幼枝

葉常全綠

老樹皮自然剝落

剝落的樹皮顯露出具有鮮豔色彩的下層

高度 10公尺	樹形 寬展開形	葉持久性 常綠	葉型

科 杜鵑花科	種 *Arbutus x andrachnoides*	命名者 Link

類黑鉤葉漿果鵑 (ARBUTUS X ANDRACHNOIDES)

葉為橢圓形至卵圓形，長達10公分，寬5公分，
邊緣有齒，上面暗綠色，有光澤，下面顏色
較淡，兩面皆光滑。樹皮紅褐色，有豎向
薄條狀剝落。花為甕狀，小，白色，叢
生於枝頂，下垂，花期長，介於春秋
之間。果實為似草莓的樹瘤狀紅色
漿果，直徑1.5公分。

• **原產地** 希臘。

• **環境** 森林和灌木叢。

• **註釋** 這是希臘黑鉤葉漿果鵑
(參閱141頁)與黑鉤葉漿果鵑
(參閱143頁)之間的天
然生雜交樹，可在其親
代植物生長的野外發
現，前者誘人的樹皮
被繼承下來。

紅褐色樹皮
成條狀剝落

小花產生點狀
花序

有光澤的
細齒形葉

高度 10公尺	樹形 寬展開形	葉持久性 常綠	葉型

科 杜鵑花科	種 *Arbutus menziesii*	命名者 Pursh

漿果鵑 (MADRONA)

葉為橢圓形，長15公分，寬7.5公分，葉全
緣，上面為暗綠色有光澤，下面為藍白色，
光滑。樹皮紅褐色，光滑，有剝落，隨年齡
增長而變暗並有裂縫；新露出的樹皮為綠
色。花為甕形，小，白色，有時帶粉紅色
彩，呈大型直立狀花序，長15公分，晚春生
於枝頂。果實似草莓，頗粗糙，橙色至
紅色漿果，直徑1公分，有小樹瘤包在外面。

• **原產地** 北美西部。

• **環境** 潮濕的森林山坡，櫟
樹和紅木森林的峽谷，海岸岩
石以及懸崖。

• **註釋** 也稱為太平洋漿果
鵑。果實可食但不可過
量。在收穫季節，這些樹
吸引許多鳥類，達到傳播
種子的作用。

直立的小花

大型花序豎直
生長

大型有光澤
的全緣葉

樹皮剝落成
紙片狀

高度 40公尺	樹形 寬柱形	葉持久性 常綠	葉型

科 杜鵑花科	種 *Arbutus unedo*	命名者 Linnaeus

黑鉤葉漿果鵑 (STRAWBERRY TREE)

葉為橢圓形至長圓形或倒卵圓形，
長達10公分，寬5公分，邊緣有齒，上面
為極富光澤的暗綠色，下面顏色較淡，
兩面光滑。樹皮紅褐色，粗糙，有裂
縫，無剝落。花為甕形，小，白色，或
為粉紅色，呈下垂花序，長5公分，秋季生
於枝頂。果實似草莓，為粗糙樹瘤狀的
紅色漿果，直徑2公分，前一年開花，
第二年秋季成熟。

- **原產地** 愛爾蘭西南部，地中海。
- **環境** 岩石地區和灌木叢。
- **註釋** 這是本科中少數幾種
生長在石灰質土壤中的
一種。花與果同時生，
是極具觀賞性的樹種。

綠色
花芽

粗糙樹皮不剝落

果實在開
花時期成熟

花開時為
白色

高度 10公尺	樹形 寬展開形	葉持久性 常綠	葉型

科 杜鵑花科	種 *Oxydendrum arboreum*	命名者 (Linnaeus)Candolle

酸葉樹 (SORREL TREE)

葉為橢圓形至長圓形，長達20公分，寬7.5公分，
先端漸尖，邊緣有極細小的齒，上面為暗綠色有光
澤、光滑，下面有疏毛，秋季變紅色至黃色或紫
色。樹皮灰褐色，皮厚，有深裂縫，具鱗狀凸脊。
花為甕形，小，白色，花多，芳香，呈大型直
立狀花序，秋季叢生於枝頂。果實為小型、
木質、褐色蒴果。

- **原產地** 北美東部。
- **環境** 森林及河流旁。
- **註釋** 此種樹既可為喬木，也
可為灌木。葉有強烈酸味，與
草本含酸液的植物略相似，
因此得其俗名。

直立花序隨
時間增長
而變成弓形

單個花極小

秋季葉色

高度 20公尺	樹形 寬錐形	葉持久性 落葉	葉型

科 杜鵑花科	種 *Rhododendron arboreum*	命名者 W.W. Smith

樹形杜鵑 (RHODODENDRON ARBOREUM)

葉為長圓形至披針形，長20公分，寬5公分，葉厚，革質，先端尖，上面為暗綠色有光澤、葉面光滑，有深印痕的中脈和葉脈，葉下面有毛，毛色從銀色至鏽色不一。樹皮紅褐色，粗糙且有碎片。花鐘形，長5公分，紅色或粉紅色，有時為白色，密集叢生，最多可達20朵，晚冬至仲春開花。果實木質、褐色蒴果，裂開時放出大量小種子。

- **原產地** 喜馬拉雅山，有些種類傳播到中國西南部和斯里蘭卡。
- **環境** 山區森林和灌木叢。
- **註釋** 在其原產區，此種樹為喬木，但在較不利的條件下，它是一種大型灌木。這是從喜馬拉雅山第一個引入歐洲的杜鵑花；幼葉有毒。

葉脈
平行排列在中脈兩側

花色從白色經粉色至深紅色

光澤的葉下面有疏毛

深紅色花藥先端有乳黃色花粉

花瓣內表面有較暗色斑

革質的厚葉上面光滑而有光澤

每個圓形頭狀花序內，最多可叢生20朵花

高度 15公尺	樹形 寬柱形	葉持久性 常綠	葉型

杜仲科

　　杜仲是本科唯一的成員，成熟時是一種茁壯而華麗的植物。它被認爲與榆樹(參閱308－309頁)有近緣關係。如在識別該樹時有懷疑，則看其葉的結構中有無似橡膠的乳液，即可辨明。這種乳液含量很少，從經濟角度來看，不宜進行工業提煉。據了解，這是溫帶地區生產橡膠的唯一樹種。

科 杜仲科	種 *Eucommia ulmoides*	命名者 Oliver

杜仲 (EUCOMMIAULMOIDES)

葉為橢圓形至卵圓形，長20公分，寬9公分，革質，先端尖，邊緣有齒，暗綠色有光澤，有突出的橫向葉脈，下垂於細枝上。樹皮為較淡的鴿灰色，有深裂縫。花為雌雄異株，雄雌花皆小，無花瓣，在老枝上開花，晚春恰在幼葉生出之前或同時開花。果實有翅，為綠色翅果，長4公分，叢生，每一翅果含一粒種子。

- **原產地** 不詳，可能在中國西南。
- **環境** 未確認。
- **註釋** 這種耐寒樹約在1898年從中國引入西方，在中國，其樹皮用來製造藥材。

葉在開花時期生出

雄花可能有10個雄蕊

看不見的橡膠▷
INVISIBLE RUBBER
當把一片葉子慢慢撕開，並用葉柄將葉片倒置時，兩半分開的部分仍懸在一起，它們之間被一種幾乎看不見的乳膠相連。

橡膠細絲將兩半撕開的葉子連在一起

深印痕的葉脈

高度 20公尺	樹形 寬展開形	葉持久性 落葉	葉型

香花木科

這是一個單屬的科，有5種常綠喬木和灌木，野生於智利和澳洲東南部，包括塔斯馬尼亞。葉對生，單葉或羽狀葉，邊緣有齒或無齒。白色花有4枚花瓣和大量雄蕊。

科 香花木科	種 *Eucryphia cordifolia*	命名者 Cavanilles

心葉香花木 (ULMO)

葉為長圓形，長達7.5公分，寬5公分，基部為心形，葉全緣，上面為暗綠色，下面為灰色，有毛。樹皮灰色。白色，花瓣4枚，雄蕊從粉色變橙色，芳香，晚夏單生於葉腋。果實為小型的木質蒴果。
- **原產地** 智利。
- **環境** 雨林。
- **註釋** 生於高海拔處，是大型灌木。

葉下面的細脈網路

花蕊有橙紅色花藥

花柄外露的一側為粉紅色

高度 40公尺	樹形 窄柱形	葉持久性 常綠	葉型

科 香花木科	種 *Eucryphia glutinosa*	命名者 (Poeppig & Endlicher)Baillon

膠香花木 (EUCRYPHIA GLUTINOSA)

葉為羽狀，有3至5小葉，長達6公分，寬3公分，邊緣有齒，上面為暗綠色，下面顏色較淡，幼葉兩面皆有毛。樹皮灰色，光滑。花直徑5公分，白色，4枚花瓣，頂端粉色的雄蕊有很多，芳香，晚夏單生於葉腋。果實為小型木質蒴果。
- **原產地** 智利。
- **環境** 森林和河岸。
- **註釋** 此種的栽培型為半常綠樹或落葉樹，秋季落葉前多數葉會變橙紅色。

重瓣膠香花木 ▷
「PLENA」
此種特選的種類有雙花。

▽ 膠香花木

花有8枚或更多的花瓣

小葉光澤，邊緣有齒

花藥初期為深粉紅色

高度 10公尺	樹形 窄柱形	葉持久性 常綠	葉型

科 香花木科	種 *Eucryphia x intermedia*	命名者 Bausch

香花木 (EUCRYPHIA X INTERMEDIA)

葉形不一,或為單葉、長圓形,長達6公分,寬2.5公分;葉為全緣或先端有齒,葉上面為暗綠色,下面為灰綠色。樹皮灰色。白色,有4枚花瓣和大量雄蕊,芳香,晚夏至秋季單生於葉腋。果實為小型木質蒴果。

- **原產地** 園藝品種。
- **註釋** 這是膠香花木 (參閱146頁)和亮香花木 (參閱下面)的雜交種,首先在北愛爾蘭的Rostrevor種植「Rostrevor」是原始,也是最常見的一種類型,如右圖所示。

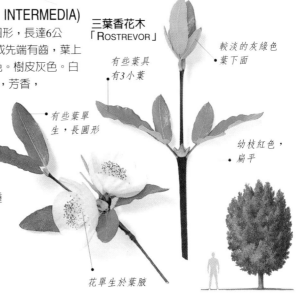

三葉香花木「ROSTREVOR」

較淡的灰綠色葉下面

有些葉具有3小葉

有些葉單生,長圓形

幼枝紅色,扁平

花單生於葉腋

高度 10公尺	樹形 寬柱形	葉持久性 常綠	葉型

科 香花木科	種 *Eucryphia lucida*	命名者 (Labillardière)Baillon

亮香花木 (EUCRYPHIA LUCIDA)

葉為窄長圓形,長達5公分,寬1.5公分,短柄,全緣,革質,先端圓形到有微小凹缺,上面為暗綠色,有薄毛,下面為藍白色,有明顯的網狀葉脈。生在茁壯的枝條上,有時有3小葉。樹皮灰色,光滑。花直徑達5公分,白色,有4枚圓形花瓣和大量細長、頂端為黑色的雄蕊,芳香,晚夏單生於葉腋,初期為杯形,開花時扁平。果實為小型的木質蒴果,成熟時裂開。

- **原產地** 澳洲塔斯馬尼亞。
- **環境** 山區的森林和河岸。
- **註釋** 在原產區稱為革木。栽培的種類較小,平常僅達15公尺。在塔斯馬尼亞所發現的粉紅色花型已被命名為「粉雲」。

葉的下面藍白色

花藥在完全開花前為粉紅色

果實於一年後裂開並放出種子

高度 20公尺	樹形 窄柱形	葉持久性 常綠	葉型

科 香花木科	種 *Eucryphia milliganii*	命名者 J.D. Hooker

米氏香花木 (EUCRYPHIA MILLIGANII)

葉為長圓形，長達2公分，寬8公厘，全
緣，上面為綠色，下面為白色。樹皮
灰色，光滑。花的直徑2公分，白
色，4枚花瓣，有大量頂端粉紅
的雄蕊，芳香，晚夏單生於葉
腋。果實為小型木質蒴果。
- **原產地** 澳洲塔斯馬尼亞。
- **環境** 山區森林和河岸。
- **註釋** 可成為喬木或灌木。

葉的下面白色

葉先端有
小凹缺

花具有幾
個雄蕊

高度 6公尺	樹形 窄柱形	葉持久性 常綠	葉型

科 香花木科	種 *Eucryphia x nymansensis*	命名者 Bausch

尼曼香花木 (EUCRYPHIA X NYMANSENSIS)

葉為橢圓形，長6公分，寬3公分，小葉邊緣有齒，上面
暗綠色，下面顏色較淡。樹皮灰色光滑。
花的直徑7.5公分，白色，4枚花瓣，頂端
有大量粉色雄蕊，晚夏至秋季生於葉
腋。果實為小型木質蒴果。
- **原產地** 園藝品種。
- **註釋** 係心葉香花木
(參閱146頁)與膠香花木
(參閱146頁)的雜交種。

有些葉不分裂

有些葉有
3小葉

高度 15公尺	樹形 窄柱形	持久性 常綠	葉型

科 香花木科	種 *Eucryphia*「Penwith」	命名者 無

心亮香花木 (EUCRYPHIA「PENWITH」)

葉為長圓形，長達7公分，寬3公分，基部似
心形，全緣，上面為暗綠色，下面為藍白
色。樹皮暗灰色，光滑。花直徑5公
分，白色，4枚花瓣，頂端有大量粉色
雄蕊，芳香，晚夏至秋季生於葉腋。
果實為小型的木質蒴果。
- **原產地** 園藝品種。
- **註釋** 這是心葉香花木(參閱146頁)與
亮香花木(參閱147頁)的雜交種。

少數葉具有3
小葉

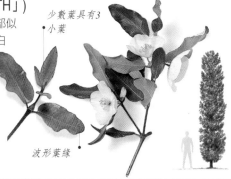

波形葉緣

高度 15公尺	樹形 窄柱形	葉持久性 常綠	葉型

殼斗科

有些很熟悉的落葉和常綠樹屬於本科，它們包括栗樹(參閱149－150頁)，山毛櫸(參閱151－153頁)，和櫟樹(參閱158－173頁)。有8屬1,000多種樹從北溫帶傳播到南半球。葉爲單葉、淺裂或有齒。雄花或雌花爲分離的柔荑花序，雌雄同株。果實爲堅果，被殼斗包圍或封閉。

科 殼斗科	種 *Castanea dentata*	命名者 (Marshall)Borkhausen

美洲栗 (AMERICAN CHESTNUT)

葉爲長圓形，長達25公分，寬5公分，基部窄，先端尖，邊緣有銳齒，上面爲暗綠色，下面顏色較淡，兩面光滑。樹皮暗褐色，雄雌花皆小，乳黃色，柔荑花序，長20公分，分離，夏季開花。果實爲帶刺殼斗，包住1至3個可食的紅褐色堅果。

- **原產地** 北美東部。
- **環境** 森林。
- **註釋** 野生植物日益稀少。

葉上面是暗淡的綠

葉緣有大量硬齒

葉近基部漸窄

高度 30公尺	樹形 寬柱形	葉持久性 落葉	葉型

科 殼斗科	種 *Castanea mollissima*	命名者 Blume

板栗 (CHISESE CHESTNUT)

葉爲長圓形至披針形，長達20公分，寬7.5公分，基部呈圓形，先端漸尖，邊緣有粗齒，上面爲暗綠色光滑，下面至少幼時有軟毛。樹皮暗灰色，隨年齡增長而變灰褐色和出現深裂縫。雄雌花皆小，乳黃色，柔荑花序，長達20公分，分離，夏季開花。果實爲有刺和茸毛的殼斗，包住2至3個可食的紅褐色堅果。

- **原產地** 中國。
- **環境** 山區森林。
- **註釋** 這種樹在中國是爲其堅果而種植。

雄花產生細長的直立穗狀花序

葉上面有光澤

葉緣的粗齒尖端朝前

圓形的葉基部

高度 25公尺	樹形 寬柱形	葉持久性 落葉	葉型

| 科 殼斗科 | 種 *Castanea sativa* | 命名者 Miller |

歐洲栗 (SWEET CHESTNUT)

葉為長圓形，長達20公分，寬7.5公分，基部呈圓形或心形，先端尖，邊緣有齒，上面為暗綠色有光澤，下面顏色較淡，樹皮灰色，雄雌花皆小，乳黃色，呈柔荑花序，長達25公分，花單性，但常在同一穗狀花序上，夏季開花。果實為有刺殼斗，直徑達6公分，包住1至3個可食、有光澤的紅褐色堅果。

• **原產地** 非洲北部，亞洲西南部，歐洲南部。

• **環境** 森林。

葉緣有粗而硬的齒

綠色殼斗

雄、雌花叢生在同一穗狀花序上

每個多刺殼斗含有3個堅果

| 高度 30公尺 | 樹形 寬柱形 | 葉持久性 落葉 | 葉型 |

| 科 殼斗科 | 種 *Chrysolepis chrysophylla* | 命名者 (W.J. Hooker) Hjelmqvist |

黃葉金鱗 (GOLDEN CHINKAPIN)

葉為長圓形至披針形，長達10公分，寬2.5公分，堅硬，革質，全緣，上面為暗綠色，下面有毛。樹皮灰色，有裂縫。雄雌花皆為乳白色，柔荑花序，長達4公分，花單性，但在同一穗狀花序上，夏季開花。果實為有刺殼斗，包住1至3個可食的紅褐色堅果。

• **原產地** 美國西部。

• **環境** 沿海山區的森林和灌木叢。

葉漸窄變成細長尖端

堅果包在刺多而密的殼斗內，兩年成熟

葉下有金色毛

| 高度 30公尺 | 樹形 寬錐形 | 葉持久性 常綠 | 葉型 |

科 殼斗科	種 *Fagus grandifolia*	命名者 Ehrhart

美國山毛櫸 (AMERICAN BEECH)

葉為卵圓形至橢圓形，長12公分，寬6公分，先端尖，邊緣有齒，有11至15對脈，有絲毛，葉上面暗綠色，下面顏色較淡，秋季變黃色。樹皮灰色，光滑。雄雌花皆小，雄花黃色，雌花綠色，雌雄同株，單性叢生，仲春開花。果實為直徑2公分的殼斗，包住1至3個可食的堅果。

- **原產地** 北美東部。
- **環境** 密林。

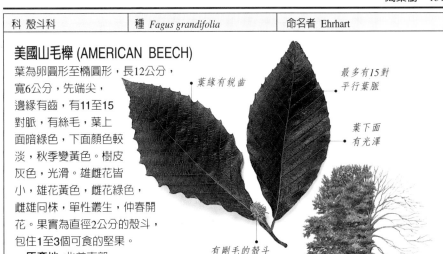

葉緣有銳齒

最多有15對平行葉脈

葉下面有光澤

有剛毛的殼斗成熟時由綠色變褐色

高度 25公尺	樹形 寬展開形	葉持久性 落葉	葉型

科 殼斗科	種 *Fagus orientalis*	命名者 Lipsky

東方山毛櫸 (ORIENTAL BEECH)

葉為橢圓形至倒卵圓形，長達12公分，寬6公分，邊緣為波形，無齒或少齒，最多有12對脈，上面為暗綠色有光澤，下面沿葉脈有絲毛，秋季變黃色。樹皮灰色。雄雌花皆小，雄花黃色，雌花綠色，雌雄同株，單性叢生，仲春開花。果實為有剛毛的殼斗，包住1至3個可食的堅果。

- **原產地** 亞洲西南部，歐洲東南部。
- **環境** 山區。

殼斗裂成4片

秋季葉會變色

最多12對平行葉脈

波形葉緣無齒或有稀齒

高度 30公尺	樹形 寬展開形	葉持久性 落葉	葉型

科 殼斗科	種 *Fagus sylvatica*	命名者 Linnaeus

歐洲山毛櫸 (COMMON BEECH)

葉為卵圓形至倒卵圓形,長達10公分,寬6公分,
先端短鈍,邊緣為波形,無齒或有小齒,葉脈少
於10對,有絲毛,當葉展開時變光滑,上面為
暗綠色,下面顏色較淡,秋季變黃色。樹皮
灰色,光滑。花小,雄花黃色,雌花綠
色,雌雄同株,單性叢生,仲春時節在
淡綠色葉生出時開花。果實為有剛毛
的殼斗,長達2.5公分,包住
1至3個可食的小堅果。

- **原產地** 歐洲。
- **環境** 森林,特別是
白堊層地面。

殼斗外面包有
密集的剛毛

◁ 歐洲山毛櫸

波形、全緣或
疏齒形葉緣

少於10對平行
葉脈

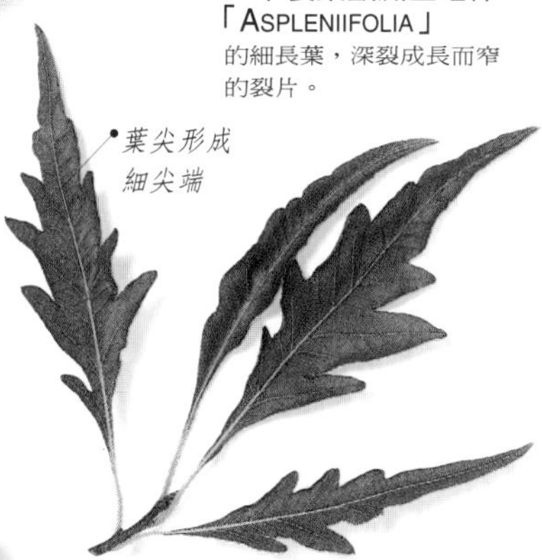

▽ **窄裂葉歐洲山毛櫸**
「ASPLENIIFOLIA」
的細長葉,深裂成長而窄
的裂片。

葉尖形成
細尖端

△ **黃葉歐洲山毛櫸**
「AUREA PENDULA」
細長的樹有下垂分枝,
其上由春至秋長有葉,
成熟時由金黃色變綠色。

彎成奇怪形狀
的葉

團葉歐洲山毛櫸 ▷
「CRISTATA」
叢生和外觀畸形的葉,
是這種奇異樹類的特徵。

高度 40公尺	樹形 寬展開形	葉持久性 落葉	葉型

先端短尖、有光
澤的暗綠色葉

▽ 紫葉歐洲山毛欅
「DAWYCK PURPLE」
以其深紫紅色的葉爲特徵。
「Dawyck purple」就是這樣的樹。
它長成較窄的柱形，是與之相似的
「Dawyck」的籽苗，但有綠色葉。

先端漸尖的寬
葉，呈極深的
紫色

兩側不同的
葉基部

△ 紫葉歐洲山毛欅
「PRINCE GEORGE OF CRETE」
選擇此種樹是因其有特別大的寬葉。其
他種樹也有大葉的。這一類群被稱爲
Fagus sylvatica f. *latifolia.*

▷ 圓葉歐洲山毛欅
「ROTUNDIFOLIA」
這種獨特的樹，其栽培品系的名稱係指
作爲此樹特徵的小而圓的葉。它們生在
極力上彎的分枝上。

圓形葉

有綠色色澤的
深紅紫色葉

葉緣被割裂成
三角形齒

較小的葉有少數
幾對平行葉脈

◁ 寬裂葉歐洲山毛欅
「ROHANII」
此栽培品系與蕨葉山毛欅
(參閱152頁)相似。它有略寬
的綠紫色葉。

紅色葉脈和
葉柄

科 殼斗科	種 *Lithocarpu sedulis*	命名者 (Makino) Nakai

日本石柯 (LITHOCARPUS EDULIS)

葉為窄橢圓形，長達15公分，寬5公分，從葉中心到基部漸尖，先端短而鈍，全緣，堅硬，革質，上面為暗綠色有光澤，下面為灰綠色，光滑。樹皮灰褐色，光滑。雄雌花皆極小，乳白色，細長、直立的柔荑花序，其頂部為雄花，基部為雌花，腋生，晚夏開花。果實為一種帶尖的槲果，直徑25公分，約三分之一封閉在殼斗內，無柄叢集生，兩年成熟。

• **原產地** 日本。
• **環境** 森林。
• **註釋** 柯屬*(Lithocarpus)*的各種樹與櫟屬植物(參閱158－173頁)有近緣關係，但其直立的柔荑花序不同。

直立的柔荑花序

雄花有長型雄蕊

葉全緣

叢生的槲果兩年成熟

高度 15公尺	樹形 寬展開形	葉持久性 常綠	葉型

科 殼斗科	種 *Lithocarpus henryi*	命名者 (Seemann) Rehder & Wilson

綿柯 (LITHOCARPUS HENRYI)

葉為橢圓形至長圓形或披針形，長達25公分，寬7.5公分，先端漸窄成細長形，全緣，淡綠色，後來變暗色，略有光澤，幼葉下面為白色，兩面皆有薄毛，後來變光滑。樹皮灰色，有淡灰色皮孔，基部有淺的橙褐色裂縫。雄雌花皆極小，乳白色，細長的直立狀柔荑花序，花單性，生在同一穗狀花序內，晚夏開花。果實為圓形槲果，長2公分，被包在淺殼斗內，密集叢生。

• **原產地** 中國。
• **環境** 山地森林。
• **註釋** 粗大、帶長尖端的葉，使聚集的樹葉成為美景。

葉端為細尖形

葉上面的印痕葉脈

葉至細長柄漸尖

高度 15公尺	樹形 寬錐形	葉持久性 常綠	葉型

科 殼斗科	種 *Nothofagus antarctica*	命名者 (J.G. Forster) Oersted

南極假山毛櫸 (ANTARCTIC BEECH)

葉為卵圓形，長達3公分，寬2公分，邊緣有
細齒，有4對葉脈，上面為暗綠色有光
澤，兩面光滑。樹皮暗灰色，隨年齡
增長裂成片狀並剝落。雄雌花皆極
小，雄花有紅色花藥，1至3朵叢
生，雌花有紅色柱頭，2至3朵叢
集生，晚春開花，腋生。
果實為光滑殼斗，長6公
厘，包住三個堅果。

• **原產地** 阿根廷南部，
智利南部。

• **環境** 山區的落葉林
和灌木林。

• **註釋** 也稱nirre。在原產區
的生活環境中，此種樹為中型
喬木，也可長成大型灌木。

有4對平行葉脈

葉緣有大量
細齒

有殼斗的果實長
成較短的果序

高度 15公尺	樹形 寬柱形	葉持久性 落葉	葉型

科 殼斗科	種 *Nothofagus betuloides*	命名者 (Mirbel)Blume

樺葉假山毛櫸 (NOTHOFAGUS BETULOIDES)

葉為卵圓形至橢圓形，長達
2.5公分，寬2公分，向不對
稱的基部呈寬錐形，邊緣有鈍
齒，上面為暗綠色有光澤，下
面顏色較淡，有細網狀葉脈，兩
面光滑；老葉下面有小的暗色
斑。樹皮為極暗的灰色，隨年齡增
長而裂成片，並剝落。雄雌花皆極
小，雄花有紅色花藥，單生，雌
花有紅色柱頭，3朵叢生於
葉腋，晚春開花。果實有
硬毛的殼斗長6公厘，
包住3枚小堅果。

• **原產地** 阿根廷、智利。

• **環境** 常綠森林。

• **註釋** 有時為灌木。

淡色的葉下面有
細網狀葉脈

葉邊緣有
許多鈍齒

幼枝有許多小
的紅色托葉

高度 25公尺	樹形 寬柱形	葉持久性 常綠	葉型

科 殼斗科	種 *Nothofagus dombeyi*	命名者 (Mirbel) Blume

南方假山毛櫸 (NOTHOFAGUS DOMBEYI)

葉為窄卵圓形，長達4公分，寬1.5公
分，基部為圓形，常不對稱，邊緣
有細銳齒，上面為暗綠色有光澤，下
面顏色較淡有光澤，有細網狀脈，光
滑，有黑色小斑。樹皮暗灰色，隨年齡
增長而裂成片並剝落。雄雌花皆極
小，雄花有紅色花藥，3朵叢生；雌
花有紅色柱頭，3朵叢生，晚春腋
生。果實為有硬毛的殼斗，長達
6公厘，包住3枚小堅果。
- **原產地** 阿根廷、智利。
- **環境** 山區森林。
- **註釋** 此種樹與樺葉假山
毛櫸(參閱155頁)相似，但不
同的是它有較大葉和較高樹形。

小殼斗成熟時
裂開

有輕微印痕的
葉脈

葉緣有細的
銳齒

高度 40公尺	樹形 寬柱形	葉持久性 常綠	葉型

科 殼斗科	種 *Nothofagus nervosa*	命名者 (Poeppig & Endlicher) Oersted

多脈假山毛櫸 (RAULI)

葉為長圓形，長達10公分，寬4公分，邊緣有細
齒，有15至18對葉脈，上面為青銅色，後變暗綠
色有光澤，兩面有毛，秋季變黃色。樹皮暗灰色，
隨年齡增長而有裂縫。花極小，綠色，雄花單
生，雌花3朵叢生，晚春開花，
腋生。果實為有硬毛的殼斗，
長達1公分，包住3枚小堅果。
- **原產地** 阿根廷、智利。
- **環境** 森林。
- **註釋** 也稱為高大假山毛櫸
(Nothofagus procera)。

葉緣有固
定間隔的
細齒

暗綠色的
成熟葉

凸出的
葉脈有
15到18
對之多

青銅色幼葉

葉下面有毛

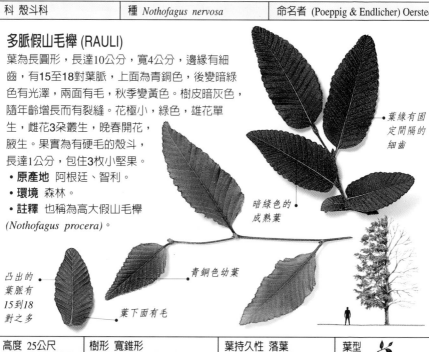

高度 25公尺	樹形 寬錐形	葉持久性 落葉	葉型

科 殼斗科	種 *Nothofagus obliqua*	命名者 (Mirbel)Blume

歪葉假山毛櫸 (ROBLE BEECH)

葉為卵圓形，長7.5公分，寬4公分，邊緣有齒，上面暗綠色，下面藍綠色，兩面光滑，秋季變黃。樹皮灰色，花極小，綠色，雄花單生，雌花3朵叢生，晚春開花。果實為有鱗片的殼斗，包有3枚堅果。
- **原產地** 阿根廷、智利。
- **環境** 森林。

葉有8至10對葉脈

花生於葉腋

斜圓形的葉基部

高度 35公尺	樹形 寬柱形	葉持久性 落葉	葉型

科 殼斗科	種 *Nothofagus pumilio*	命名者 (Poeppig & Endlicher) Krasser

矮假山毛櫸 (LENGA)

葉為橢圓形至卵圓形，長達3公分，寬2公分，上面為極暗的綠色，兩面有稀毛，秋季變黃。樹皮紫褐色，有橫向皮孔和皺紋，基部有裂縫。花極小，晚春單生於葉腋。果實為有鱗片的殼斗，長達1公分，包住3個小堅果。
- **原產地** 阿根廷、智利。
- **環境** 森林。

葉有5至7對葉脈

各葉脈間有二齒

高度 25公尺	樹形 寬柱形	葉持久性 落葉	葉型

科 殼斗科	種 *Nothofagus solandri*	命名者 (J.D. Hooker)Oersted

蘇氏假山毛櫸，黑山毛櫸 (BLACK BEECH)

葉為橢圓形，長達1.5公分，寬1公分，先端圓形，全緣，上面暗綠色，下面有灰色毛。樹皮暗灰色，有裂縫。花極小，雄花有紅色花藥，單生或雙生，雌花最多3朵叢生；晚春開花，腋生。果實為有鱗片的殼斗，包住3枚小堅果。
- **原產地** 紐西蘭。
- **環境** 低地和山區森林。

葉端短尖

葉下面無光澤

高度 25公尺	樹形 寬錐形	葉持久性 常綠	葉型

科 殼斗科	種 *Quercus acutissima*	命名者 Carruthers

麻櫟 (QUERCUS ACUTISSIMA)

葉為長圓形，長達20公分，寬6公分，有大量
葉脈終止於細長的尖齒處，上面為綠色有光
澤，下面顏色較淡，兩面光滑。
樹皮灰褐色，有深裂縫。花單
性，雌雄同株，雄花黃綠色，
呈下垂的柔荑花序，雌花不明
顯，晚春開花。果實為圓
形橡果，長2.5公分，
約2/3封閉在殼斗內。
- **原產地** 喜馬拉雅山至日本。
- **環境** 森林。

橡果被細長的
鱗片寬鬆地
包住

葉緣有像剛毛
樣的齒

高度 15公尺	樹形 寬展開形	葉持久性 落葉	葉型

科 殼斗科	種 *Quercus alba*	命名者 Linnaeus

白櫟 (WHITE OAK)

葉為倒卵圓形，長達20公分，寬10公分，基部漸
尖，兩側各有2至4深裂片，葉上面有粉色色澤，並
有白色毛，後來變鮮綠色，下面為藍綠色，秋
季變紫紅色。樹皮淡灰色，鱗狀，花單性，
雌雄同株，雄花黃綠色，呈下垂的柔荑花
序；雌花不明顯，春季開花。果實為橡果，
長達2.5公分，約1/4封閉在殼斗內。
- **原產地** 北美東部。
- **環境** 乾燥森林。
- **註釋** 在美國為康乃狄克州、
伊利諾州和馬里蘭州的州樹。

組織粗糙的鱗片
所包住的橡果殼斗

無齒的
葉裂片

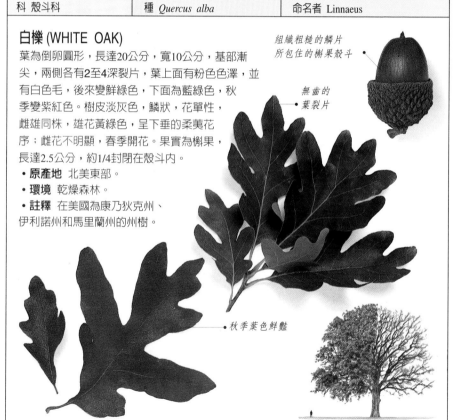

秋季葉色鮮艷

高度 35公尺	樹形 寬展開形	葉持久性 落葉	葉型

科 殼斗科	種 *Quercus alnifolia*	命名者 Poech

橙葉櫟 (GOLDEN OAK OF CYPRUS)

葉為圓形且凸起，長、寬5公分，革質，邊緣有
小齒，上面為暗綠色，光滑，下面有金色氈
毛。樹皮暗灰色，有淡灰至橙褐色的皮孔。
花單性，雌雄同株，雄花黃綠
色，呈下垂柔黃花序，雌花不明
顯，晚春開花。果實為槲果，長3公分。

- **原產地** 塞浦路斯。
- **環境** 山區。
- **註釋** 葉下面有氈毛，這特點谷易
與多數櫟樹區別。

葉下面有鮮明
的金色氈毛

伸長的槲果，
中部以上較寬

幼枝密生毛

被鱗片鬆弛包
住的槲果殼斗

幼葉上面有
皮垢狀毛

高度 8公尺	樹形 寬展開形	葉持久性 常綠	葉型

科 殼斗科	種 *Quercus canariensis*	命名者 Willdenow

加那利櫟，阿爾及利亞櫟 (ALGERIAN OAK)

葉倒卵圓形至橢圓形，長15公分，寬7.5公分，
有8至12片裂片，上面為紅色、有毛，後變暗
綠色，下面顏色較淡。樹皮暗灰色，有深裂
縫。花單性，雌雄同株，雄花黃綠色，呈下
垂柔黃花序；雌花不明顯，
春季開花。果實為槲果，
1/3封閉在殼斗內。

- **原產地** 非洲北部、
歐洲西南部。
- **環境** 森林。
- **註釋** 學名提示此種樹可能與
加那利群島有關，但這些群島
並非其原產區。

槲果殼斗外表
密布毛狀鱗片

葉有大量
無齒裂片

高度 25公尺	樹形 寬柱形	葉持久性 落葉	葉型

科 殼斗科	種 *Quercus castaneifolia*	命名者 C.A. Meyer

栗葉櫟
(CHESTNUT-LEAVED OAK)

葉為長圓形，長達20公分，寬7.5公分，每邊有10至12齒，上面為暗綠色有光澤，且光滑，下面藍灰色，有稀毛。樹皮灰色，光滑。花單性，雌雄同株，晚春開花，雄花黃綠色，成下垂柔黃花序；雌花不明顯。果實為橡果，長達2.5公分，一半包在被長鱗片包住的殼斗內。

• **原產地** 高加索、伊朗北部。
• **環境** 森林。

脈端止於三角形齒

葉下面

葉上面有光澤

高度 30公尺	樹形 寬展開形	葉持久性 落葉	葉型

科 殼斗科	種 *Quercus cerris*	命名者 Linnaeus

土耳其櫟 (TURKEY OAK)

葉為橢圓形至長圓形，長達12公分，寬7.5公分，有深裂，邊緣有齒，上面為暗綠色有光澤，下面則在幼時有茸毛，後來變光滑。樹皮暗灰褐色，皮厚，粗糙，脊溝很深。花單性，雌雄同株，初夏開花，雄花黃綠色，成下垂柔黃花序；雌花不明顯。果實為橡果，長達2.5公分，一半包在被細長鱗片包住的殼斗內。

• **原產地** 歐洲中部和南部。
• **環境** 森林。

葉裂片多變

多片細長的托葉圍繞著葉芽

土耳其櫟

引人注目的斑駁型觀賞性葉

斑葉土耳其櫟 ▷
「Variegata」
此種樹的葉於展開時邊緣呈黃色，成熟時為乳白色。

高度 35公尺	樹形 寬展開形	葉持久性 落葉	葉型

科 殼斗科	種 *Quercus coccinea*	命名者 Münchhausen

鮮紅櫟 (SCARLET OAK)

葉為橢圓形，長達15公分，寬10公分，有深裂，邊緣有齒，上面為暗綠色有光澤，下面顏色淡，脈腋有小叢毛，秋季變鮮紅色。樹皮暗灰褐色，花單性，雌雄同株，晚春開花，雄花黃綠色，成下垂柔荑花序；雌花不明顯。果實為槲果，長2.5公分，有一半包在有光澤的殼斗內。

- **原產地** 北美東部。
- **環境** 森林和沙土地帶。

葉深裂

鮮豔的秋色

秋色

尖端有剛毛的裂片

鮮紅櫟

△ 鮮紅櫟
此種樹有深紅色秋葉。

高度 25公尺	樹形 寬展開形	葉持久性 落葉	葉型

科 殼斗科	種 *Quercus ellipsoidalis*	命名者 Hill

北方針櫟 (NORTHERN PIN OAK)

葉為橢圓形，長達13公分，寬10公分，有極深裂，裂片先端呈細長尖齒形，葉上面暗綠色有光澤，葉面光滑，下面顏色淡，有光澤，脈腋處有明顯褐色叢毛，秋季變深紫色。樹皮灰色，光滑，有輕微裂縫。花單性，雌雄同株，晚春開花，雄花為黃綠色，成下垂柔荑花序；雌花不明顯。果實為槲果，1/3至一半包在灰色殼斗內。

- **原產地** 加拿大南部、美國北部。
- **環境** 森林乾土地帶。

葉裂片先端的齒有剛毛

秋色

葉上表面有光澤

葉裂片間的間隔較寬

高度 25公尺	樹形 寬展開形	葉持久性 落葉	葉型

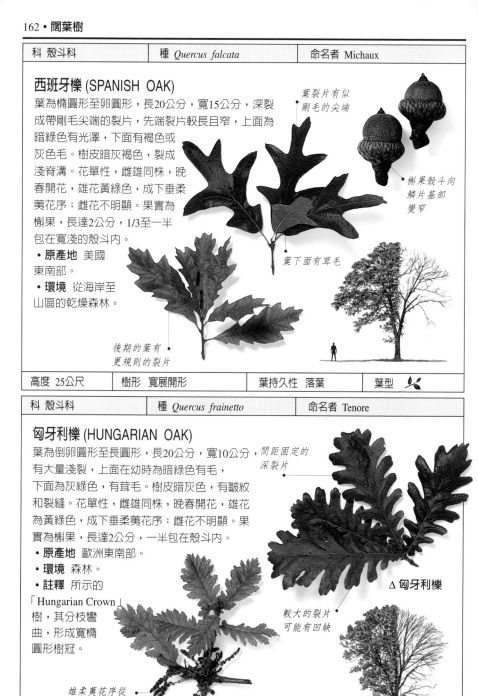

科 殼斗科	種 *Quercus falcata*	命名者 Michaux

西班牙櫟 (SPANISH OAK)

葉為橢圓形至卵圓形，長20公分，寬15公分，深裂成帶剛毛尖端的裂片，先端裂片較長且窄，上面為暗綠色有光澤，下面有褐色或灰色毛。樹皮暗灰褐色，裂成淺脊溝。花單性，雌雄同株，晚春開花，雄花黃綠色，成下垂柔荑花序；雌花不明顯。果實為橡果，長達2公分，1/3至一半包在寬淺的殼斗內。

- **原產地** 美國東南部。
- **環境** 從海岸至山區的乾燥森林。

葉裂片有似剛毛的尖端

橡果殼斗向鱗片基部變窄

葉下面有茸毛

後期的葉有更規則的裂片

高度 25公尺	樹形 寬展開形	葉持久性 落葉	葉型

科 殼斗科	種 *Quercus frainetto*	命名者 Tenore

匈牙利櫟 (HUNGARIAN OAK)

葉為倒卵圓形至長圓形，長20公分，寬10公分，有大量淺裂，上面在幼時為暗綠色有毛，下面為灰綠色，有茸毛。樹皮暗灰色，有皺紋和裂縫。花單性，雌雄同株，晚春開花，雄花為黃綠色，成下垂柔荑花序；雌花不明顯。果實為橡果，長達2公分，一半包在殼斗內。

- **原產地** 歐洲東南部。
- **環境** 森林。
- **註釋** 所示的「Hungarian Crown」樹，其分枝彎曲，形成寬橢圓形樹冠。

間距固定的深裂片

△ 匈牙利櫟

較大的裂片可能有凹缺

雄柔荑花序從老枝上的芽開花

△ 匈牙利櫟

高度 30公尺	樹形 寬展開形	葉持久性 落葉	葉型

科 殼斗科	種 *Quercus x hispanica*	命名者 Lamarck

大栓皮櫟 (QUERCUS X HISPANICA)

大栓皮櫟

葉為卵圓形至橢圓形或長圓形，長13公分，寬5公分，邊緣有齒，上面暗綠色，下面灰色有茸毛。樹皮灰色，木栓質。花單性，雌雄同株，晚春開花，雄花黃綠色，成下垂柔黃花序；雌花不明顯。果實為槲果，約1/3包在殼斗內。

- **原產地** 歐洲西南部。
- **環境** 在具有其兩種親代植物的森林。
- **註釋** 這是土耳其櫟(參閱160頁)西班牙栓皮櫟(參閱172頁)的雜交種；大栓皮櫟是人們最熟悉的樹。

葉下面有茸毛

葉上面有光澤

高度 30公尺	樹形 寬展開形	葉持久性 落葉	葉型

科 殼斗科	種 *Quercus ilex*	命名者 Linnaeus

聖櫟 (HOLM OAK)

葉為橢圓形至窄卵圓形，長達7.5公分，寬5公分，堅挺，革質，先端漸尖，全緣，或邊緣有小齒，幼時上面有白毛，後來變光澤的暗綠色，下面灰色，有毛；幼樹形狀多變，葉緣有刺。樹皮近黑色，裂成小方片。花單性，雌雄同株，初夏開花，雄花為黃色，成下垂柔黃花序；雌花不明顯。果實為槲果，1/3包在殼斗內。

- **原產地** 地中海沿岸。
- **環境** 山區、森林、灌木和乾燥地帶。

有毛的幼葉

有白毛的幼枝

微小的尖形槲果

雄柔黃花序在幼枝上開花

葉上面變光滑

葉下面有毛

高度 30公尺	樹形 寬展開形	葉持久性 常綠	葉型

| 科 殼斗科 | 種 *Quercus imbricaria* | 命名者 A. Michaux |

覆瓦狀櫟 (SHINGLE OAK)

葉為長圓形至披針形，長達15公分，寬7.5公分，先端尖細，全緣，幼時上面黃色，後來變有光澤的暗綠色，光滑，下面有灰色毛，常可生長到冬季。樹皮灰褐色，初期光滑，後隨年齡增長而出現裂縫。花單性，雌雄同株，初夏開花，雄花黃綠色，成下垂柔荑花序；雌花不明顯。果實為槲果，長達2公分，1/3至一半包在殼斗內，殼斗被寬的有毛鱗片包住。

全緣葉有像剛毛樣的尖端

• **原產地** 美國中部和東部。
• **環境** 密林及河岸。
• **註釋** 早期移民用其木材製成屋頂木瓦，俗名因此而得。

覆瓦狀鱗片包住槲果外表面

| 高度 25公尺 | 樹形 寬展開形 | 葉持久性 落葉 | 葉型 |

| 科 殼斗科 | 種 *Quercus laurifolia* | 命名者 A. Michaux |

桂葉櫟 (LAUREL OAK)

葉為倒披針形至長圓形，長達10公分，寬4公分，有時具淺裂，全緣，兩面皆為綠色有光澤。樹皮灰色，鱗狀。花單性，雌雄同株，初夏開花，雄花黃綠色，成下垂柔荑花序；雌花不明顯。果實為槲果，長達1.5公分，1/3包在殼斗內。

淺裂葉片看起來幾乎像不裂

槲果接近圓形

• **原產地** 美國東南部。
• **環境** 森林、沙土地和沿海的沼澤邊緣。
• **註釋** 也稱為達令敦櫟。葉子頗像月桂(參閱188頁)葉。它們可經過秋天進入冬季繼續生存，使這種樹成為半常綠樹。

漸尖的葉基部

| 高度 20公尺 | 樹形 寬錐形 | 葉持久性 落葉 | 葉型 |

科 殼斗科	種 *Quercus macranthera*	命名者 Fischer & C.A. Meyer

大藥櫟 (QUERCUS MACRANTHERA)

葉為倒卵圓形，長達15公分，寬10公分，每邊有6到11片圓形裂片，上面暗綠色，下面顏色淡，有毛，生在堅挺的有密毛的枝條上。樹皮灰褐色，皮厚，有裂縫。花單性，雌雄同株，初夏開花，雄花黃綠色，成下垂柔荑花序；雌花不明顯。果實為槲果，長達2.5公分，一半包在由帶毛的鱗片所包住的殼斗內。

有毛鱗片緊貼於槲果外表面

葉每側分成6至11個裂片

* **原產地** 高加索、伊朗北部。
* **環境** 乾燥山坡的森林。

接近葉端的裂片變小

高度 20公尺	樹形 寬展開形	葉持久性 落葉	葉型

科 殼斗科	種 *Quercus macrocarpa*	命名者 A. Michaux

大果櫟 (BURR OAK)

葉為倒卵圓形，長達25公分，寬12公分，深裂成圓端裂片，接近基部有明顯的寬彎缺，上面綠色有光澤，下面顏色較淡，有毛。樹皮灰色，粗糙，有深裂縫。花單性，雌雄同株，初夏開花，雄花黃綠色，成下垂柔荑花序；雌花不明顯。果實為槲果，長達5公分，一半或更多包在殼斗內，殼斗以鱗片的邊緣為邊。

葉中部與先端間有淺裂片

* **原產地** 北美東部。
* **環境** 密林。
* **註釋** 也稱為藍櫟、苔狀殼斗櫟。槲果大於任何其他北美櫟的槲果。

接近葉基部裂片的間距較寬

高度 40公尺	樹形 寬展開形	葉持久性 落葉	葉型

科 殼斗科	種 *Quercus marilandica*	命名者 Münchhausen

馬利蘭德櫟 (BLACK JACK OAK)

葉為三角形至倒卵圓形，長達25公分，先端寬度幾乎與長度相等，基部漸尖，先端有3枚剛毛尖裂片，上面為暗綠色有光澤，下面顏色較淡，兩面皆有稀毛，以後近於光滑。樹皮黑色。花單性，雌雄同株，初夏開花，雄花黃綠色，成下垂柔黃花序；雌花不明顯。果實為槲果，長達2公分，約一半包在殼斗內。

- **原產地** 美國東部。
- **環境** 森林和貧瘠土壤，生於沙土地帶。

深槲果殼斗包在寬的有毛鱗片內

裂片端部有細長剛毛

寬的3淺裂葉之先端

高度 12公尺	樹形 寬展開形	葉持久性 落葉	葉型

科 殼斗科	種 *Quercus myrsinifolia*	命名者 Blume

小葉青岡 (QUERCUS MYRSINIFOLIA)

葉為披針形，長達10公分，寬3公分，革質，先端漸尖，邊緣有少數小齒，幼時上面為深青銅色，後來變暗綠色，下面藍綠色，兩面皆光滑。樹皮暗灰色；花單性，雌雄同株，初夏開花，雄花黃綠色，成下垂柔黃花序；雌花不明顯。果實為槲果，長達2公分，1/3包在殼斗內。

- **原產地** 中國、日本。
- **環境** 森林。

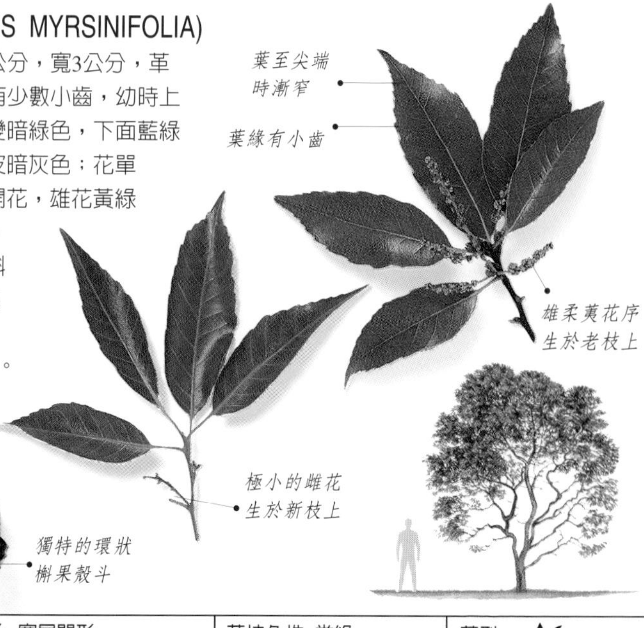

葉至尖端時漸窄

葉緣有小齒

雄柔黃花序生於老枝上

極小的雌花生於新枝上

獨特的環狀槲果殼斗

高度 20公尺	樹形 寬展開形	葉持久性 常綠	葉型

科 殼斗科	種 *Quercus palustris*	命名者 Münchhausen

針櫟 (PIN OAK)

葉為橢圓形至倒卵圓形，長可達15公分，寬12公分，有深裂，兩面皆為綠色有光澤，下面顏色較淡，脈腋處有褐色叢毛。樹皮灰褐色，光滑。花單性，雌雄同株，晚春開花，雄花黃綠色，成下垂柔荑花序；雌花不明顯。果實為橡果，長可達1.5公分，1/4到1/3包在寬的殼斗內。

• **原產地** 加拿大東南部、美國東部。

• **環境** 沼澤森林。

葉下面脈腋處有叢毛

葉裂片先端有剛毛尖齒

淺碟狀橡果殼斗

高度 30公尺	樹形 寬錐形	葉持久性 落葉	葉型

科 殼斗科	種 *Quercus petraea*	命名者 (Mattuschka) Lieblein

無柄花櫟 (SESSILE OAK)

葉為橢圓形，長達12公分，寬7.5公分，有圓形裂片，於基部漸尖，無耳形裂片，上面為暗綠色有光澤，下面顏色較淡，有稀毛，葉柄長達1公分或更長。樹皮灰色，有豎向凸脊。花單性，雌雄同株，晚春開花，雄花黃綠色，成下垂柔荑花序；雌花不明顯。果實為橡果，長可達3公分，約1/3包在殼斗內。

• **原產地** 歐洲。

• **環境** 森林。

• **註釋** 也稱為durmast oak (無梗花櫟)。

圓形的全緣葉裂片

黃綠色葉柄

小鱗片緊貼於橡果殼斗

無柄或柄極短的橡果

高度 40公尺	樹形 寬展開形	葉持久性 落葉	葉型

科 殼斗科	種 *Quercus phellos*	命名者 Linnaeus

柳櫟 (WILLOW OAK)

葉為窄長圓形，長達10公分，寬2.5公分，有
小而細的先端，全緣，上面為鮮綠色，下面
顏色較淡，兩面光滑。樹皮灰色，光滑，隨
年齡增長而出現凸脊和裂片。花單性，雌
雄同株，晚春開花，雄花黃綠色，成下垂
柔荑花序；雌花不明顯。果實為槲果，
長達1.5公分，約1/4包在淺殼斗內。
- **原產地** 美國東部。
- **環境** 潮濕和沼澤土地。
- **註釋** 從它的葉子很容
易鑑別，與柳樹
(參閱291－294頁)
葉十分相似。

細長的
全緣葉

葉的先
端尖細

槲果第二
年成熟

高度 30公尺	樹形 寬展開形	葉持久性 落葉	葉型

科 殼斗科	種 *Quercus phillyreoides*	命名者 Gray

烏崗櫟 (QUERCUS PHILLYREOIDES)

葉為橢圓形至長圓形，長達6公分，革質，邊緣
有齒至全緣，上面初期呈青銅色，後來變暗
綠色，下面顏色較淡，有光澤，兩面光
滑。樹皮暗灰色，有豎向淺裂縫。花單
性，雌雄同株，晚春開花，雄花黃綠
色，成下垂柔荑花序；雌花不明顯。果
實為槲果，長達2公分，
約1/3包在錐形殼斗內。
- **原產地** 中國、日本南部。
- **環境** 峭壁和岩石地帶。
- **註釋** 一種少見、奇特的
小型喬木或灌木。

葉下面光滑

葉緣可能
有小齒

雄花集
成柔荑
花序

槲果殼斗像
倒置的毬果

高度 15公尺	樹形 寬展開形	葉持久性 常綠	葉型

科 殼斗科	種 *Quercus pontica*	命名者 K.Koch

亞美尼亞櫟 (ARMENIAN OAK)

葉為倒卵圓形至寬橢圓形，長達15公分，
寬10公分，基部漸尖，大量平行葉脈止於
小尖齒處，幼時上面有毛，後來變鮮綠
色，下面為藍綠色，秋季變黃褐色，生在堅
挺的枝條上。樹皮灰色至紫褐色，
有薄鱗，隨年齡增長而出現皺紋。
花單性，雌雄同株，晚春開花，雄花為黃
綠色，細長，成下垂柔荑花序；雌花不明
顯。果實為橡果，長達2公分，
一半包在殼斗內。

• 大而寬的葉緣
有許多尖齒

• **原產地** 高加索、土耳其東北部。
• **環境** 山區森林。
• **註釋** 此種樹可形成極小的喬木
或為濃密的灌木。

雄花集成極長 •
的細柔荑花序

高度 6公尺	樹形 寬柱形	葉持久性 落葉	葉型

科 殼斗科	種 *Quercus pubescens*	命名者 Willdenow

柔毛櫟 (QUERCUS PUBESCENS)

葉為橢圓形至倒卵圓形，長達10公分，
寬5公分，圓形淺裂，裂片先端呈銳尖
形，上面為暗灰綠色，下面有茸毛，
兩面在幼時皆有灰色軟毛，後來變
為光滑。樹皮暗灰色，有深裂縫。
花單性，雌雄同株，晚春開花，
雄花黃綠色，成下垂柔荑花序；
雌花不明顯。果實為橡果，長
達4公分，約1/3包在內有軟毛
鱗片包住的殼斗內。

• 圓形葉裂片
的尖端

• 有茸毛
的葉柄

• **原產地** 亞洲西部、歐洲中部
和南部。
• **環境** 山區乾燥地帶。

橡果殼斗被有茸
毛的密鱗包住

葉下面的毛
明顯可見

高度 20公尺	樹形 寬展開形	葉持久性 落葉	葉型

科 殼斗科	種 *Quercus pyrenaica*	命名者 Willdenow

庇里牛斯山櫟 (PYRENEAN OAK)

葉為橢圓形至倒卵圓形，長達20公分，寬10
公分，深裂，常全緣，兩面幼時皆有毛，後
來上面變深綠色有光澤，且近於光滑，下面
有毛。樹皮淡灰色，崎嶇不平。花單性，雌
雄同株，初夏開花，雄花黃綠色，成下垂柔
荑花序；雌花不明顯。果實為橡果，長可
達4公分，1/3至一半包在殼斗內。

* **原產地** 非洲北部、
歐洲西南部。
* **環境** 山區森林。

為全緣的
長裂片

密鱗片包
住橡果
殼斗

幼葉的
毛極多

高度 20公尺	樹形 寬柱形	葉持久性 落葉	葉型

科 殼斗科	種 *Quercus robur*	命名者 Linnaeus

英國櫟 (ENGLISH OAK)

葉為橢圓形至倒卵圓形，長達12公分，寬7.5公
分，每側3到6個裂片，上面為暗綠色，下面藍綠
色。樹皮淡灰色，有裂縫。花單性，雌雄同株，
晚春開花，雄花黃綠色，成下垂柔荑花序；雌
花不明顯。果實為橡果，1/3包在殼斗內。

* **原產地** 歐洲。
* **環境** 森林。

開花時
葉展開

長柄橡果

英國櫟

紫葉英國櫟 ▽
「ATROPURPUREA」
此種生長慢的樹具有
觀賞價值的葉。

◁ **黃葉英國櫟**
「CONCORDIA」
此種樹的鮮黃色
春葉於仲夏後
變綠色。

紅紫色
幼葉

半透明幼葉

高度 35公尺	樹形 寬展開形	葉持久性 落葉	葉型

科 殼斗科	種 *Quercus rubra*	命名者 Linnaeus

紅櫟 (RED OAK)

葉為橢圓形，卵圓形或倒卵圓形，長達20
公分，寬15公分，有細齒形邊緣的裂片，
上面為暗綠色無光澤，下面顏色較淡，
光滑，在脈腋處有褐色小叢毛，
秋季變紅褐色。樹皮灰色，光
滑，後來變為深裂縫。花單
性，雌雄同株，晚春開
花，雄花黃綠色，成下垂
柔荑花序；雌花不明顯。
果實為槲果，長達3公分，
1/4包在淺殼斗內。

- **原產地** 北美東部。
- **環境** 該區南部的
森林和山脈。

槲果位在極
淺的殼斗內

葉裂成較淺
的裂片

裂片先端形成
剛毛樣的尖端

暗淡的綠
色上表面

高度 25公尺	樹形 寬展開形	葉持久性 落葉	葉型

科 殼斗科	種 *Quercus stellata*	命名者 Wangenheim

星毛櫟 (POST OAK)

葉為倒卵圓形，長達20公分，寬10公
分，有2對或3對裂片，中央一對是寬
的，但基部變窄，上面為暗綠色，粗
糙，下面有灰毛。樹皮灰褐色，
有凸脊和剝落。花單性，雌
雄同株，晚春開花，雄花
黃綠色，成下垂柔荑花
序；雌花不明顯。果實
為槲果，長達3公分，
1/3包在殼斗內。

- **原產地** 美國
中部和東部。
- **環境** 乾燥土地。

寬的圓形葉裂片

第一年成
熟的槲果

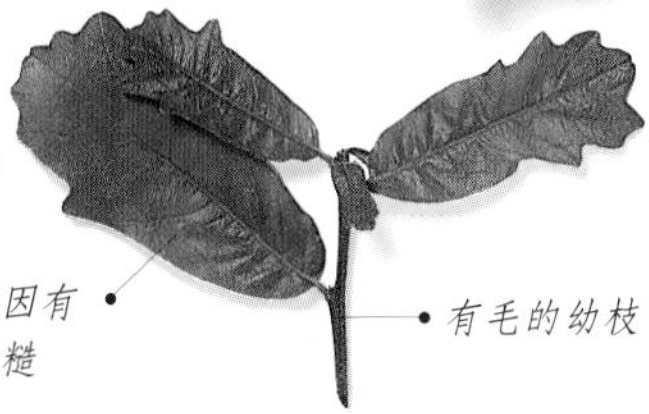

葉上面因有
毛而粗糙

有毛的幼枝

高度 20公尺	樹形 寬展開形	葉持久性 落葉	葉型

科 殼斗科	種 *Quercus suber*	命名者 Linnaeus

西班牙栓皮櫟 (CORK OAK)

葉為卵圓形至長圓形,長達7公分,寬4公分,
邊緣常有齒,上面為暗綠色有光澤,下面有
綠色毛。樹皮淡灰色,皮厚,木栓質,有突
出的脊;新暴露的樹皮為暗紅色。花單
性,雌雄同株,晚春開花,雄花黃綠色,
柔荑花序下垂;雌花不明顯。果實為槲
果,長達3公分,約1/2包在殼斗內。

- **原產地** 地中海沿岸。
- **環境** 山區森林。
- **註釋** 在西班牙
和葡萄牙,人們
剝樹皮製成木
栓,這不會損害
植物的活組織。

灰色葉上有毛

葉緣有小齒

槲果第一年成熟

厚卻輕的木栓質樹皮

高度 20公尺	樹形 寬展開形	葉持久性 常綠	葉型

科 殼斗科	種 *Quercus x turneri*	命名者 Willdenow

特氏櫟 (TURNER'S OAK)

葉為長圓形至倒卵圓形,長達12公分,寬5公
分,基部漸尖,每側有3到5個三角形齒,上
面暗綠色有光澤,下面顏色較淡,有些葉可
活到來春。樹皮暗灰色,剝裂成片。花單
性,雌雄同株,晚春開花,雄花黃綠色,
成下垂柔荑花序;雌花不明顯。果實為
槲果,長達2公分,1/2包在殼斗內,
幾個果實共長在柄上。

- **原產地** 園藝產品。
- **註釋** 這是聖
櫟(參閱163頁)與
英國櫟(參閱170
頁)的雜交種。

槲果可能長不成果實

葉可活過冬季

有密毛的枝條

葉緣小齒尖端朝前

高度 20公尺	樹形 寬展開形	葉持久性 落葉	葉型

科 殼斗科	種 *Quercus variabilis*	命名者 Blume

栓皮櫟 (QUERCUS VARIABILIS)

葉為長圓形，長達20公分，寬5公分，先端尖，有大量平行葉脈止於剛毛尖齒，上面暗綠色有光澤，葉面光滑，下面灰色有稀毛。樹皮淡灰褐色，皮厚，木栓質，有深裂縫。花單性，雌雄同株，晚春開花，雄花黃綠色，柔荑花序下垂；雌花不明顯。果實為槲果，長達2公分，幾乎全包在被長的捲縮鱗片所包住的殼斗內。

- **原產地** 中國、日本、韓國。
- **環境** 山區森林。

寬而圓的槲果

葉下面灰色有毛

厚皮裂成深溝脊

葉緣有許多剛毛尖齒

高度 25公尺	樹形 寬展開形	葉持久性 落葉	葉型

科 殼斗科	種 *Quercus velutina*	命名者 Lamarck

美洲黑櫟 (BLACK OAK)

葉為橢圓形至卵圓形，長達25公分，寬15公分，有5至7個細尖裂片，上面為暗綠色，下面顏色較淡，有毛，光滑，在脈腋處有褐色叢毛。樹皮暗褐色，有凸脊。花單性，雌雄同株，晚春開花，雄花黃綠色，柔荑花序下垂；雌花不明顯。果實為槲果，長達2.5公分，1/2包在殼斗內。

- **原產地** 北美東部。
- **環境** 乾燥森林和沙丘。

葉裂片有長的剛毛樣尖端

葉上面有光澤

槲果殼斗鬆散的包在鱗片內

高度 25公尺	樹形 寬展開形	葉持久性 落葉	葉型

大風子科

這一類主要產於熱帶和亞熱帶的樹科，兩半球皆有，包括90屬900種常綠和落葉喬木和灌木。正如這裏所描述的植物一樣，此科包括東南亞屬、大風子屬植物。這些植物可生產大風子油，用以治療某些種類的皮膚病。

科 大風子科	種 *Azara microphylla*	命名者 J.D. Hooker

小葉阿查拉 (AZARA MICROPHYLLA)

葉為橢圓形至倒卵圓形，長達2.5公分，上面暗綠色有光澤，下面顏色較淡，光滑，基部有較小葉托。樹皮灰色，有橫向皮孔和裂開薄的剝片，花小，無花瓣，但有綠色萼片和明顯的黃色雄蕊，晚冬至初春開花，腋生。果實為橙紅色漿果。

- **原產地** 阿根廷、智利。
- **環境** 落葉林。

葉基部有較小葉托

葉緣有數個小齒

微小的芳香花朵叢生於葉腋

高度 10公尺	樹形 窄錐形	葉持久性 常綠	葉型

科 大風子科	種 *Idesia polycarpa*	命名者 Maximowicz

山桐子 (IDESIA POLYCARPA)

葉為寬心形，長達20公分，寬與長相近，基部為心形，先端漸尖而短，邊緣有齒，上面為青銅紫色，後變暗綠色，下面為藍白色，光滑。樹皮灰白色。花為雌雄異株，花小，黃綠色，無花瓣，成大型下垂圓錐花序生於枝頂，初夏開花。果實為小型紅色漿果，叢生，下垂。

- **原產地** 中國、日本。
- **環境** 喜日照地區。

紅色葉柄上有明顯的腺點

葉下面有突出的葉脈

高度 35公尺	樹形 寬展開形	葉持久性 落葉	葉型

金鏤梅科

本科包括25屬100種常綠和落葉喬木和灌木,遍佈於溫帶和亞熱帶地區,關於歐洲、南美大部分以及非洲等地的野生屬種,尚不詳。此科包括一些觀賞性灌木,如金鏤梅此科常在冬季開花,如 *Corylopsis* 和 *Fothergilla*。

科 金鏤梅科	種 *Liquidambar formosana*	命名者 Hance

楓香樹 (LIQUIDAMBAR FORMOSANA)

葉有掌狀淺裂,長達13公分,寬15公分,基部為心形,有3個漸尖形裂片,邊緣有齒,幼時為紫色,後來變暗綠色,秋季變紅至紫色,生在有紅色色澤的葉柄上。樹皮灰白色,隨年齡增長而顏色漸暗並出現裂縫。花為雌雄同株,雄雌花皆小,黃綠色,無花瓣,成單獨的圓頭狀花序,春季隨葉開放。果實為褐色圓形小果,果序下垂,直徑4公分。
- **原產地** 中國,台灣。
- **環境** 山區森林和灌木叢。

葉偶然有5個淺裂葉

紅色葉脈基部

高度 40公尺	樹形 寬錐形	葉持久性 落葉	葉型

科 金鏤梅科	種 *Liquidambar orientalis*	命名者 Miller

蘇合香 (LIQUIDAMBAR ORIENTALIS)

葉有掌狀淺裂,長、寬達7.5公分,上面綠色,無光澤,兩面光滑,秋季變橙色。樹皮橙褐色,皮厚,裂成小片。雄雌花極小,黃綠色,無花瓣,集成單獨的圓頭狀花序,春季隨葉開放。果實為褐色的圓形小果,果序下垂,直徑2.5公分。
- **原產地** 土耳其西南部。
- **環境** 潮濕林地、氾濫平原以及河流兩岸。

葉深裂成3至5裂片

長圓形裂片有少數齒

高度 25公尺	樹形 寬錐形	葉持久性 落葉	葉型

科 金鏤梅科	種 *Liquidambar styraciflua*	命名者 Linnaeus

膠皮楓香樹 (SWEET GUM)

葉有掌狀形淺裂，長、寬達15公分，
有5或7個漸尖的細齒形裂片，上面
為綠色有光澤，秋季變橙色至紅色
或紫色，生於常有木栓翅的枝條
上。樹皮暗灰褐色，有深裂縫和窄
脊。雄雌花皆極小，黃綠色，無花瓣，
晚春隨葉開放，圓頭狀花序。
果實為單個小果，褐色，
圓形果序下垂，直徑4公分。

• **原產地** 中美、墨西哥、美國東部。
• **環境** 潮濕森林。
• **註釋** 從其互生而不是對生的葉很
容易將其與楓樹(參閱84－104頁)
區分開來。

葉有5或7個
漸尖形裂片

頂端裂片
大於兩側
裂片

△ **膠皮楓香樹**

心形的葉基部

秋季葉變為
不同的顏色

▽ **黃斑葉膠皮楓香樹**
「VARIEGATA」
較淡綠色和黃色斑紋是此
變種葉的標誌。此獨特的
樹亦稱為「Aurea」，易
與「Silver King」混淆。

△ **變葉膠皮楓香樹**
「LANE ROBERTS」
此種樹的葉子於仲夏後由
深淺不同的橙色變為
深紅紫色。

彩色葉緣有
粉紅色色澤

斑綠葉膠皮楓香樹 ▷
「SILVER KING」
選擇此種樹是因其有吸
引人的葉子。乳白色至
黃色的葉緣，在秋季帶
粉紅色色彩。

綠黃色斑的表
面圖案無規律

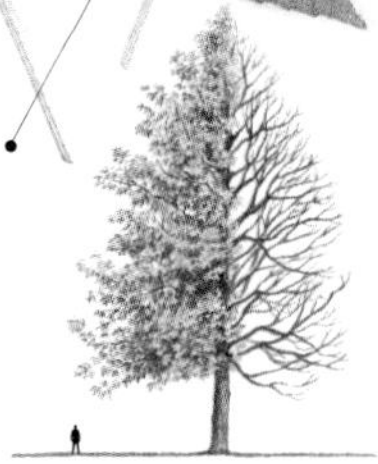

高度 40公尺	樹形 寬錐形	葉持久性 落葉	葉型

科 金鏤梅科	種 *Parrotia persica*	命名者 (Candolle) C.A. Meyer

波斯鐵木 (PERSIAN IRONWOOD)

葉為橢圓形至倒卵圓形，長達12公分，
寬6公分，邊緣為波形，中部以上
有齒，上面為鮮綠色有光澤，
下面有稀毛。樹皮灰褐色，
有剝落。花小，無花瓣，
但有紅色花藥，晚冬至
初春開花。果實為似
堅果的褐色蒴果，
長8公厘。

彩色
秋葉

葉中部
以上較寬

葉上半部邊緣
有圓形齒

- **原產地** 高加索
東部、伊朗北部。
- **環境** 森林。
- **註釋** 可成為中型高度
喬木或大型灌木。

高度 20公尺	樹形 寬展開形	葉持久性 落葉	葉型

科 金鏤梅科	種 *Parrotiopsis jacquemontiana*	命名者 (Decaisne) Rehder

擬帕羅梯木
(PARROTIOPSIS JACQUEMONTIANA)

圓形葉

齒形葉緣

葉為圓形，長達7.5公分，邊緣有齒，上面
綠色有光澤，下面有毛，生在短柄上。樹皮
灰色，光滑。花小，無花瓣，有大量雄
蕊，上有黃色花藥，叢生成花序，每個花
序都被最多6枚苞片所包圍，
苞片下有大量微小的褐色鱗
斑，形成直徑達5公分的頭狀
花序，仲春至晚春開花。果實
為褐色蒴果，叢生。

微小的叢生花
有黃色花藥

- **原產地** 喜馬拉雅山西部。
- **環境** 森林。
- **註釋** 這種似灌木的植物是本屬中
唯一的一種。花從初夏開至仲夏。

苞片下面有
暗色鱗斑

白色苞片包圍
每朵花

高度 6公尺	樹形 寬錐形	葉持久性 落葉	葉型

七葉樹科

此 科樹只有兩屬。它的15種落葉喬木和灌木都是北美、東南歐和東亞的野生植物。它們有掌狀的對生複葉和明顯的4或5枚花瓣的花，在枝頂集成大的花序。

科 七葉樹科	種 *Aesculus californica*	命名者 (Spach) Nuttall

加州七葉樹 (CALIFORNIA BUCKEYE)

葉為掌狀複葉，具5至7長圓形、有齒小葉，長15公分，上面深藍綠色，下面灰綠色。樹皮淡灰色，有薄鱗片。花為白色或淡粉紅色，4枚花瓣，圓柱形直立圓錐花序，長20公分，夏季開花。果實光滑，梨形，長7公分，有一顆褐色種子，果實生在長柄上。
- **原產地** 美國加州。
- **環境** 乾燥山坡和山中峽谷。

葉端而長尖

花集成極密的圓錐花序

伸長的雄花蕊

高度 10公尺	樹形 寬展開形	葉持久性 落葉	葉型

科 七葉樹科	種 *Aesculus x carnea*	命名者 Hayne

紅色七葉樹 (RED HORSE CHESTNUT)

葉為掌狀複葉，有5至7枚卵圓形、具銳齒、無柄或短柄的小葉，長達25公分，暗綠色，生在長柄上。樹皮紅褐色。花為黃色綴有乳白色斑，後變粉色綴有紅色斑，花瓣5枚，圓錐形，直立的花序，長達20公分，晚春開花。果實光滑帶少量刺，直徑4公分。
- **原產地** 園藝品種。
- **註釋** 這是歐洲七葉樹(參閱179頁)與紅花七葉樹(參閱181頁)的雜交種。

小葉的邊緣有銳齒

小葉常扭曲

紅色七葉樹

果實包含3顆種子

◁ 密花七葉樹「BRIOTII」
鮮豔的紅花是區分此種樹的標識。

高度 20公尺	樹形 寬柱形	葉持久性 落葉	葉型

科 七葉樹科	種 *Aesculus flava*	命名者 Solander

淡黃七葉樹 (SWEET BUCKEYE)

葉為掌狀複葉，有5片短柄小葉，邊緣有銳
齒，長達15公分，暗綠色，秋季變橙紅色。
樹皮灰褐色，剝落成大而光滑的鱗片。花黃
色，4枚花瓣，成錐形的直立圓錐花序，長15
公分，晚春至初夏開花。果實光滑，圓形，
直徑6公分，有褐色鱗片，有兩顆種子。

• **原產地** 美國東部。
• **環境** 潮濕的密林。
• **註釋** 亦稱為黃花七葉樹。
這是秋季色彩最好
的一種七葉樹。

漸尖的小葉 •

有明顯葉
柄的小葉

初秋的葉色

花有粉紅色斑

高度 30公尺	樹形 寬錐形	葉持久性 落葉	葉型

科 七葉樹科	種 *Aesculus hippocastanum*	命名者 Linnaeus

歐洲七葉樹
(COMMON HORSE CHESTNUT)

葉為掌狀複葉，有5至7枚卵圓形、具銳
齒、無柄的小葉，長達30公分，暗綠
色，秋季變黃色，生在長柄上。樹皮紅
褐色或灰色，鱗狀。花黃色點綴乳黃色
斑，後來變紅色點綴白色斑，花瓣5
枚，成大圓錐的形直立圓錐花序，
長達30公分，晚春開花。果實圓形，
綠色，有刺，有3顆褐色種子。

• **原產地** 阿爾巴尼亞、希臘北部。
• **環境** 山區森林。
• **註釋** 此種樹的原產地已
不詳，是經由土耳其的栽培
品種引入歐洲園藝的。

黃色花斑
• 變紅色

大型圓錐花
序直立生長

密花七葉樹 △
「BAUMANNII」
此種樹的雙花不結果。

無柄小葉

歐洲七葉樹 ▷

高度 30公尺	樹形 寬柱形	葉持久性 落葉	葉型

科 七葉樹科	種 *Aesculus indica*	命名者 (Cambessèdes) J.D. Hooker

印度七葉樹 (INDIAN HORSE CHESTNUT)

葉為掌狀複葉，有7枚，偶然有5枚倒卵圓形至披針形的小葉，有柄和細齒，長達25公分，幼時上面為青銅色，後變綠色，秋季變橙或黃色。樹皮灰色，光滑。花為鮮黃色點綴白色至淡粉色斑，後變紅色斑，有長而突出的雄蕊，成圓錐形的直立圓錐花序，長30公分，仲夏開花。果實為梨形，有鱗片，褐色，最多有3顆種子。

- **原產地** 喜馬拉雅山西北部。
- **環境** 森林和陰涼的深谷。
- **註釋** 開花時期明顯晚於歐洲七葉樹(參閱179頁)。

有鱗片、無刺的果殼包有種子

有些葉尖端變窄

有些葉形狀較寬

葉邊緣有細齒

葉有小的尖端

短柄將每葉相連

隨年齡增長黃斑會變紅色

高度 30公尺	樹形 寬柱形	葉持久性 落葉	葉型

科 七葉樹科	種 *Aesculus x neglecta*	命名者 Lindley

著色七葉樹 (AESCULUS X NEGLECTA)

葉為掌狀複葉，常有5枚橢圓形、漸尖、具細齒、帶柄的小葉，長20公分，寬9公分，上面光滑，只是沿葉脈有毛，下面有稀毛。樹皮灰褐色，有淺裂。花長2.5公分，白色，成圓錐形的直立圓錐花序，晚春到初夏開花。果實為圓形，光滑，直徑約4公分。

• **原產地** 美國東南部。
• **環境** 主要生於沿海平原。
• **註釋** 這是淡黃七葉樹(參閱179頁)與森林七葉樹 *(Aesculus sylvatica)* 的雜交品種，其栽培品系以「Erythroblastos」最著名。

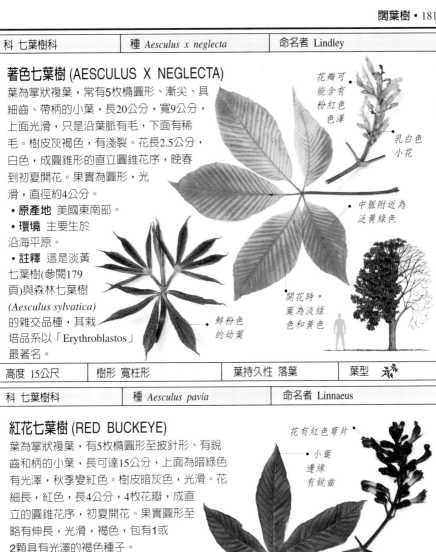

花瓣可能含有粉紅色色澤

乳白色小花

中脈附近為泛黃綠色

開花時，葉為淡綠色和黃色

鮮粉色的幼葉

高度 15公尺	樹形 寬柱形	葉持久性 落葉	葉型

科 七葉樹科	種 *Aesculus pavia*	命名者 Linnaeus

紅花七葉樹 (RED BUCKEYE)

葉為掌狀複葉，有5枚橢圓形至披針形、有銳齒和柄的小葉，長可達15公分，上面為暗綠色有光澤，秋季變紅色。樹皮暗灰色，光滑。花細長，紅色，長4公分，4枚花瓣，成直立的圓錐花序，初夏開花。果實圓形至略有伸長，光滑，褐色，包有1或2顆具有光澤的褐色種子。

• **原產地** 美國東南部。
• **環境** 潮濕的密林和灌木叢。
• **註釋** 此種樹是著名的雜交種紅色七葉樹(參閱178頁)的一種親本植物，前者的花色是由後者所遺傳。

花有紅色萼片

小葉邊緣有銳齒

小葉先端細尖

小葉的柄極短

果實像褐色小梨

高度 5公尺	樹形 寬展開形	葉持久性 落葉	葉型

胡桃科

此 科多為落葉植物。有7屬約60種植物野生於美洲，並從歐洲東南部傳播到日本和亞洲東南部。葉常為互生或羽狀。

花小無花瓣，成柔荑花序，雌雄同株。果實或為大型堅果，或為小型帶翅的果。

科 胡桃科	種 *Carya cordiformis*	命名者 (Wangenheim) K. Koch

心果山核桃 (BITTER NUT)

葉為羽狀，常有5至9枚小葉，邊緣有銳齒，葉長可達15公分，上面為深綠色，秋季變金黃色；冬季芽有皮垢狀的黃鱗。樹皮灰色，光滑，後來變厚，有裂縫和凸脊。花單性，雌雄同株，小，無花瓣，成柔荑花序，雄柔荑花序有3個下垂分枝，長7.5公分，雌花不明顯，晚春到初夏開花。果實為一種有薄殼、苦味、不可食的灰色堅果，包在綠色果殼內，長4公分，有4個翅。

- **原產地** 北美東部。
- **環境** 沼澤和河岸的落葉林。

中間小葉最大

黃綠色的雄柔荑花序

小葉兩端漸尖

高度 30公尺	樹形 寬柱形	葉持久性 落葉	葉型

科 胡桃科	種 *Carya illinoinensis*	命名者 (Wangenheim)k. koch

美國山核桃 (PECAN)

葉為羽狀，有9至17枚小葉，長可達15公分，細長，漸尖，先端後彎，邊緣有齒，暗綠色。樹皮灰色，厚，有裂縫和凸脊。花單性，雌雄同株，小，無花瓣，成柔荑花序，雄柔荑花序為黃綠色，有3個下垂分枝，長可達7.5公分；雌花序不明顯，晚春至初夏開花。果實為有薄殼、甜而可食的紅褐色堅果，包在綠殼內，長6公分，有4個翅。

- **原產地** 美國南部。
- **環境** 潮濕森林和山谷。
- **註釋** 果實具有重要商業價值。

小葉數目不定

小葉先端略彎

高度 30公尺	樹形 寬柱形	葉持久性 落葉	葉型

科 胡桃科	種 *Carya ovata*	命名者 (Miller) K. Koch

薄皮山核桃 (SHAGBARK HICKORY)

葉為羽狀，有5枚漸尖形小葉，長20公分，除基
部以外的邊緣有齒，上面為深黃綠色，秋季變為
金黃色和褐色；冬芽帶有深色的鱗片，鱗片
先端呈展開狀。樹皮灰色至褐色，隨年齡
增長而有縱向長條剝落。花單性，雌雄
同株，小，無花瓣，成柔荑花序，
雄柔荑花序黃綠色，有3個下
垂分枝，長13公分；雌花序
不明顯，晚春到初夏開花。果實
為甜而可食的白色堅果，包在綠色
果殼內，長6公分，有4條溝。
* **原產地** 北美東部。
* **環境** 密林和山谷。
* **註釋** 本樹之名源自於此種樹有
明顯剝落樹皮。

雌花生於枝頂

樹皮自由懸於
任一端

頂端
小葉最大

高度 30公尺	樹形 寬柱形	葉持久性 落葉	葉型

科 胡桃科	種 *Juglans ailantifolia*	命名者 Carrière

日本胡桃 (JAPANESE WALNUT)

葉為羽狀，極大，有11至17枚有短尖端的小
葉，邊緣有齒，長可達15公分，上面為暗
綠色，兩面皆有毛，下面的毛尤多，生於堅
挺而帶粘性的有毛枝條上。樹皮灰褐色，隨年
齡增長而出現裂縫並分離成小片。花單性，雌
雄同株，晚春至初夏開花，雌雄皆小，無花
瓣，成柔荑花序，雄柔荑花序為綠色，長可
達30公分，下垂於老枝上；雌柔荑花序長
達10公分，有紅色柱頭，生於幼枝頂。果
實為帶有淺凹點的褐色堅果，包在具粘性
的綠色果殼內，長達5公分，最多有
20顆果實叢集在一起。
* **原產地** 日本。
* **環境** 潮濕區及河流旁。
* **註釋** 果殼有毒。在日本，
習慣用於捕魚，堅果也可食。
木材則用於裝飾和其他用途。

雌花有
紅色柱頭

枝頂的葉
在開花時
展開

毛極多的
堅挺葉軸

粘毛覆蓋
的短果殼

高度 25公尺	樹形 寬展開形	葉持久性 落葉	葉型

科 胡桃科	種 *Juglans cinerea*	命名者 Linnaeus

油胡桃 (BUTTER NUT)

葉為羽狀，有7至17枚帶尖端的小葉，邊緣有
齒，葉長可達13公分，終端葉外全部無柄，上
面為暗綠色，兩面皆有毛，尤其
是下面。樹皮灰色，有裂縫
和凸脊。花單性，雌雄同
株，雌雄花皆小，無花瓣，成
柔荑花序，雄柔荑花序為綠色，
長達10公分；雌柔荑花序短，晚春
到初夏開花。果實為伸長型，是一種粗
糙、帶甜味可食的油質堅果，包在一
帶尖端的粘性綠色果殼內，長達6公
分，最多5枚叢集生在一起。

大葉中含有
多量的小葉

葉軸有
粘毛

* **原產地** 北美東部。
* **環境** 密林或山谷和山坡上
的潮濕土壤。
* **註釋** 亦稱為白胡桃。

高度 25公尺	樹形 寬展開形	葉持久性 落葉	葉型

科 胡桃科	種 *Juglans nigra*	命名者 Linnaeus

黑胡桃 (BLACK WALNUT)

沒有頂端小葉

葉為羽狀，有11至17枚或更多的
小葉，它們細長、漸尖、邊緣
有銳齒，長可達12公分，上面
為暗綠色有光澤，下面有毛，
有芳香。樹皮暗灰褐色至黑
色，有窄而粗糙的脊。花單
性，雌雄同株，晚春至初夏開
花，雌雄花皆小，無花瓣，成柔荑
花序，雄柔荑花序為黃綠色，長可達
10公分，下垂；雌柔荑花序短。果
實為圓形、可食的褐色堅果，
包在綠色果殼內，長可達5
公分，單生或雙生。

雄柔荑花序
生在老樹上

果實含單個
可食的堅果

* **原產地** 美國中部和東部。
* **環境** 密林。
* **註釋** 木材和堅果皆為
有價值的商品。

高度 30公尺	樹形 寬展開形	葉持久性 落葉	葉型

科 胡桃科	種 *Juglans regia*	命名者 Linnaeus

核桃 (WALNUT)

葉為羽狀，有5至9枚帶短尖端的小葉，長可達15
公分，頂端的小葉最大，幼時為青銅色，後來變
暗綠色，光滑，葉被碰傷時散出芳香味。樹
皮淡灰色，光滑，老樹有裂縫。花單性，雌
雄同株，晚春到初夏開花，雄雌花皆小，
無花瓣，成柔荑花序，雄柔荑花
序黃綠色，長10公分，下垂，
雌花序短。果實為可食的乳白
色堅果，後來變褐色，包
在綠色的果殼內，
長5公分。

• **原產地** 中國至歐洲
東南部。
• **環境** 山谷和河岸。

全緣小葉

果實生在
短而粗的
柄上

下垂的雄
柔荑花序

可食的核
仁有兩半

硬殼包住乳
白色的堅果

高度 30公尺	樹形 寬展開形	葉持久性 落葉	葉型

科 胡桃科	種 *Platycarya strobilacea*	命名者 Siebold & Zuccarini

化香樹 (PLATYCARYA STROBILACEA)

葉為羽狀，最多有15枚漸尖形的無柄小葉，邊緣有銳
齒，長10公分，寬3公分，兩面皆有毛，後
來變光滑，秋季變黃色。樹皮黃褐
色，有豎向裂縫。花單性，雌雄同
株，雌雄花皆小，無花瓣，成直立
柔荑花序，雄柔荑花序長10公
分，繞著單一個綠色的雌柔荑花
序生在一起，夏季開花。果實似
球果，褐色，直立，長可達4公
分，可在樹上存留一些時間。

• **原產地** 亞洲東部。
• **環境** 乾燥的日照地區森林。
• **註釋** 這是楓楊（參閱186－
187頁）的特殊近緣種，從其
像毬果的果序中可分辨。

小葉有
細長尖端

黃綠色的
雄柔荑花序

去年的老
果仍保留

高度 25公尺	樹形 寬展開形	葉持久性 落葉	葉型

科 胡桃科	種 *Pterocarya fraxinifolia*	命名者 (Lamarck)Spach

高加索楓楊 (CAUCASIAN WINGNUT)

葉為羽狀，有11至23枚或更多的無柄小葉，邊緣有齒，葉長可達15公分，寬4公分，上面綠色有光澤，秋季變黃色，生在無翅的葉軸上；葉芽冬季被褐色毛。樹皮白灰色，隨年齡增長而出現裂縫。花單性，雌雄同株，春季開花，花小，無花瓣，有粉色柱頭，成綠色下垂的柔荑花序；雄花序堅挺，長12公分；雌花序細長，長15公分；果實成熟時花柱頭伸長。果實為小堅果，被兩個半圓形的綠色翅包住，細長而下垂的柔荑果序，長50公分。

- **原產地** 高加索東部、伊朗北部。
- **環境** 森林、河流附近和沼澤地帶。

無翅葉軸

每一果實有2翅

果實懸在長柔荑果序中

高度 30公尺	樹形 寬展開形	葉持久性 落葉	葉型

科 胡桃科	種 *Pterocarya x rehderiana*	命名者 Schneider

瑞氏楓楊 (PTEROCARYA X REHDERIANA)

葉為羽狀，有11至21枚的無柄小葉，邊緣有齒，長12公分，上面為暗綠色有光澤，光滑，秋季變黃色，葉軸有無齒的直立小翅。樹皮紫褐色，有裂成對角的交錯凸脊，裂縫為淡橙色。花單性，雌雄同株，雌雄花皆小，無花瓣，成綠色、下垂的柔荑花序，雄花序長12公分，春季開花。果實為小型堅果，有2個伸長的綠色翅，成細長下垂的柔荑果序，長45公分。

- **原產地** 園藝品種。
- **註釋** 這是高加索楓楊(參閱上面)與楓楊(參閱187頁)的雜交種，種植在美國波士頓哈佛大學的安諾德植物園內。

雌柔荑花序生於枝頂

下垂的雄柔荑花序

葉軸有窄而直立的翅

高度 25公尺	樹形 寬展開形	葉持久性 落葉	葉型

科 胡桃科	種 *Pterocarya rhoifolia*	命名者 Siebold & Zuccarini

水胡桃 (JAPANESE WINGNUT)

葉為羽狀，有11至21枚漸尖形、有齒、無柄的小葉，葉長可達12公分，上面為綠色有光澤，秋季變黃色，生在無翅的葉軸上；冬季葉芽被鱗片覆蓋。樹皮暗灰色，隨年齡增長而出現豎向裂縫。花單性，雌雄同株，雌雄花皆小，無花瓣，成綠色的下垂柔荑花序，雄花序長達7.5公分，生於幼枝基部；雌花序生於枝頂，春季開花。果實為小型堅果，有綠色翅。叢集成細長的下垂柔荑果序，長達30公分。

- **原產地** 日本。
- **環境** 靠近山區河流。
- **註釋** 冬季易於從其鱗狀葉的芽辨認。

小葉有漸成細長的尖端

枝端有明顯的葉芽

無翅葉軸

高度 25公尺	樹形 寬展開形	葉持久性 落葉	葉型

科 胡桃科	種 *Pterocarya stenoptera*	命名者 C. de Candolle

楓楊 (PTEROCARYA STENOPTERA)

葉為羽狀，有11至21枚的無柄小葉，邊緣有齒，上面為鮮綠色，光滑，秋季變黃色，葉軸有窄翅，其上常有齒。樹皮灰褐色，有深裂縫。花單性，雌雄同株，雌雄花皆小，無花瓣，成綠色的下垂柔荑花序，雄花序長6公分，春季開花。果實為小堅果，有2個窄翅，叢集成細長的下垂柔荑果序，長30公分。

- **原產地** 中國。
- **環境** 潮濕林地和河岸。
- **註釋** 本種樹可從葉軸上的角形翅辨別。

葉軸有展開形翅

小葉有短的尖端

有綠色翅的果實

高度 25公尺	樹形 寬展開形	葉持久性 落葉	葉型

樟科

本科包括大約40屬2,000多種落葉和常綠喬木及灌木，多數野生在熱帶南美及東南亞。

葉常有芳香味，全緣，對生或互生。花瓣及萼片相像，三個一組排列。果實常為肉質。

科 樟科	種 *Laurus nobilis*	命名者 Linnaeus

月桂 (BAY LAUREL)

葉為橢圓形至卵圓形，長10公分，寬4公分。先端尖瑞，邊緣呈波形，上面暗綠色有光澤，下面顏色較淡，光滑，革質，破碎時有芳香味。樹皮暗灰色，光滑。花為雌雄異株，花直徑約1公分，黃綠色，雄花有大量的黃色雄蕊，叢集生於葉腋，春季開花。果實圓形漿果，長1公分，綠色，成熟時為黑色。

- **原產地** 地中海沿岸。
- **環境** 常綠森林，灌木叢和岩石地。
- **註釋** 亦稱為甜月桂，本種樹與其近緣的加那利月桂 (*Laurus azorica*)是歐洲產的本科植物中僅有的成員。

葉近基部漸尖

雄花有許多黃色花藥

小型雌花

波形無齒葉緣

漿果成熟時由綠色變黑色

花芽在秋季形成

高度 15公尺	樹形 寬錐形	葉持久性 常綠	葉型

科 樟科	種 *Sassafras albidum*	命名者 (Nuttall)Nees

美洲檫木 (SASSAFRAS)

葉為橢圓形至卵圓形，長15公分或以上，寬10公分。全緣，但有時在一側或兩側有裂片，上面為鮮綠色，下面藍綠色，光滑，秋季變黃色至橙色或紫色，有芳香。樹皮紅褐色，皮厚，有裂縫和芳香。雌雄花皆極小，黃色或綠黃色，無花瓣。成小型花序或短的總狀花序，春季開花。果實為卵形，深藍色漿果，長1公分。

- **原產地** 北美東部。
- **環境** 森林和灌木叢。
- **註釋** 亦稱為藥檫木 (S. officinale)，葉可能與無花果(參閱219頁)的外形相似。根部樹皮慣用於製茶及不含酒精的汁汽水。

美洲檫木 ▷

葉兩側有裂片

無淺裂的葉

雄花有黃色花藥

基部以上的葉脈成3個一組

△ **毛芽美洲檫木 var. *MOLLE***
此種樹的幼枝和幼葉有明顯可見的茸毛。

高度 20公尺	樹形 寬柱形	葉持久性 落葉	葉型

科 樟科	種 *Umbellularia californica*	命名者 (W.J. Hooker & Arnott) Nuttall

加州桂樹 (CALIFORNIA LAUREL)

葉為橢圓形至長圓形，長達10公分，寬2.5公分。全緣，鮮綠色或深黃綠色。樹皮暗灰色，隨年齡增長而裂成三角形片。花直徑約1公分，無花瓣，有6枚黃綠色萼片，最多10朵叢集生於葉腋，晚冬至春季開花。果實圓形至卵形漿果，長約2.5公分，初期為綠色，成熟時變成深紫色。

- **原產地** 美國的俄勒岡州西南部、加州。
- **環境** 峽谷和山谷中的常綠灌木森林。
- **註釋** 亦稱為加州桂、加州橄欖、俄州勒桃金孃。在潮濕的蔽蔭環境中可集成大型喬木，但在乾燥暴露的地區則會縮成小型灌木。葉破碎時會散出酸味。這種毒性氣味會導致頭痛和噁心。

有光澤的綠色革質葉

光滑，全緣

花有6枚黃綠色萼片代替花瓣

突出的細網狀葉脈

高度 30公尺	樹形 寬展開形	葉持久性 常綠	葉型

豆科

豆科包括大約700屬15,000多種喬木、灌木、和草本植物，遍佈世界各地。葉常為複葉，多呈羽狀或有三小葉。冷溫帶區的植物有豔麗的花。果實常為莢果，沿兩側裂開或裂成幾部分而散出種子。

科 豆科	種 *Acacia dealbata*	命名者 Link

銀栲皮樹 (SILVER WATTLE)

葉為二回羽狀，長達12公分，有大量線形小葉，長可達5公厘，小葉全緣，藍綠色，有細毛。樹皮光滑，綠色或藍綠色，隨年齡增長成黑色。花極小，具鮮黃色花瓣和大量的雄蕊，有芳香，成圓錐花序，晚冬到初春開花。果實為扁平莢果，達7.5公分，綠色，成熟時褐色。

• **原產地** 澳洲東南部、塔斯馬尼亞。

• **環境** 山區的溪谷及河岸。

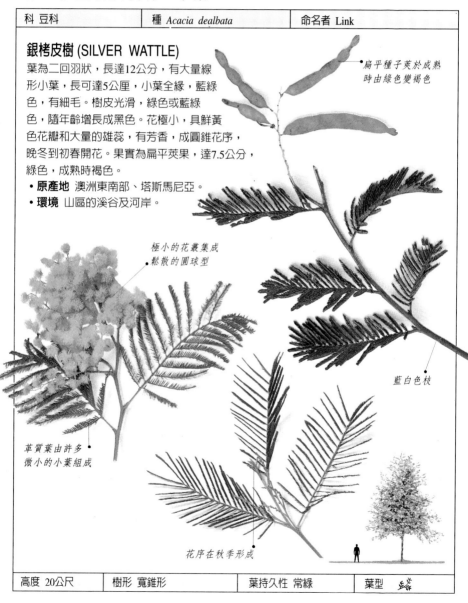

扁平種子莢於成熟時由綠色變褐色

極小的花叢集成鬆散的圓球型

藍白色枝

革質葉由許多微小的小葉組成

花序在秋季形成

高度 20公尺	樹形 寬錐形	葉持久性 常綠	葉型

單葉栲 ▷
ACACIA FALCIFORMIS
通稱爲淡色山核桃金合歡，此種樹見於澳洲東南部。葉不分裂。春天，許多小黃花呈現出大的圓形頭狀花序。

花柄有黃色毛

葉先端呈細尖狀

有深黃色花的圓形頭狀花序

葉基部的小腺體

◁**翼葉栲**
ACACIA GLAUCOPTERA
這是澳洲西部的一種樹，葉排列在平面上，沿莖形成藍綠色翅。

香味撲鼻的花

◁**孟氏栲**
ACAIA MERARNSII
此種樹常稱爲黑色金合歡，野生於澳洲東部和南部各地。

有窄脊的枝

二回羽狀幼葉

澳洲黑木、黑栲 ▷
ACAIA MELANOXYLON
葉常不分裂的各種金合歡屬植物，在籽苗時生出複葉，這是與其年齡相適應的成熟葉的雛形。的中間葉展示出兩種不同葉型的過渡形式。

不分裂的成熟葉

中間葉

科 豆科	種 *Albizia julibrissin*	命名者 (Willdenow)Durazzini

合歡 (SILK TR EE)

革質葉有多量的小葉

葉為羽狀，長可達50公分，有多量的小葉，漸尖，全緣，長達1公分，兩面皆為暗綠色，光滑。樹皮暗褐色，光滑。單個小花，有明顯、大量的、長的粉紅色雄蕊，成密集的絨毛狀花序，晚夏至初秋開花。果實為莢果，長達15公分。

- **原產地** 亞洲西南部。
- **環境** 森林和河邊。
- **註釋** 亦稱為波斯金合歡。

花序有明顯的粉紅色雄蕊

高度 12公尺	樹形 寬展開形	葉持久性 落葉	葉型

科 豆科	種 *Cercis canadensis*	命名者 Linnaeus

加拿大紫荊 (REDBUD)

葉為圓形，長可達10公分，寬12公分，基部為心形，葉全緣，上面為青銅色，後來變鮮綠色，光滑，下面光滑或有毛，秋季有時變黃色。樹皮暗灰褐色至黑色。花為蝶形，長1公分，粉紅色，沿老枝叢集生，常從主分枝和乾枝生出，春季至初夏先於幼葉或與幼葉同時生出。果實為扁平莢果，長可達7.5公分，綠色，後來變粉紅色，成熟時變為褐色。

- **原產地** 北美。
- **環境** 潮濕森林。

幼葉在開花時生出

青銅色幼葉

小花有細長的柄

加拿大紫荊

葉不會變成綠色

◁ **紫葉加拿大紫荊「FOREST PANSY」**
選擇此種樹是因其具有美麗的紅紫色葉。

高度 10公尺	樹形 寬展開形	葉持久性 落葉	葉型

科 豆科	種 *Cercis racemosa*	命名者 Oliver

垂絲紫荊 (CERCIS RACEMOSA)

葉為圓形，長可達13公分，寬10公分，基部為圓形，上面為暗綠色，下面有毛。樹皮淡灰色，隨年齡增長而有剝落。花為蝶形，長1公分，淡粉紅色，從老枝生出總狀花序，仲春到晚春或初夏開花。果實為扁平莢果，長可達10公分，綠色，後來具有粉紅色色澤，成熟時變為褐色。

- **原產地** 中國。
- **環境** 山區的森林及河岸。
- **註釋** 這是少見樹種，可由總狀花序辨識。

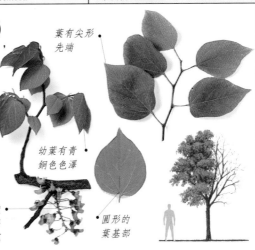

葉有尖形先端

幼葉有青銅色色澤

每一總狀花序最多有40朵花

圓形的葉基部

高度 10公尺	樹形 寬柱形	葉持久性 落葉	葉型

科 豆科	種 *Cercis siliquastrum*	命名者 Linnaeus

西亞紫荊 (JUDAS TREE)

葉為圓形，長可達10公分，寬12公分，基部為深心形，葉全緣，幼時上面為青銅色，後來變暗藍綠色，光滑。樹皮灰褐色，裂成小矩形和方形片。花為蝶形，長2公分，粉紅色，沿老枝叢集生，常從主分枝和乾枝生出，晚春到初夏先於葉或與葉同時開放。果實為扁平莢果，長可達10公分，由綠色變成粉紅色，成熟時又變成褐色，常可在樹上存留到葉落後。

- **原產地** 亞洲西部、歐洲東南部。
- **環境** 乾燥的岩石地。

果實成熟時由綠色變褐色

西亞紫荊

葉沿中脈合上

◁ **波南西亞紫荊「BODNANT」**
英國Bodnant 國立Trust公園 種植的一種樹。

深紫粉紅色花

花也從分枝上生出

高度 10公尺	樹形 寬展開形	葉持久性 落葉	葉型

科 豆科	種 *Cladrastis lutea*	命名者 K. Koch

美洲香槐 (YELLOW WOO D)

葉為羽狀，有7至11枚橢圓形至卵圓形的
全緣小葉，長達10公分，終端葉最大，
上面為鮮綠色，兩面皆光滑，秋季變鮮黃
色，葉柄基部膨脹，包住葉芽。樹皮灰
色，光滑，常有水平皺紋。花為蝶形，
長3公分，白色，略有芳香，成大型
下垂圓錐花序，長達45公分，初夏生
於枝頂。果實為扁平褐色莢果，
長達10公分。

- **原產地** 美國東南部。
- **環境** 密林和岩石峭壁。
- **註釋** 亦稱維吉爾。此樹
少見，僅分佈在幾個國家。
可從木材生產黃色染料。

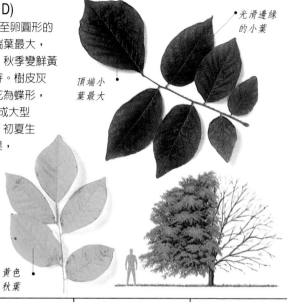

光滑邊緣
的小葉

頂端小
葉最大

黃色
秋葉

高度 15公尺	樹形 寬展開形	葉持久性 落葉	葉型

科 豆科	種 *Genista aetnensis*	命名者 (Bivona) Candolle

義大利染料木 (MOUNT ETNA BROO M)

葉為線形，小，長1公分，稀生於細長
的鮮綠枝上；在成熟的植物上，
開花季節常無葉。樹皮灰褐色，
基部有深裂縫。花為蝶形，長1.5公分，
呈鮮豔金黃色，有芳香，仲夏至晚夏沿新枝
單生。果實為小黑色莢果，長約1公分，
短而細長的尖端包含2或3粒種子。

- **原產地** 薩丁尼亞、西西里島。
- **環境** 岩石山坡。
- **註釋** 本種樹可形成大型灌木，也可
為小型喬木。可在西西里島的埃特
納火山山坡上發現，枝條可取代
葉子行光合作用。它們即使在
冬季也是綠的，使樹披上常
綠的外觀。

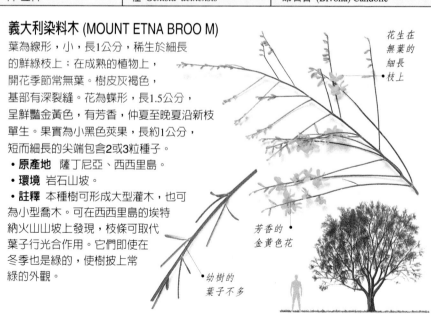

花生在
無葉的
細長
枝上

芳香的
金黃色花

幼樹的
葉子不多

高度 10公尺	樹形 寬展開形	葉持久性 落葉	葉型

科 豆科	種 *Gleditsia triacanthos*	命名者 Linnaeus

美國皂莢 (HONEY LOCUST)

第一批從老樹上的短枝生出的葉為羽狀，後來從新枝上生出的葉常為二回羽狀，有多量的小葉，長可達4公分，邊緣有小齒，鮮綠色，秋季變黃色；枝常有刺。樹皮暗灰色，鱗狀，有叢集生的支刺。花為雌雄同株，雌雄花皆極小，黃綠色，初夏開花，從老枝上分別長出小的圓柱形花序，主要為直立總狀花序，長可達5公分。果實大型、常扭曲的褐色下垂莢果，長45公分。

- **原產地** 北美。
- **環境** 潮濕的密林。
- **註釋** 果實含甜而可食的肉質。

美國皂莢

有些葉呈羽狀

有些葉為二回羽狀

鮮豔的幼葉

高度 30公尺	樹形 寬展開形	葉持久性 落葉	葉型

科 豆科	種 *Gymnocladus dioica*	命名者 (Linnaeus)K. Koch

美國肥皂莢 (KENTUCKY COFFEE TREE)

葉為二回羽狀，長可達1公尺，有多量卵形小葉，長達7.5公分，全緣，上面為青銅色，後來變暗綠色，下面為藍色，兩面後來變光滑。樹皮暗褐色，粗糙，有鱗狀脊。花為雌雄異株，白色，芳香，直徑約2.5公分，圓錐花序，雄花序長10公分，雌花序長30公分，晚春至初夏開花。果實大型、革質、紅褐色莢果，長達25公分，可在樹上存留一段時間。

- **原產地** 美國中部和東部。
- **環境** 潮濕森林。

頂端常無小葉

小葉互生或對生

葉基部有單生小葉

高度 25公尺	樹形 寬柱形	葉持久性 落葉	葉型

科 豆科	種 *+Laburnocytisus adamii*	命名者 (Poiteau) Schneider

金鏈金雀花 (+LABURNOCYTISUS ADAMII)

葉形有變異，有3小葉，與一親代相似或介於兩親代間。樹皮暗灰色，光滑，隨年齡增長而出現淺裂。花為蝶形，有三種：或為黃色金鏈花；或為紫色金雀花，以上就像其親代；或介於二親代間的中間型花，為淡紫粉紅色泛黃色，生於枝上，成下垂總狀花序，長達15公分，晚春至初夏開花。果實為褐色莢果。長達7.5公分，果序下垂，含有黑色種子，由黃色結成。

- **原產地** 園藝品種。
- **註釋** 這是金鏈花(*Laburnum anagyroides*，參閱197頁)與紫色金雀花(*Cytisus purpureus*)之間的嫁接雜交種。嫁接雜交並非真正的雜交，因其包含兩種屬性不同的親代混合組織。此樹各部分皆有毒。

中間型的葉上面為暗綠色，下面顏色較淡

中間型的花，大多數生在分枝上

△ 金鏈金雀花
+LABURNOCYTISUS ADAMII

◁ 蘇格蘭金雀花
LABURUM
ANAGYROIDES
(*Laburnum anagyroides*)
形成植物的內部核心。

金鏈花的葉呈暗淡的灰綠色

黃色金鏈花形成下垂的總狀花序

紫色金雀花的葉有微小的小葉

紫色金雀花密集叢生於同一分枝上

△ 紫色金雀花
CYTISUS PURPUREUS
紫色金雀花形成樹的外部包被。

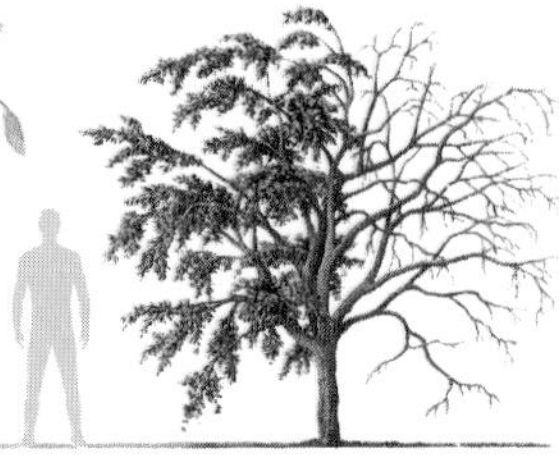

高度 6公尺	樹形 寬展開形	葉持久性 落葉	葉型

科 豆科	種 *Laburnum alpinum*	命名者 (Miller) Berchtold & Presl

蘇格蘭金鏈花 (SCOTCH LABURNUM)

葉各具有3枚分離的橢圓形小葉，長可達10公分，先端略尖，上面呈閃光的深綠色，光滑，有光澤，幼時下面幾乎無毛。樹皮暗灰色，光滑，隨年齡增長而出現淺裂縫。花為蝶形，長2公分，呈鮮豔的金黃色，芳香，細長的下垂總狀花序，長達45公分，初夏開花。果實為無毛的褐色莢果，長達7.5公分，上邊緣扁平，形成窄翅，含有褐色的種子。

• **原產地** 歐洲中部和南部，從阿爾卑斯山脈到捷克斯拉夫和巴爾幹半島。

• **環境** 山脈。

• **註釋** 這是開花最晚的金鏈花，或為小型喬木，或為灌木。極長而美麗的總狀花序為本種樹的一大特徵。此樹各部分食之皆有毒，種子尤其如此。

每葉有3枚截然分開的小葉

淡綠色的花萼包住花芽

最幼小的花長於總狀花序之頂

高度 6公尺	樹形 寬展開形	葉持久性 落葉	葉型

科 豆科	種 *Laburnum anagyroides*	命名者 Medikus

金鏈花 (COMMON LABURNUM)

葉各具有3枚橢圓形的小葉，長9公分，先端圓形，上面為暗淡的深綠色，幼時下面為灰綠色，光澤有毛。樹皮暗灰色，光滑，隨年齡增長而出現淺裂縫。花為蝶形，長2.5公分，金黃色，密集叢生，成下垂總狀花序，長25公分，晚春至初夏開花。果實略圓，有毛的褐色莢果，長7.5公分，上邊緣厚，果序下垂，種子為黑色。

• **原產地** 歐洲中部和南部。

• **環境** 山區，森林和灌木叢。

• **註釋** 此樹各部分皆有毒。不成熟的種子像小型綠色豆。

葉下面為灰綠色，有軟毛

在枝上有許多單個、無葉的總狀花序聚集在一起

高度 7公尺	樹形 寬展開形	葉持久性 落葉	葉型

科 豆科	種 *Laburnum x watereri*	命名者 (Wettstein) Dippel

沃氏金鏈花 (LABURNUM X WATERERI)

葉有3橢圓形小葉，長達7.5公分，上面為深綠色，幼時下面有毛，為綠色。樹皮暗灰色，光滑，隨年齡增長出現淺裂縫。花為蝶形，長2.5公分，金黃色，形成密集的下垂總狀花序，長達30公分，晚春至初夏開花。果實為褐色莢果，長達6公分，種子不多，通常產量稀少。

◁ 多花沃氏金鏈「VOSSII」

葉具有3小葉

漂亮的花懸掛在長的總狀花序內

- **原產地** 澳洲、瑞典。
- **環境** 具有親代植物的山區。
- **註釋** 這是蘇格蘭金鏈花(*L.alpunum*，參閱197頁)與金鏈花(*L.anagyroides*，參閱197頁)的雜交種。它結合前者的長型總狀花序與後者大型花朵。圖上所示多花沃氏金鏈花是最普遍的一種。其花有極長的總狀花序，長50公分或更長。

高度 7公尺	樹形 寬展開形	葉持久性 落葉	葉型

科 豆科	種 *Maackia chinensis*	命名者 Takeda

馬鞍樹 (MAACKIA CHINENSIS)

葉為羽狀，長20公分，具有9至13枚橢圓形至卵形、全緣、短柄的小葉，長可達6公分，寬2公分，幼時上面為銀藍灰色，後來變綠色，下面有茸毛。樹皮灰褐色，有明顯的皮孔斑。花為蝶形，長1公分，白色，密集形成直立總狀花序於枝頂，仲夏至晚夏開花。果實為小型莢果，長約5公分。

小花成密集的直立花序

- **原產地** 中國西南部。
- **環境** 山區森林和灌木林。
- **註釋** 本屬與香槐(*Cladrastis*參閱197頁)為近緣關係，可由花來辨別，該花成直立花序，非下垂花序。

長葉包括最多13枚的全緣小葉

高度 15公尺	樹形 寬展開形	葉持久性 落葉	葉型

科 豆科	種 *Robinia x holdtii*	命名者 Beissner

雜交洋槐
(ROBINIA X HOLDTII)

葉為羽狀，長可達45公
分，最多有21枚幼時長圓
形的小葉，長5公分，寬2.5
公分，葉先端常有凹痕並有極細
的尖端，上面深綠色，下面灰綠
色，兩面皆被稀毛。樹皮灰褐色，有深
裂縫和鱗狀脊。花為蝶形，長2公分，白色
泛紫紅色，微芳香，彤成卜垂花序，可在
夏季保持很長時間。果實略有粘性，有硬
毛，幼時紅色莢果，長約6公分。

• **原產地** 園藝品種。
• **註釋** 這種樹開粉紅花，是繁茂洋槐(*R. luxurians*)
與黑洋槐(*R. pseudoacacia*，參閱下面)
的雜交種。兩種親代植物中，外觀和特性
最熟悉的是黑洋槐，可由花的顏色辨別出來。

葉極長，
有對生排
列的小葉

花常開
到初秋

葉有極細
的尖端

高度 20公尺	樹形 寬柱形	葉持久性 落葉	葉型

科 豆科	種 *Robinia pseudoacacia*	命名者 Linnaeus

黑洋槐 (BLACK LOCUST)

葉為羽狀，長可達30公分，有11至21
枚橢圓形至卵形全緣的小葉，長可
達5公分，先端有凹痕尖細長形，
上面為藍綠色，下面灰綠色，有
稀毛，後來變光滑，枝上每片葉
的基部有二刺。樹皮灰褐色，
有深裂縫和鱗狀脊。花為蝶
形，長2公分，白色，有一黃
綠色小斑，有芳香，彤成密集
的下垂總狀花序，長可達20
公分，初夏至仲夏開花。果
實光滑，暗褐色，莢果下
垂，長可達10公分。

• **原產地** 美國東南部。
• **環境** 森林和灌木叢。
• **註釋** 在北美被廣泛種植
和移植。

紅褐色的萼
片有 5 齒

薄而軟
的葉

△ 黑洋槐

△ 黃葉黑洋槐
「FRISIA」
此較小的樹不夠壯，
從春季到初秋葉為金黃色。

高度 25公尺	樹形 寬柱形	葉持久性 落葉	葉型

科 豆科	種 *Sophora japonica*	命名者 Linnaeus

槐樹 (PAGODA TREE)

葉為羽狀，長達25公分，有7至17枚卵形、帶尖端的小葉，長達5公分，上面為白色，後來變暗綠色，有光澤，下面藍綠色，有毛，秋季有時變黃。樹皮灰褐色，有突出脊。花為蝶形，長1.5公分，白色，有芳香，下垂圓錐花序，長達30公分，晚夏至初秋生於枝頂。果實為莢果，長7.5公分，種子間緊縮。

- **原產地** 中國。
- **環境** 森林、灌木叢和乾燥山谷。
- **註釋** 亦稱日本塔樹。

尖端短的全緣小葉

有些葉在落葉前變黃

膨脹的葉基部包住芽

高度 20公尺	樹形 寬展開形	葉持久性 落葉	葉型

科 豆科	種 *Sophora microphylla*	命名者 Aiton

小葉槐樹 (KOWHAI)

葉為羽狀至接近圓形，長達15公分，有大量長圓形、全緣小葉，長達1公分，先端圓形或凹缺，上面為暗綠色，下面為灰暗綠色，幼時有絲毛，後來變光滑，生在有絲毛的枝條上。樹皮灰色至灰褐色，有小皮孔。花為蝶形，長5公分，金黃色，成下垂總狀花序，晚冬至春季生於葉腋。果實為有翅的褐色莢果，長15公分以上，幼時有毛。

- **原產地** 智利、紐西蘭。
- **環境** 森林、開闊地及河岸，從海平面到山脈。
- **註釋** 可為小型喬木或大型灌木。它與 *Sophora tetraptera* 有近緣關係，後者的俗名稱為小葉槐。籽苗經歷複雜分枝的幼年時期，許多年後才能開花。

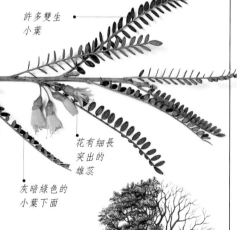

許多雙生小葉

花有細長突出的雄蕊

灰暗綠色的小葉下面

高度 10公尺	樹形 寬展開形	葉持久性 落葉	葉型

木蘭科

本科12屬約200種植物分佈在兩個主要區域。多數被發現於東亞，從喜馬拉雅山經中國至日本，以及東南亞至新幾內亞；由美國東部經墨西哥到熱帶南美則相對較少。落葉和常綠喬木及灌木，有互生、全緣葉，偶有淺裂葉，美麗的花爲單生。

科 木蘭科	種 *Liriodendron chinense*	命名者 (Hemsley) Sargent

掌楸，中國百合木 (CHINESE TULIP TREE)

葉長達15公分以上，先端和側面各有二裂片，上面為暗綠色，下面藍白色，秋季變黃色。樹皮灰色，粗糙。花有9枚被片，其中3枚為綠色反折，6枚為綠色具黃色脈，仲夏直立單生於枝頂。果實為圓錐形淡褐色聚合果。
- **原產地** 中國、越南。
- **環境** 山區森林。

4深裂葉

葉端凹缺

大托葉立即脫落

高度 15公尺	樹形 寬柱形	葉持久性 落葉	葉型

科 木蘭科	種 *Liriodendron tulipifera*	命名者 Linnaeus

北美鵝掌楸，百合木 (TULIP TREE)

葉長達15公分以上，先端和側面各有2裂片，上面暗綠色，下面藍白色，秋季變為黃至橙色。樹皮灰褐色，花長6公分，9枚花被片，其中3枚為綠色反折，6枚為淡綠色在基部有橙色帶，仲夏單生於枝頂。果實為圓錐形的淡褐色聚合果。
- **原產地** 北美東部。
- **環境** 落葉林。

3枚外側的花被片水平展開

北美鵝掌楸

裂片為淺形

淡褐色成熟果實

黃色邊緣變綠色

△ 黃綠葉北美鵝掌
「AUREOMARGINATUM」
這種引人注目的樹種，葉子有寬的金黃色邊緣。

高度 50公尺	樹形 寬柱形	葉持久性 落葉	葉型

| 科 木蘭科 | 種 *Magnolia acuminata* | 命名者 Linnaeus |

尖葉木蘭 (CUCUMBER TREE)

葉為橢圓至卵圓形，長達25公分，寬
15公分，漸尖，全緣，上面為淺綠至
深綠色，下面為藍綠色並有毛。
樹皮褐灰色，有裂縫。花為杯形，
長達9公分，9枚花被片，藍綠色至
黃綠色，直立，初夏至仲夏單生於
枝頂。果實為圓柱形聚合果，
長達7.5公分，綠色變粉紅色，
成熟時變紅色。

• **原產地** 北美東部。
• **環境** 密林。
• **註釋** 此種樹的俗名，
來源於像黃瓜樣的未成熟
果的顏色和形狀。
花常被大葉所遮蔽。

花有大量的
黃色花藥

花被片呈
豎直狀態

葉下面
較淡色

3枚外圈
花被片最小

果實成熟時由
綠變紅

| 高度 30公尺 | 樹形 寬錐形 | 葉持久性 落葉 | 葉型 |

| 科 木蘭科 | 種 *Magnolia ashe* | 命名者 Weatherby |

阿希氏木蘭 (MAGNOLIA ASHEI)

葉為寬橢圓形至長圓形和倒卵圓形，長30
公分以上，寬20公分以上，很薄，基部有葉
耳，上面為綠色，光滑，下面藍白色，有細
毛，大葉輪生於枝頂。樹皮淡灰色，光
滑。花為杯形，直徑30公分，白色，芳
香，9枚花被片，內側花被片的基部
有紫色斑，初夏至仲夏隨葉生於枝
頂。果實為圓錐形至卵
形，粉紅色聚合果，約
7.5公分。

• **原產地** 美國
佛羅里達州西北部。
• **環境** 潮濕森林。
• **註釋** 此種樹與大葉木蘭
(參閱209頁)為近緣關係。屬稀有樹
種，野生分佈範圍極有限，為小型喬木，
或大型灌木。

幼葉有大托葉

內側花被片有
紫色斑

外側花被片為
白綠色

| 高度 10公尺 | 樹形 寬柱形 | 葉持久性 落葉 | 葉型 |

科 木蘭科	種 *Magnolia campbellii*	命名者 J.D. Hooker & Thomson

滇藏木蘭 (MAGNOLIA CAMPBELLII)

葉為長圓形至卵圓形或倒卵圓形，
長25公分以上，先端為鈍形，全緣，
幼時上面為青銅色，後變暗綠色，
下面顏色較淡，光滑或有毛。
樹皮灰色，光滑。花極大，直徑
30公分，淡粉紅至深粉紅及紫紅
色或白色，略芳香，花被片最多
有16片，外側花被片展開，內側花
被片直立，使花具有特徵性的杯形
和淺盤形，生在光滑的花柄上，晚冬
到初春先於葉開放。果實為似毬果的
圓柱形紅色聚合果，長達15公分。

- **原產地** 中國西南部，喜馬拉雅山。
- **環境** 山區森林。
- **註釋** 這種壯麗的大型樹，
因有巨大的花而在公園中受到人
們的青睞。由種子栽培的樹，
20年後才能開花。

滇藏木蘭

光滑的花柄 •

• 內側花被片
保持直立

長而光滑的
葉在開花之後
才生出

△ 滇藏木蘭

△ 早花滇藏木蘭
SUBSP. MOLLICOMATA
亞種樹的花在較幼的
樹上開花季節略早。

• 外側花
被片展開

高度 30公尺	樹形 寬錐形	葉持久性 落葉	葉型

科 木蘭科	種 *Magnolia dawsoniana*	命名者 Rehder & Wilson

光葉木蘭 (MAGNOLIA DAWSONIANA)

葉為橢圓形至倒卵圓形，長15公分，寬7.5公分，先端為圓形，上面為暗綠色，光滑，下面顏色較淡，光滑，只在沿脈處有毛。樹皮灰色，光滑，具有明顯的凸出皮孔，基部有裂縫。花保持水平狀態，長12公分，淡粉紅色，略芳香，有9至12枚下垂花被片，晚冬或初春先於葉開放。果實為圓柱形的紅綠色聚合果，長10公分。

- **原產地** 中國。
- **環境** 山區森林。
- **註釋** 這是最早開花的一種木蘭。

隨花期增長而顏色變淡

葉上面為暗綠色

葉下面的顏色較淡

花開後葉芽展開

高度 12公尺	樹形 寬錐形	葉持久性 落葉	葉型

科 木蘭科	種 *Magnolia delavayi*	命名者 Franchet

山木蘭 (MAGNOLIA DELAVAYI)

葉為橢圓形至長圓形，長達30公分，寬15公分，上面暗綠色，兩面幼時有茸毛，後變得有些光滑。樹皮暗褐色，有豎向裂縫。花淺碟形，直徑20公分，芳香，有9枚肉質花被片，外側3片為綠白色，反折，內側6片為乳白色，展開，晚夏開花。果實為圓柱形聚合果，長10公分，綠色，成熟時為淡褐色。

- **原產地** 中國西南部。
- **環境** 叢林地和開闊地帶。

堅挺而有光澤的暗綠色葉

花為乳白色，夜間開放，次日凋謝

灰綠色有毛的幼葉，有時上面會變光滑

高度 10公尺	樹形 寬展開形	葉持久性 常綠	葉型

科 木蘭科	種 *Magnolia fraseri*	命名者 Walter

福來氏木蘭
（MAGNOLIA FRASERI）

葉為倒卵圓形，長達40公分，
寬20公分，基部為耳形，
先端尖，幼時為青銅色，
後變淡綠色，兩面光滑。
樹皮褐色或灰色，光滑。
花芽為瓶狀，長達12公分，
開花時為淺碟形，9枚花
被片為乳白色，外表泛
綠色，晚春至初夏單生
於枝頂。果實似球
果，為紅色聚合果，
長10公分。
- **原產地** 美國東南部。
- **環境** 山區密林。

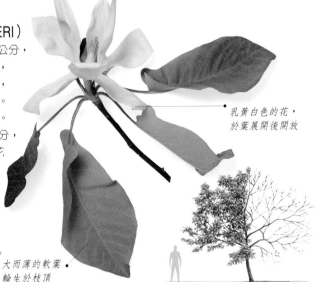

乳黃白色的花，
於葉展開後開放

大而薄的軟葉
輪生於枝頂

高度 14公尺	樹形 寬展開形	葉持久性 落葉	葉型

科 木蘭科	種 *Magnolia grandiflora*	命名者 Linnaeus

洋木蘭 (BULL BAY)

葉為橢圓形至卵圓形或披針形，
長達25公分，寬10公分，堅硬，革質，
上面暗綠色有光澤，下面顏色較淡
或覆蓋鏽色毛。樹皮灰色，裂
成小片。花為杯形，直徑
30公分，乳白色，極香，
有9至12或更多枚厚花
被片，初夏單生於枝
頂。果實卵形，紅色聚
合果，長10公分。
- **原產地** 美國東南部。
- **環境** 河岸和沿海平原
的潮濕地帶。
- **註釋** 栽培在比原產區
更冷的地方，晚夏至秋
季開花。

極香的
大白色花

葉下面覆蓋
有鏽色毛

花有9至12或
更多枚的花被片

葉上面為有光
澤的暗綠色

高度 25公尺	樹形 寬錐形	葉持久性 常綠	葉型

| 科 木蘭科 | 種 *Magnolia*「Heaven Scent」 | 命名者 無 |

天香木蘭 (MAGNOLIA「HEAVEN SCENT」)

葉為寬橢圓形，長達20公分，先端尖，
上面為綠色有光澤，下面顏色較淡。
樹皮灰色，光滑。花直立，呈瓶形，
長13公分，初期窄，以後開得較
寬，極香，9枚花被片為淡粉紅色
色，接近基部的顏色更深，背面有一
條明顯的暗紅色帶，春季至初夏先於
葉或隨葉開放。果實似球果，
成熟的種子凸出並懸掛一段時間。

- **原產地** 園藝品種。
- **註釋** 百合木蘭(*M. liliiflora*「Nigra」)與
維奇氏木蘭(*M. xveitchii*，參閱214頁)的這種雜交
種，是Gresham的雜交植物之一，它們是根據
Drury Todd Gresham's 的雜交程序於1950年
代在加州栽培的。他精心選擇兩親代及其後
代，培育出小樹，這些樹綜合了最佳木蘭的
品質。「薄荷莖」(Peppermint Stick)和
「Sayonara」也屬這類群。

尖形花被片隨花期
增長而略展開

天香木蘭

◁ **涼香木蘭**
「PEPPERMINT STICK」
百合木蘭(*M. liliiflora*)
與維奇木蘭(M. x veitchii)
間的雜交種，其芽
長11公分。

花被片有時
展開得更寬

花的基部泛微
弱的粉紅色

明顯的窄花芽

△ **多花木蘭**
「SAYONARA」
此樹為二喬木蘭(
Magnolia x soulangeana
「Lennei Alba」)與維奇氏木蘭
(*Magnolia x veitchii*「Rubra」)
間的雜交種。具茂盛的肉質花被
片，花長10公分。

| 高度 10公尺 | 樹形 寬展開形 | 葉持久性 落葉 | 葉型 |

科 木蘭科	種 *Magnolia hypoleuca*	命名者 Siebold & Zuccarini

白背木蘭 (MAGNOLIA HYPOLEUCA)

葉為倒卵圓形，長達45公分，寬20公分，先端短尖形，上面深綠色，光滑，下面淡藍綠色，幼時有毛，大型葉輪生於枝頂。樹皮灰色，光滑。花為大型杯狀，直徑20公分，極香，有9至12枚乳白色花被片，外片有粉紅色澤，花絲和柱頭為鮮紅色，夏季開花。果實為圓柱形紅色大聚合果，長達20公分，成熟時紅色種子懸出。

- **原產地** 日本。
- **環境** 山區森林。
- **註釋** 亦稱為日本厚朴。花的強烈香味是辨別本種樹的簡易線索。在日本，用其大型葉包裹食物。

大型葉在花下輪生

外輪花被片有粉紅色澤

高度 30公尺	樹形 寬柱形	葉持久性 落葉	葉型

科 木蘭科	種 *Magnolia kobus*	命名者 Candolle

日本辛夷 (MAGNOLIA KOBUS)

葉為橢圓形至倒卵圓形，長達15公分，寬9公分，基部漸尖，先端短尖形，上面暗綠色，下面顏色較淡，沿葉脈有毛。樹皮灰色，光滑。花直徑10公分，基部為乳白色或粉紅色，芳香，有像花瓣樣的6枚花被片和如小萼片樣的3枚花被片，初春先於葉開放。果實為圓柱形，粉紅色至紅色聚合果，長10公分，成熟時紅色種子懸出。

- **原產地** 日本、南韓。
- **環境** 山區森林。

極小的外側花被片

光滑葉芽後於花開放

葉基部漸尖

高度 20公尺	樹形 寬錐形	葉持久性 落葉	葉型

科 木蘭科	種 *Magnolia x loebneri*	命名者 Kache

洛氏木蘭 (MAGNOLIA X LOEBNERI)

葉為倒披針形至橢圓形，長可達15公分，光澤的暗綠色至較淡綠色，表面常光滑。樹皮灰色，光滑。花有變異，直立至水平，直徑15公分，白色至粉紅色，有16枚或更多的花被片，和萼片樣的3枚花被片，初春至仲春開花。果實為圓柱形粉紅色聚合果，長達10公分。

• **原產地** 園藝品種。

• **註釋** 日本辛夷(參閱207頁)與像灌木的星木蘭*(Magnolia stellata)*間的雜交樹，首先在德國種植，有許多精選品種將兩親代植物的最佳品質綜合在一起。像星星一樣的花是從名稱貼切的星木蘭*(M. stellata)*繼承來的。

◁ **窄葉洛氏木蘭**
「LEONARD MESSEL」
此種樹的每朵淡紫粉紅色花，約有12枚下垂的花被片。

略展開的花芽
直立生長

大量的窄
花被片

窄葉洛氏木蘭
「LEONARD
MESSEL」

粉紅色芽於開
花時凋謝成白
色

短尖寬葉近
基部漸尖

相對較窄的葉

◁ **白花洛氏木蘭**
「MERRILL」

◁ **白花洛氏木蘭**
「MERRILL」

花開時完全
為白色

花芽包在
絲狀鱗內

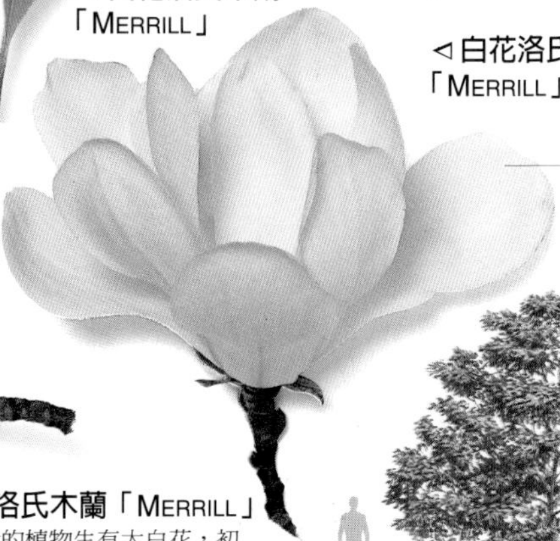

△ **白花洛氏木蘭**「MERRILL」
這種茁壯的植物生有大白花，初期有微弱的粉紅色。每朵花最多有15枚花被片。

高度 10公尺	樹形 寬展開形	葉持久性 落葉	葉型

科 木蘭科	種 *Magnolia macrophylla*	命名者 A. Michaux

大葉木蘭 (MAGNOLIA MACROPHYLLA)

葉極大卻是薄的寬橢圓形至長圓形和卵圓形，
長達60公分以上，寬30公分，基部常呈耳狀，
上面綠色，光滑，下面為藍綠色至藍白色，
有細毛，大葉輪生於堅挺的枝頂。樹皮淡灰色，
光滑。花為極大的寬杯形，直徑30公分，乳白色
至黃色，芳香，有9枚花被片，內側花被片像花
瓣，近基部有紫斑，外側花被片像萼片，直立，
初夏至仲夏隨葉生於枝頂。果實為圓形，
粉紅色的聚合果，長7.5公分，
成熟時紅色種子懸出。

• **原產地** 美國東南部。
• **環境** 潮濕密林。
• **註釋** 此種樹有巨大
的葉和花，是溫帶野生
的所有落葉樹中的
最大者。

大葉很明顯

外側花被片
有綠色紋

灰色幼枝有
軟毛

藍綠色下面有
堅挺的中脈

葉基部有孿生耳

高度 15公尺	樹形 寬柱形	葉持久性 落葉	葉型

科 木蘭科	種 *Magnolia officinalis*	命名者 Rehder & Wilson

厚朴 (MAGNOLIA OFFICINALIS)

葉為倒卵圓形，長達45公分，寬20公分，
基部漸尖，先端圓形至短尖形，上面呈淡綠色，
光滑，下面為白色，幼時有軟毛，輪生於枝頂。
樹皮淡灰色，光滑。花為杯形至淺碟形，
直徑15公分，乳白色，芳香，雄蕊具有紅色花絲，
晚春至初夏生於枝頂。果實為長圓形的
粉紅色聚合果，長達15公分，
紅色種子從中生出並懸於外。

• **原產地** 中國中部。

• **環境** 現僅知栽培品種。

• **註釋** 這裏所示的變種，凹葉厚朴(var. biloba)，
其不同點在葉先端有大凹缺。樹皮用於製藥。
從樹上剝皮因而將樹害死的做法，
可能會消滅野生品種。

大型果實在
秋季發育

△ 凹葉厚朴 VAR. *BILOBA*

凹葉厚朴 VAR. *BILOBA* ▷

花立即凋謝

大葉輪生於
花的周圍

波形葉緣

高度 20公尺	樹形 寬柱形	葉持久性 落葉	葉型

科 木蘭科	種 *Magnolia x soulangeana*	命名者 Soulange－Bodin

二喬木蘭 (MAGNOLIA X SOULANGEANA)

葉為橢圓形至倒卵形，長20公分，寬12公分，基部漸
尖，先端常為圓形，有短的尖端，上面為暗綠色，
近於光滑，下面顏色較淡，有細毛。樹皮灰色，光
滑。花有變異，從高腳杯形至杯形或淺碟形，直徑
25公分，常有9枚花被片，白色至粉紅色或深紫粉
紅色，春季至初夏開放，時間從葉開放之前到之
後。果實為聚合果，圓柱形，長達10公分，綠
色，成熟時為粉紅色。

• **原產地** 園藝品種。

• **註釋** 這是*Magnolia denudata*(裸露
木蘭)與*Magnolia liliiflora*(百合木蘭)
之間的雜交種。

葉先端鈍、
有短的尖端

內側花被片略寬

葉漸尖，
形成窄基部

3枚較小的
外側花被片

花被片基部泛
深粉紅色，至
先端褪成淡色
條紋

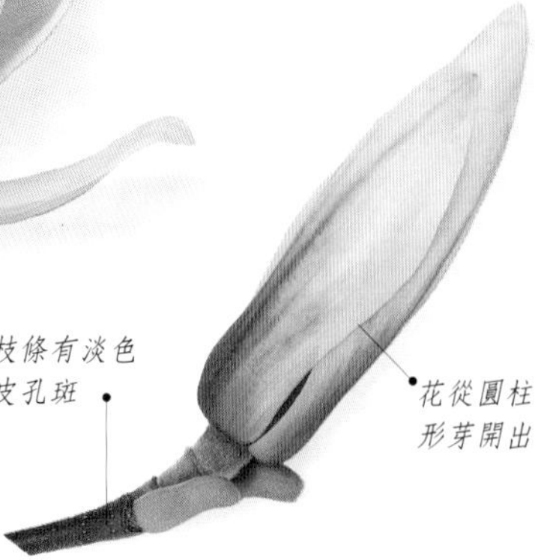

枝條有淡色
皮孔斑

花從圓柱
形芽開出

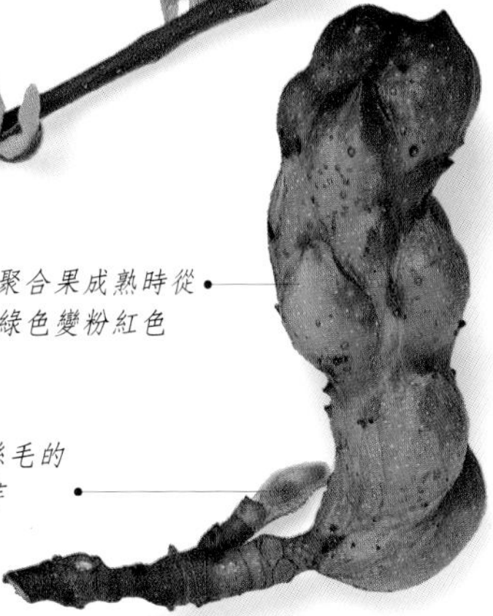

聚合果成熟時從
綠色變粉紅色

有絲毛的
花芽

高度 9公尺	樹形 寬展開形	葉持久性 落葉	葉型 🌿

科 木蘭科	種 *Magnolia x soulangeana*	命名者 Soulange－Bodin

▽長花二喬木蘭
「BROZZONII」
此錐型樹有大型白色花，基部泛出微弱粉紅色。直徑達25公分，可從仲春到初夏長時期開花。

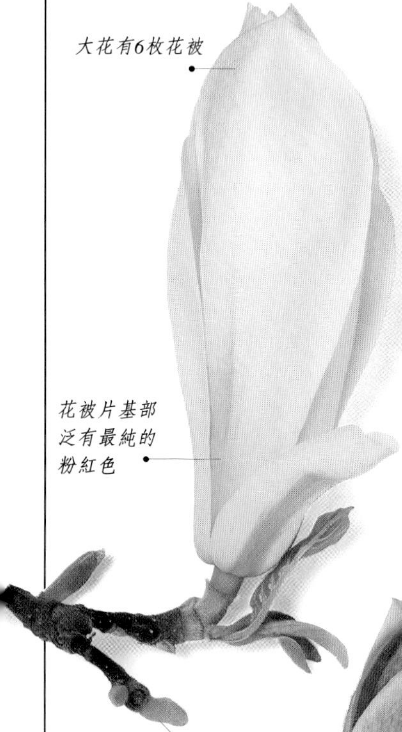

大花有6枚花被

花被片中心為深紫粉紅色

花被片邊緣近於白色

窄花芽後來開得更寬

花被片基部泛有最純的粉紅色

△紫花二喬木蘭
「PICTURE」
此種樹的花有濃紫粉紅色斑紋。樹型趨於緊湊和直立，而不是寬展開形。

花被片顏色濃

絲狀的芽鱗片包住新葉

酒杯形花從寬芽開放

寬葉二喬木蘭▷
「RUSTICA PUBRA」
此種樹有大型酒杯狀花。花被片外表呈深淺不同的深紫粉紅色，以基部為最。至先端顏色褪成乳白泛粉紅色。

第一批花先於葉開放

高度 9公尺	樹形 寬展開形	葉持久性 落葉	葉型

科 木蘭科	種 *Magnolia salicifolia*	命名者 (Sieb. & Zucc.) Maximowicz

柳葉木蘭 (MAGNOLIA SALICIFOLIA)

葉為卵形至披針形或橢圓形，長達15公分，寬6公分，上面暗綠色，下面藍綠色，光滑，破碎時有芳香。樹皮灰色，擦傷時有檸檬味。花常保持水平，直徑達13公分，白色，芳香，花被片6枚，內3片像花瓣，外3片較小，像萼片，初春先於葉開放。果實為圓柱形粉紅色聚合果，長7.5公分。

黃色雄蕊

暗綠色
成熟葉

幼葉為紅色

葉芽

- **原產地** 日本。
- **環境** 山區櫟樹和山毛櫸林。

高度 10公尺	樹形 寬錐形	葉持久性 落葉	葉型

科 木蘭科	種 *Magnolia tripetala*	命名者 Linnaeus

三瓣木蘭 (UMBRELLA TREE)

葉為倒卵形至橢圓形，長達50公分，寬20公分，基部尖，先端尖形，上面為暗綠色，下面灰綠色有毛，大葉輪生於枝頂。樹皮淡灰色，光滑。花的直徑20公分，乳白色，有刺鼻香味，12枚展開的窄花被片，外側3片是首先從枝頂上引人注目的較細長的花芽開放，晚春至初夏與幼葉同時開放。果實為圓柱形至圓錐形的粉紅色聚合果，長達10公分。

3枚外側花被片先開放

緊貼的內側花被片，有時開得更寬闊

- **原產地** 美國東部。
- **環境** 密林。
- **註釋** 學名含義為「3瓣」，似乎不恰當，可能是指3片像花萼的外側花被片。強烈的花香味對有些人來說是一種不愉快的氣味。

高度 12公尺	樹形 寬展開形	葉持久性 落葉	葉型

科 木蘭科	種 *Magnolia x veitchii*	命名者 Bean

維奇氏木蘭
(MAGNOLIA X VEITCHII)

葉為倒卵形至長圓形，長達30公
分，寬15公分，先端短尖，上面初
期為青銅紫色，後變暗綠色，光
滑，下面沿脈有毛。樹皮灰色，光
滑。花為瓶狀，長達15公分，白色
至粉紅色，芳香，有9枚花被片，仲
春常先於葉開放。果實為圓柱形聚
合果，長達10公分，粉綠色，
成熟時為紫褐色。

• **原產地** 園藝品種。

• **註釋** 這是常呈灌木狀的裸露木蘭
(Magnolia denudata) 與滇藏木蘭
(參閱203頁)之間若干雜交種之一。
這些強壯的樹，其大的外形歸功於後
一種親代植物，該樹在野外可長到
30公尺。這些樹壯觀、誘人，
常生出大量的花和美麗的幼葉。

內、外側
花被片均直立

△ **伊卡維奇氏木蘭**
「ISCA」
此栽培品種於仲春開
花。

光彩幼葉
有青銅色
色澤

花基部泛
有微弱粉
紅色

泛有紫粉紅色
的白色花遠看
像淡粉紅色

△ **彼得維奇氏木蘭**
「PETER VEITCH」
這種耐寒木蘭成酒杯形，
有柔和的粉紅色。花於仲
春先於葉開放，幼樹也能
開花。

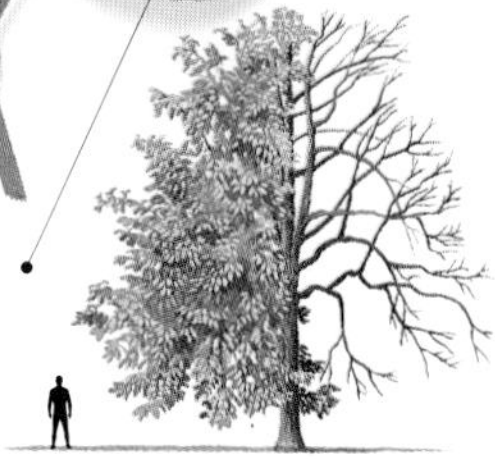

成熟葉的上面為
暗綠色，光滑

成熟葉的上面為
暗綠色，光滑

高度 30公尺	樹形 寬柱形	葉持久性 落葉	葉型

科 木蘭科	種 *Magnolia*「Wada's Memory」	命名者 無

瓦達木蘭 (MAGNOLIA「WADA'S MEMORY」)

葉為倒卵形至窄卵形,長達17.5公分,基部漸尖,先端為鈍尖形,葉幼時上面為紅紫色,後變暗綠色有光澤,下面為藍綠色,兩面光滑。樹皮灰色,光滑。花保持水平狀,直徑15公分,乳白色,後來變白色,芳香,花被片很快脫落,花從有氈毛的花芽開放。果實為圓柱形的粉紅色至紅色聚合果,長達10公分,不常結果。

• **原產地** 園藝品種。

• **註釋** 可能是日本辛夷(參閱207頁)與柳葉木蘭(參閱213頁)間的雜交種,產於日本;以日本護士Koichiro Wada命名。

花芽開放時花被片立即倒下

花基部的被片明顯較小

紅紫色幼葉

絲狀鱗片包住花芽

幼葉在第一批花開後生出

葉成熟時為橄欖綠色

高度 9公尺	樹形 寬錐形	葉持久性 落葉	葉型

錦葵科

錦葵科有100多屬、1,500多種植物，除極冷地區外，遍及世界各地。這些植物有常綠喬木和灌木，也有草本植物。互生葉有掌狀淺裂。花從美麗的大型花到極小型花皆有。

科 錦葵科	種 *Hoheria glabrata*	命名者 Sprague & Summerhayes

無毛帶木 (MOUNTAIN RIBBONWOOD)

葉為卵圓形，長10公分，寬5公分，基部心形，邊緣有齒，上面暗綠色，兩面光滑，秋季變黃色。樹皮灰色，光滑。花直徑4公分，白色，花瓣有5枚，花藥黃色，夏季叢生於葉腋。果實小，褐色。

- **原產地** 紐西蘭。
- **環境** 森林和灌木地。

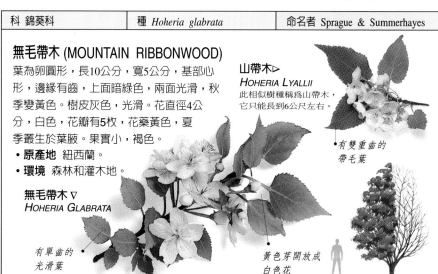

山帶木▷
HOHERIA LYALLII
此相似樹種稱為山帶木，它只能長到6公尺左右。

有雙重齒的帶毛葉

無毛帶木▽
HOHERIA GLABRATA

有單齒的光滑葉

黃色芽開放成白色花

高度 10公尺	樹形 寬錐形	葉持久性 落葉	葉型

科 錦葵科	種 *Hoheria sexstylosa*	命名者 Colenso

六柱帶木 (LACEBARK)

葉為披針形，長達15公分，寬5公分，基部窄，先端漸尖，邊緣有銳齒，上面暗綠色有光澤，下面顏色較淡，兩面光滑。樹皮灰色，光滑。花直徑2公分，白色，花瓣有5枚，晚夏腋形成小花序。果實小，褐色。

- **原產地** 紐西蘭。
- **環境** 森林。
- **註釋** 在幼小階段為灌木，葉緣有更深的齒，甚至有淺裂。

葉緣有銳齒

小星形花

紫色的花柱

叢生花

高度 8公尺	樹形 窄錐形	葉持久性 常綠	葉型

楝科

出現在東亞溫帶地區的這一科，主要屬於熱帶和亞熱帶植物，包括約50屬和近600種植物。這些常綠和落葉喬木和灌木的葉，最常見的是羽狀葉和互生葉。花一般較小，常形成大型花序。果實為木質蒴果。屬於本科的許多種樹都因其木材而有重要的商業價值，例如：有幾種樹能生產硬木、桃花心木。

科 楝科	種 *Toona sinensis*	命名者 (Jussieu) Roemer

香椿 (TOONA SINENSIS)

葉為羽狀，長達60公分，最多有26枚長圓和披針形、漸尖小葉，邊緣有相隔很遠的齒，小葉長達15公分，無頂端小葉，青銅色至粉紅色，幼時有茸毛，後來變暗綠色，光滑，秋季有黃色色澤，有洋蔥味。樹皮褐色，有長條形剝落。花小，白色，芳香，成大型的下垂圓錐花序，長30公分，仲夏從枝頂生出。果實為木質褐色蒴果，長3公分。

- **原產地** 中國。
- **環境** 森林。
- **註釋** 亦稱為中國洋椿。

有時沒有頂端小葉

小葉邊緣有極小齒

老樹上的皮剝成長條

最小的小葉在葉基部

高度 20公尺	樹形 寬柱形	葉持久性 落葉	葉型

桑科

這 一大科包括無花果樹(參閱219頁)和桑樹(參閱220頁)。它有50屬約1,200種落葉和常綠喬木、灌木和攀緣植物,及草本植物,分佈在世界各地。葉為互生和單葉,偶然有淺裂。雄、雌花單性,花序小。

科 桑科	種 *Broussonetia papyrifera*	命名者 (Linnaeus) Ventenat

構樹 (PAPER MULBERRY)

葉為卵形至寬卵形,長達20公分,寬15公分,有時有淺裂,邊緣有粗齒,初期為紫色,後變無光澤的暗綠色,上面有粗毛,下面生柔毛。樹皮灰褐色,有淺裂縫。花為雌雄異株,晚春至初夏開花,雌、雄花皆小,雄花為白色,成堅挺的下垂柔荑花序;雌花為綠色,有細長、突出的紫色柱頭,形成密集的圓頭狀花序。果實為紅色,從圓形的聚花果突出,直徑2公分。

- **原產地** 中國、日本。
- **環境** 日照的肥沃地區。
- **註釋** 日本慣用此樹皮造紙。

雄花形成堅挺的下垂柔荑花序

葉下面有柔毛

紅色成熟的果實從圓形聚合果中露出

雌花有紫色柱頭

有紫色色澤的幼葉

葉可能是深裂

葉上表面粗糙

高度 15公尺	樹形 寬展開形	葉持久性 落葉	葉型

科 桑科	種 *Ficus carica*	命名者 Linnaeus

無花果 (COMMON FIG)

葉為圓形外廓，長、寬達30公分，3至5個深裂，基部為心形，邊緣有齒，上面為綠色有光澤，兩面皆粗糙有毛，秋季變黃色。樹皮灰色，光滑。花為雌雄同株，晚春開花，雄、雌花皆極小，生在肉質、綠色的花托內部，外表不明顯。果實有大量小種子生在花托之內，全部為綠色，成熟時為褐色或紫色，長成可食的無花果。

- **原產地** 亞洲西南部。
- **環境** 閣葉樹林。
- **註釋** 本種樹在地中海一帶普遍移植。

岩石地帶，包括古城牆在內，對它的生長很有利。這種植物由雌黃蜂授精，雌黃蜂從它們的樹上採花粉，然後傳到牠們產卵的樹上。大部分栽培的植物產果而不傳粉。

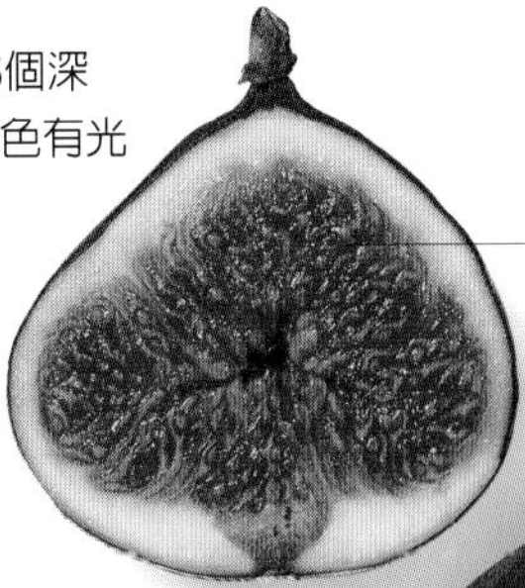

肉質花托含有許多種子

有些樹種的果實成熟時為紫色

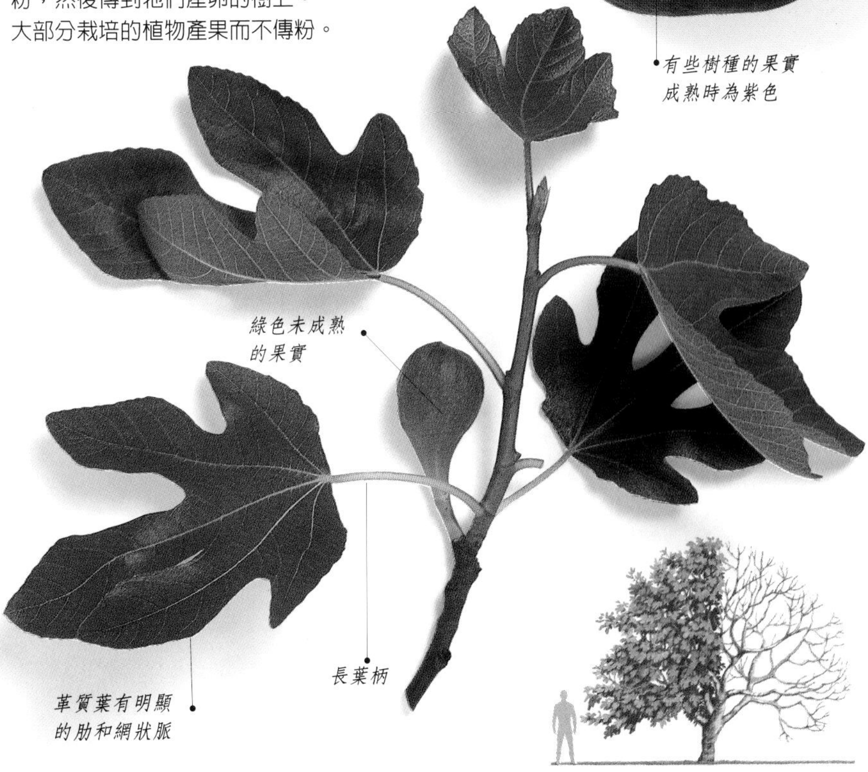

綠色未成熟的果實

長葉柄

革質葉有明顯的肋和網狀脈

高度 10公尺	樹形 寬展開形	葉持久性 落葉	葉型

科 桑科	種 *Maclura pomifera*	命名者 (Rafinesque) Schneider

桑橙 (OSAGE ORANGE)

葉為卵形，長達10公分，寬5公分，全緣，上面鮮綠色有光澤，秋季變黃色。樹皮橙褐色，有裂縫。雌雄花皆小，黃綠色，雌雄異株，初夏開花，花序長1公分。果實為起皺的黃綠色聚花果，直徑達10公分。

- **原產地** 美國中部和南部。
- **環境** 潮濕沃土。

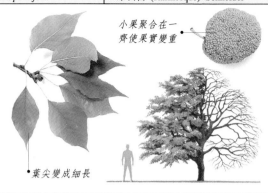

小果聚合在一齊使果實變重

葉尖變成細長

高度 15公尺	樹形 寬展開形	葉持久性 落葉	葉型

科 桑科	種 *Morus alba*	命名者 Linnaeus

桑 (WHETE MULBERRY)

葉為卵形至圓形，長達20公分，寬12公分，全緣，上面鮮綠色，秋季變黃色。樹皮橙褐色。花為雌雄同株或異株，初夏開花，雌雄花皆綠色，花序長1公分。果實白色至粉紅或紅色聚花果，長達2.5公分。

- **原產地** 中國北部。
- **環境** 山坡。

帶柄、可食的聚花果

心形葉基部

葉面光滑

高度 15公尺	樹形 寬展開形	葉持久性 落葉	葉型

科 桑科	種 *Morus nigra*	命名者 Linnaeus

黑桑 (BLACK MULBERRY)

葉為卵形，長達15公分，寬12公分，基部心形，邊緣有齒，上面綠色，下面有毛。樹皮橙褐色，雌雄花皆小，綠色，雌雄同株或異株，初夏開花。果實為暗紅色的聚花果。

- **原產地** 遠東。
- **環境** 不詳。
- **註釋** 大批栽培樹種使本種的原生狀態不明。

有粗毛的葉

雄花

有裸柄的可食性聚花果

高度 10公尺	樹形 寬展開形	葉持久性 落葉	葉型

桃金孃科

這一大科在南半球分佈最廣。盡管它已傳入北半球溫帶地區,但在北美卻無其野生植物,它在歐洲的代表只有桃金孃(*Myrtus communis*)。本科有近4,000種共100多屬的喬木和灌木,一般為常綠,芳香。葉對生。花有4或5片花瓣和大量的雄蕊。在桉樹種植物中,花瓣在花上方形成一個帽,開花時脫落。

科 桃金孃科	種 *Callistemon species*	命名者 無

瓶刷子樹屬 (CALLISTEMONS)

瓶刷子樹屬植物全部野生於澳洲,常可發現它們生長於潮濕產地。雖然大部分是灌木,但有些可形成小型喬木,高達10公尺,例如 *C. salignus* 和 *C. viminalis*。這些常綠植物有窄而尖的葉,幼時的葉為青銅色或紅色。花有很小的花瓣,但其大量的長雄蕊,從莖周圍輻射而出,顏色從乳白色或黃色到紅色、粉紅色或紫色,形成密集的穗狀花序,使叢生花具獨特外觀。

幼枝從花序端部伸出

紅色雄蕊使花序鮮豔奪目

木質果叢生於枝上

△ 瓶刷子樹
「CALLISTEMON SUBULATUS」
這種野生於澳洲東南部的植物,有細長而尖的葉,幼時有絲毛。具有大量深紅色的雄蕊,其大型花序於夏季開放。

長的綠色雄蕊尖端有鮮黃色花藥

窄而尖的葉

△ 黃花瓶刷子樹
「CALLISTEMON VIRIDIFLORUS」
這種綠色瓶刷子樹屬植物野生於塔斯馬尼亞,可在山區潮濕地帶發現。花頭部由密集叢生的淡黃綠色雄蕊組成。它們生長在夏季的各月中。

高度 10公尺	樹形 寬柱形	葉持久性 常綠	葉型

科 桃金孃科	種 *Eucalyptus coccifera*	命名者 J.D. Hooker

漿果桉 (MOUNT WELLINGTON PEPPERMINT)

幼葉為圓形，常有白霜，無柄。成葉為披
針形，長達5公分，寬2公分，先端有鉤，
兩面皆為綠色至藍綠色，光滑，有芳香，
生在常有白霜的枝上。樹皮灰色和白色，
光滑，剝落成長條形，新露出的部分為
乳白色。花為白色，有大量的雄蕊，
早春每3至7朵花叢生於葉腋。
果實像一倒置的氈果，
小，木質，長1公分。
- **原產地** 澳洲塔斯馬尼亞。
- **環境** 山區。
- **註釋** 亦稱為塔斯馬尼亞雪桉。
幼葉對生，成葉互生，樹常同時有
這兩個階段的葉。在成樹上，
幼葉生在從樹幹基部長出的枝上。

3至7朵
花叢生一起

木質果的
頂部扁平

高度 25公尺	樹形 寬展開形	葉持久性 常綠	葉型

科 桃金孃科	種 *Eucalyptus cordata*	命名者 Labillardière

心葉桉 (SILVER GUM)

葉為圓形至卵圓形，長達10公分，
寬6公分，邊緣有圓形淺齒，兩面皆為
藍灰色，有白霜，極芳香，緊貼於具
白霜的方形枝條上。樹皮光滑，白色，
具灰色和綠色斑，有長帶狀的剝落。
花為乳白色，有大量的雄蕊，每3朵花叢
生於葉腋，冬季從扁平的公共花柄
具有白霜的芽上開放。果實為半球形
小型蒴果，帶白霜，長1公分。
- **原產地** 澳洲塔斯馬尼亞。
- **環境** 山區森林。
- **註釋** 幼葉與成葉相似，
成熟時葉的形狀和型式不變，
不像其他種類的桉樹那樣。

3花芽叢生
一起

葉在基部
相互疊蓋

四稜形枝條

有白霜的極
小果實

高度 15公尺	樹形 寬柱形	葉持久性 常綠	葉型

科 桃金孃科	種 *Eucalyptus dalrympleana*	命名者 Maiden

山桉 (MOUNTAIN GUM)

幼葉為圓形，無柄，成葉為披針形，
長達17.5公分，寬3公分，先端成細尖形，
幼葉兩面皆為青銅色，後來變藍綠色，光滑。
樹皮灰褐色，光滑，有大薄片形剝落；
新露出的部分為乳黃色。花為白色，
有大量的雄蕊，晚夏每3朵花叢
生於葉腋。果實為半球形的小型木質果。

- **原產地** 澳洲塔斯馬尼亞。
- **環境** 山坡。
- **註釋** 幼葉對生，成葉
互生。樹的這兩個階段
常同時存在。

幼葉

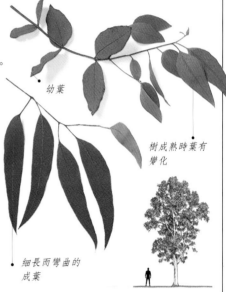

樹成熟時葉有
變化

剝落的樹皮露出
乳黃色的下層

細長而彎曲的
成葉

高度 30公尺	樹形 寬柱形	葉持久性 常綠	葉型

科 桃金孃科	種 *Eucalyptus gunnii*	命名者 J.D. Hooker

蘋果桉 (CIDER GUM)

幼葉為圓形，無柄，長4公分，灰藍色，
成葉為卵圓形至披針形，長10公分，
寬4公分，葉兩面皆為銀色，後來變灰綠色，
光滑。樹皮灰、綠或橙色，底部粗糙，
有大斑片剝落；新露出的部分為乳黃色。
花為白色，有大量的雄蕊，
春末至夏季每3朵花叢生於葉
腋。果實為杯形，綠色或
有白霜，長5公厘。

- **原產地** 澳洲
塔斯馬尼亞。
- **環境** 高山森林。
- **註釋** 幼葉對生，
成葉互生。這兩個
階段常同時存在。

銀灰藍色的幼葉

圓形幼葉

杯形果實

樹皮剝落
成大斑片

成葉為長、尖形

高度 25公尺	樹形 寬柱形	葉持久性 常綠	葉型

科 桃金孃科	種 *Eucalyptus pauciflora*	命名者 Siebold ex Sprengel

雪花桉 (SNOW GUM)

幼葉為卵圓形至圓形，長達6公分，革質，
灰色；成葉為披針形，長達15公分，
寬4公分，常彎曲，綠色有光澤，光滑。
樹皮灰色和白色，剝落成大斑片。
花為白色，有大量雄蕊，夏季叢生於
葉腋。果實為圓形，木質，長6公厘。
• **原產地** 澳洲東南部及塔斯馬尼亞。
• **環境** 從海平面到森林邊界。

最多有12朵
花叢生

◁ 雪花桉

成葉生在
紅枝上

◁ 高山雪花桉
SUBSP. NIPHOPHILA

◁ 高山雪花桉
SUBSP. NIPHOPHILA
這種高山型植物
常為灌木。

高度 15公尺	樹形 寬展開形	葉持久性 常綠	葉型

科 桃金孃科	種 *Eucalyptus perriniana*	命名者 Mueller ex Rodway

自旋桉 (SPINNING GUM)

幼葉為藍灰色，連於基部，在枝條周圍形成
圓盤狀，成葉為披針形，長達12公分，
寬2.5公分，幼時兩面常為紫色，後來變
深藍綠色，光滑，懸垂。樹皮灰色和褐色，
有剝落。花為白色，有大量的雄蕊，
晚夏叢生於葉腋。果實小型，長5公厘。
• **原產地** 澳洲東南部及塔斯馬尼亞。
• **環境** 山區潮濕土地。

成葉漸尖至先
端成細尖

極小的杯
形木質果

幼葉連於基部

凋謝的幼葉
形成自旋葉片

3朵微小的花
形成一束

高度 7公尺	樹形 寬展開形	葉持久性 常綠	葉型

科 桃金孃科	種 *Eucalyptus urnigera*	命名者 J.D. Hooker

果桉 (URN GUM)

幼葉為圓形,長達5公分,有藍白色霜,
成葉為卵圓形至披針形,長達12公分,
寬5公分,兩面皆為綠色至藍綠色,
有光澤。樹皮灰色至乳白色或橙黃色,
有長帶形縱向剝落。花為白色,
有大量的雄蕊,春季每3朵一束生
於葉腋。果實為甕形,長6公厘,
邊緣以下明顯縮小。

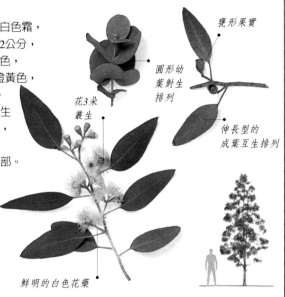

甕形果實

圓形幼葉對生排列

花3朵叢生

伸長型的成葉互生排列

鮮明的白色花藥

- **原產地** 澳洲塔斯馬尼亞東南部。
- **環境** 山區的岩石山坡。
- **註釋** 幼葉對生,成葉互生。
這兩階段常在同時存在。
與蘋果桉(參閱223頁)相似,
本種樹可用其果實來鑑別。

高度 12公尺	樹形 寬柱形	葉持久性 常綠	葉型

科 桃金孃科	種 *Myrtus luma*	命名者 Molina

番櫻桃 (MYRTUS LUMA)

葉為寬橢圓形,長達2.5公分,尖端短,全緣,
幼葉上面為青銅紫色,後變有光澤的暗綠色,
下面顏色較淡,芳香。樹皮鮮黃棕橙色,
有斑片剝落;新露出時近白色。花直徑2公分,
白色,4枚花瓣,有大量雄蕊和黃色花藥,
晚夏至秋季單生於幼枝葉腋。果實為圓形,
肉質,紅色,成熟時為紫黑色。

4瓣的花有大量花藥

葉尖成細尖端

葉對生排列

- **原產地** 阿根廷、智利。
- **環境** 森林。
- **註釋** 亦稱為尖葉木(*Luma apiculata*),
細尖番櫻桃(*Myrtus apiculata*)。

幼葉有青銅色澤

高度 12公尺	樹形 寬展開形	葉持久性 常綠	葉型

藍果樹科

藍果樹科的3屬7種植物野生於北美和東亞。最著名的屬是藍果樹屬(Nyssa)，其所屬各種樹皆有鮮豔的秋色。葉互生，小花無花瓣，但珙桐(Davidia involucrata)有鮮明苞片。

科 藍果樹科	種 *Davidia involucrata*	命名者 Baillon

空桐樹，珙桐 (DOVE TREE)

葉為心形，長達15公分，寬12公分，先端為細長尖形，邊緣有銳齒，上面為鮮綠色，下面有密生毛。樹皮橙褐色，有縱向的小片剝落。單個小花，形成直徑為2公分的圓形頭狀花序，有鮮明的紫色花藥，被2枚大小不等的白色苞片包圍，大苞片長達20公分，晚春隨葉開放。果實為圓形，直徑2.5公分，綠色，成熟時變褐色。

- **原產地** 中國。
- **環境** 潮濕山林。

平脈珙桐 ▷
VAR. *VILMORINIANA*
此變種樹的葉下面光滑。

葉緣上的銳齒

◁ 空桐樹

白色苞片包圍花序

紫色花藥

葉下面有軟毛

高度 20公尺	樹形 寬錐形	葉持久性 落葉	葉型

科 藍果樹科	種 *Nyssa sinensis*	命名者 Oliver

藍果樹 (NYSSA SINENSIS)

葉為長圓形至披針形，長20公分，寬6公分，全緣，幼葉上面為紅色，後變深綠色，葉下面顏色較淡，秋季變紅、橙和黃色。樹皮灰褐色，隨年齡增長而有裂縫和剝落。花為雌雄同株，兩性花極小，綠色，花瓣有5枚，夏季分別叢生於葉腋，花柄長。果實為藍色漿果，長1公分。

- **原產地** 中國中部。
- **環境** 山林和河岸。
- **註釋** 與多花藍果樹(參閱227頁)有近緣關係。

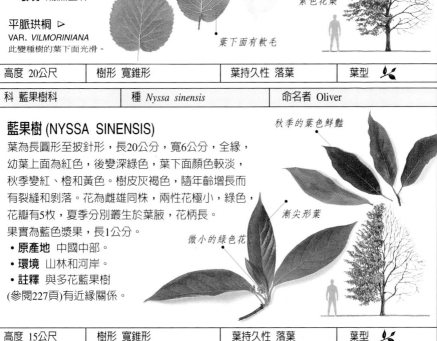

秋季的葉色鮮豔

漸尖形葉

微小的綠色花

高度 15公尺	樹形 寬錐形	葉持久性 落葉	葉型

科 藍果樹科	種 *Nyssa sylvatica*	命名者 Marshall

多花藍果樹 (TUPELO)

葉有變異，從卵圓至橢圓形或倒卵圓形，
長15公分，寬7.5公分，先端尖，全緣，
上面為暗綠色有光澤，下面藍綠色，
秋季變成黃色到橙、紅或紫色。
樹皮暗灰色，有縱向脊，並裂成方片。
花為雌雄同株，夏季開花，極小，
綠色，花瓣有5枚，常分別叢生
於葉腋，花柄長。果實為藍色漿果，
長約1公分。

- **原產地** 北美東部。
- **環境** 潮濕森林和沼澤。
- **註釋** 亦稱為黑桉、
Pepperidge、酸桉。

微小的
綠色花

秋季葉色變
橙色和紅色

高度 25公尺	樹形 寬柱形	葉持久性 落葉	葉型

木犀科

這 是一個分佈廣泛的科，約
有25屬1,000種落葉和常
綠喬木、灌木和攀緣植物。它們
的葉對生，有時為複葉。小花或
為相互連接的4枚花瓣，或無花
瓣。

科 木犀科	種 *Chionanthus retusus*	命名者 Lindley

流蘇樹 (CHINESE FRINGE TREE)

葉為橢圓形至卵圓形或倒卵圓形，長達10公分，
寬5公分，先端鈍尖或有凹痕，邊緣有細齒或
無齒，上面為綠色有光澤，下面顏色較淡，
有茸毛。樹皮灰褐色，木栓質，有深裂
縫。花為雌雄異株，長2公分，白色，
有4片條形花瓣，夏季直立的圓錐花
序生於幼枝頂。果實為卵形，
深藍色漿果，長1.5公分。

- **原產地** 中國，日本。
- **環境** 森林和峭壁、
有日照的潮濕地帶。

葉可能有細齒

每朵花有4枚
細長白色花瓣

高度 10公尺	樹形 寬展開形	葉持久性 落葉	葉型

科 木犀科	種 *Chionanthus virginicus*	命名者 Linnaeus

美國流蘇樹 (FRINGE TREE)

葉為橢圓形，長達20公分，寬10公分，先端成短
尖形，全緣，上面為綠色有光澤，秋季變黃色。
樹皮灰色，光滑，隨年齡增長出現裂
縫。花為雌雄異株，夏季開花，
雄、雌花皆長3公分，白色，芳
香，有細長條形的花瓣4至6枚，
細長的花柄下垂，成直立圓錐花
序，雄圓錐花序長達20公分，
雌花序略短。果實為卵形，具白霜，
深藍色漿果，長2公分。
* **原產地** 美國東部。
* **環境** 潮濕森林及河岸。
* **註釋** 亦稱為老人鬍鬚。
此種樹既可能是灌木，
也可能是小型喬木。

漸尖形葉

葉全緣

花有4至6枚花瓣

高度 10公尺	樹形 寬展開形	葉持久性 落葉	葉型

科 木犀科	種 *Fraxinus americana*	命名者 Linnaeus

美國白臘樹 (WHITE ASH)

葉為羽狀，長35公分，有5至9枚卵圓形
至披針形小葉，邊緣有稀齒，小葉長12公分，寬
7.5公分，橫向小葉生在短柄上，葉
上面暗綠色，下面藍綠色到綠色，
光滑或有稀毛，秋季常變為黃色或有時
變為紫色；冬季葉芽為暗褐色或近於黑
色。樹皮灰褐色，有窄而交錯的凸脊。
花為雌雄異株，兩性花皆極小，綠色或紫色，
無花瓣，春季先於幼葉開放，叢生。
果實為翅果，長5公分，綠色，成熟時為
淡褐色，端部有扁平翅，果序下垂。
* **原產地** 北美東部。
* **環境** 密林。
* **註釋** 此種樹可生產紋理緊密
且耐久的木材，習慣用做工具柄。

小葉邊緣
有稀齒

高度 30公尺	樹形 寬柱形	葉持久性 落葉	葉型

科 木犀科	種 *Fraxinus angustifolia*	命名者 Vahl

窄葉白臘樹 (NARROW－LEAVED ASH)

葉為羽狀，長達25公分，具7至13枚披針形小
葉，長達7.5公分，寬2公分，先端細長，
邊緣有銳齒，上面為鮮綠色有光澤，光滑，
橫向小葉無柄，冬芽為暗褐
色。樹皮灰褐色，有突出脊。
花極小，綠色或紫色，無花
瓣，春季先於葉開放，叢生。
果實端部有扁平翅，
長達4公分，綠色，成熟
時變淡褐色，果序下垂。
• **原產地** 非洲北部、
歐洲西南部。
• **環境** 森林及河岸。

小葉邊緣有銳齒

小葉先端
成細尖形

葉為3片一組

高度 25公尺	樹形 寬柱形	葉持久性 落葉	葉型

科 木犀科	種 *Fraxinus excelsior*	命名者 Linnaeus

歐洲白臘樹 (COMMON ASH)

葉為羽狀，長30公分，有9至13枚長圓形
和卵圓形至披針形小葉，長10公
分，寬3公分，漸尖，邊緣有銳
齒，上面為暗綠色，橫向小葉有
短柄。樹皮淡灰色，光滑，
隨年齡增長而出現裂縫。花為
雌雄同株或異株，極小，
紫色，無花瓣，春季先於葉從近黑色
的花芽開放。果實端部有扁平翅，
長達4公分，綠色，成熟時變為
淡褐色，果序下垂。
• **原產地** 歐洲。
• **環境** 潮濕森林、
河岸。

小葉下面的
中脈有白毛

歐洲白臘樹

翅果成大型
密集果序下垂

◁ **黃枝歐洲白臘樹**
「JASPIDEA」
冬季此變種樹易由堅挺的黃色
枝條辨認，與黑色葉芽相比更
引人注目。

彩色冬枝
和冬芽

高度 40公尺	樹形 寬柱形	葉持久性 落葉	葉型

科 木犀科	種 *Fraxinus ornus*	命名者 Linnaeus

花白臘樹 (MANNA ASH)

葉為羽狀，長20公分或更長，有5至9枚長圓形至卵圓
形小葉，先端漸尖，邊緣有銳齒，小葉長12公分，寬5
公分，唯橫向小葉有柄，葉上面綠色無光澤，
下面顏色較淡，冬季葉芽為暗灰色。樹皮灰色，
光滑。花小，白色，有4枚細長花瓣，芳香，
晚春至初夏形成大的圓錐形絨毛狀花
序，長達20公分。果實為翅果，
長4公分，綠色，成熟時淡褐色，端
部有扁平翅，果序下垂。

- **原產地** 亞洲西南部、歐洲南部。
- **環境** 乾燥、日照山坡上的森林。
- **註釋** 多數的白臘樹
  (Fraxinus)，其花小而
  色淡。本種樹的花序
  則十分豔麗，因而
  英文俗名又為
  flowering ash。

成熟果

暗灰色冬芽

漸尖形小葉

大花序與幼葉
同時開放

高度 20公尺	樹形 寬展開形	葉持久性 落葉	葉型

科 木犀科	種 *Fraxinus pennsylvanica*	命名者 Marshall

綠白臘樹 (GREEN ASH)

葉為羽狀，長達30公分，有5至9枚卵形至
披針形小葉，先端尖，邊緣有銳齒或無齒，
小葉長達12公分，寬5公分，橫向小葉有柄，
葉上面為暗綠色，秋季變黃色，
冬季葉芽有褐色毛。樹皮灰褐色，
有交錯窄脊。花極小，綠或紫色，
無花瓣，春季先於幼葉叢生於異株。
果實為翅果，長達5公分，綠色，
成熟時為淡褐色，端部有扁平翅，
果序下垂。

- **原產地** 北美。
- **環境** 潮濕林地。

小葉可能有
銳齒形葉緣

褐色的冬季葉芽

高度 25公尺	樹形 寬柱形	葉持久性 落葉	葉型

科 木犀科	種 *Ligustrum lucidum*	命名者 Aiton f.

女貞 (LIGUSTRUM LUCIDUM)

葉為卵形，長達10公分，寬5公分，先端成細尖
形，全緣，幼葉上面為青銅色，後變暗綠色
有光澤，下面顏色較暗淡，兩面光滑。
樹皮灰色；花小，白色，芳香，
有4片相連的花瓣，花很茂盛，
成大型直立圓錐花序，長達20公分，
夏末和秋季開花，花期很長。
果實為藍黑色漿果，長1公分。

- **原產地** 中國。
- **環境** 山坡林地和河谷。
- **註釋** 這種樹可長成大型灌木，
也可成小型至中型喬木，是常綠
的女貞樹。開花季節非常長。

叢生的小花

葉下面
為淡色

有光澤的
綠色成熟葉

女貞

黃邊葉女貞 ▷
「EXCELSUM
SUPERBUM」
此種樹的幼葉有青銅色
澤。成熟的葉呈鮮綠
色，葉緣為黃色，後變
乳白色。

▽ **三色葉女貞**
「TRICOLOR」
此種樹的幼葉
泛粉紅色。

高度 12公尺	樹形 寬錐形	葉持久性 常綠	葉型

科 木犀科	種 *Phillyrea latifolia*	命名者 Linnaeus

寬葉菲利 (PHILLYREA LATIFOLIA)

葉為卵形至披針形，長5公分，寬4公分，邊緣有
齒，葉上面為暗綠色而有光澤，下面顏
色較淡，兩面光滑；幼葉的形狀和
大小不一。樹皮淡灰
色，光滑，隨年齡增長而
成暗灰色，並裂成小片。
花極小，綠白色，雄蕊上有
黃色花藥，春末至初夏叢生於
葉腋。果實為小圓形的
藍黑色漿果，直徑1公分。

- **原產地** 歐洲南部。
- **環境** 常綠森林。

黃色花藥使小花
鮮明奪目

暗綠色的
革質葉

高度 10公尺	樹形 寬展開形	葉持久性 常綠	葉型

棕櫚科

棕櫚是獨特的類群，包括200多屬、2,500多種植物，主要分佈在熱帶。在北美，它們的野生植物僅在南部各州；歐洲有兩個野生品種，在地中海西部和克里特島。棕櫚可以是喬木或灌木，也可長成攀緣植物，它們之間的區分方式有幾種。除少數例外，它們都有單一、不分叉的莖，此莖一旦形成，圍長就不再增加。葉子很大，分為兩種：一種為掌狀分裂，例如扇形棕櫚葉(棕櫚屬)；另一種為羽狀裂，例如羽形棕櫚葉(刺葵屬)。小花有萼片和花瓣各3枚，生在大型花序中，有時為雌雄異株。

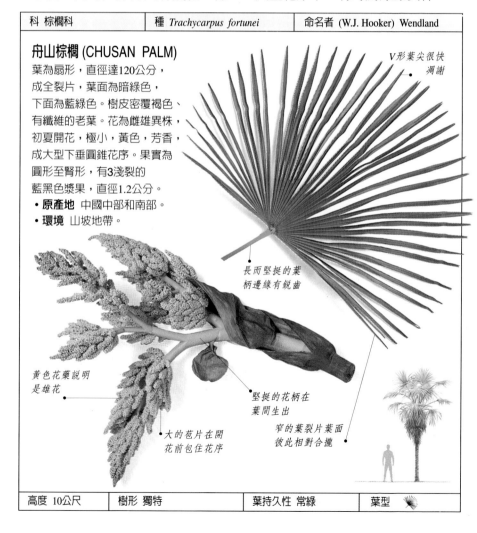

科 棕櫚科	種 *Trachycarpus fortunei*	命名者 (W.J. Hooker) Wendland

舟山棕櫚 (CHUSAN PALM)

葉為扇形，直徑達120公分，成全裂片，葉面為暗綠色，下面為藍綠色。樹皮密覆褐色、有纖維的老葉。花為雌雄異株，初夏開花，極小，黃色，芳香，成大型下垂圓錐花序。果實為圓形至腎形，有3淺裂的藍黑色漿果，直徑1.2公分。

- **原產地** 中國中部和南部。
- **環境** 山坡地帶。

V形葉尖很快凋謝

長而堅挺的葉柄邊緣有銳齒

黃色花藥說明是雄花

堅挺的花柄在葉間生出

大的苞片在開花前包住花序

窄的葉裂片葉面彼此相對合攏

高度 10公尺	樹形 獨特	葉持久性 常綠	葉型

海桐科

本科有9屬、200多種常綠喬木、灌木和攀緣植物，野生於熱帶地區，尤以澳洲爲最。

葉子對生，大部分爲全緣。呈管狀有5裂片的小花發育成乾果或肉質果。

科 海桐科	種 *Pittosporum tenuifolium*	命名者 Gaertner

細葉海桐 (PITTOSPORUM TENUIFOLIUM)

葉爲長圓形至橢圓形，長達6公分，寬2公分，邊緣波形，淡綠色葉帶有光澤，生於深紫黑色的枝上。樹皮暗灰色，光滑。花小型、管狀，長1公分，白色，有5片反折的深紅紫色裂片和黃色花藥，芳香味極強，春末單生或叢生於葉腋。果實爲圓形蒴果，直徑1.2公分，綠色，成熟時接近黑色。

• **原產地** 紐西蘭。

• **環境** 從海岸線到山地之不同高度的森林。

波形邊緣的葉有光澤

5裂片的紅紫色花有黃色花藥

△ 細葉海桐

黃綠細葉海桐 ▷
「ABBOTSBURY GOLD」
這種樹葉具黃綠色斑，在幼葉時最明顯。

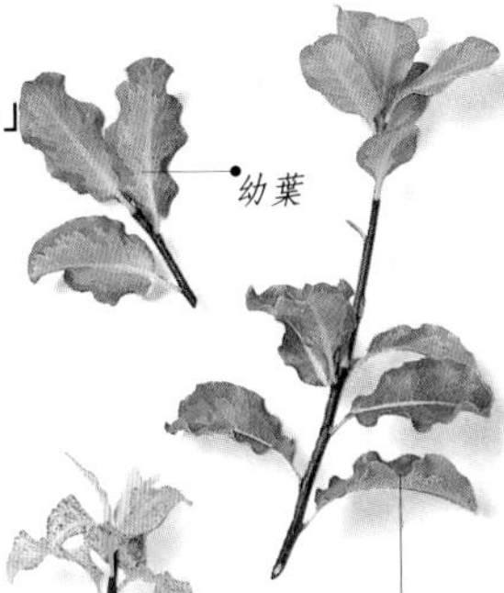

幼葉

▽ **綠黃細葉海桐**
「EILA KEIGHTLEY」
綠黃色斑是這種樹葉的特徵。

老葉上斑駁最明顯

白細葉海桐 ▷
「IRENE PATERSON」
這種樹有乳白色幼葉，成熟時變暗綠色帶白斑。

老葉上有模糊的斑駁

◁ **紫細葉海桐**
「PURPUREUM」
這種樹有淡綠色的幼葉，成熟時變深紅紫色。

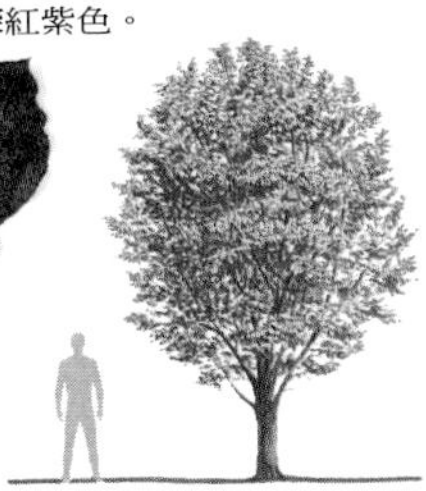

綠色幼葉

老葉枯萎時變綠色

紫色的成熟葉

高度 10公尺	樹形 寬柱形	葉持久性 常綠	葉型

懸鈴木科

懸 鈴木科只有一個懸鈴木屬 *(Platanus)* 和7個種。野生大型落葉喬木主要產於美國和墨西哥。葉子互生有掌狀淺裂，東南亞產的棣棠懸鈴木 *(Platanus kerrii)* 例外，它的葉子不分裂。叢生的小花懸於細長花柄上，花序單生或聚合。

科 懸鈴木科	種 *Platanus x hispanica*	命名者 Miller ex Münchhausen

英國梧桐，二球懸鈴木 (LONDON PLANE)

葉呈掌狀有淺裂，長達20公分，寬25公分，有3至5枚大的齒形裂片，葉上面鮮綠色有光澤，下面顏色較淡，幼葉有皮垢狀的褐色毛。樹皮褐色、灰色和乳黃色。花為雌雄同株，晚春開花，雄花為黃色，雌花紅色，極小，分別形成小的圓形花序。果實為圓形、密集的聚合果，直徑2.5公分，綠色，成熟時為褐色，外面被褐色剛毛包住，每2至4個聚合懸於枝下，能越冬存留在樹上。

- **原產地** 園藝品種。
- **註釋** 也稱為二球懸鈴木 *(Platanus x acerifolia)*。這種樹可能是一球懸鈴木 (參閱235頁)和三球懸鈴木 (參閱235頁)的雜交種。

葉脈在葉基部附近會合

葉上面為鮮綠色

葉下面為較淡綠色

葉裂片邊緣有銳齒

最多有4個果實懸在單柄上

高度 35公尺	樹形 寬柱形	葉持久性 落葉	葉型

科 懸鈴木科	種 *Platanus occidentalis*	命名者 Linnaeus

一球懸鈴木，美國梧桐 (AMERICAN SYCAMORE)

葉呈掌狀有淺裂，長、寬達20公分，
有3裂片，上面綠色有光澤，下面
顏色淡。樹皮灰色、褐色和乳黃色，
花為雌雄同株，晚春開花，
雄花黃色，雌花紅色，成圓形花
序。果實為圓形、密集褐色
聚合果，直徑2.5公分。

- **原產地** 北美東部。
- **環境** 肥沃、潮濕的土地。

淺薄葉片邊緣
有銳齒

葉基部可能
為心形

高度 35公尺	樹形 寬柱形	葉持久性 落葉	葉型

科 懸鈴木科	種 *Platanus orientalis*	命名者 Linnaeus

三球懸鈴木，法國梧桐 (ORIENTAL PLANE)

葉呈掌狀有淺裂，長達20公分，寬25公分，
裂到中部以下，形成5裂片，邊緣有齒，
葉上面綠色有光澤，下面顏色較淡，幼時有皮垢狀
的褐色毛。樹皮灰色、粉褐色和乳黃色，有碎片剝
落。花為雌雄同株，晚春開花，雌雄花皆小，
雄花黃色，雌花紅色，分別形成小的
圓形花序。果實為圓、密集的褐色
聚合果，直徑2.5公分，每個柄最多
懸掛6個果實，能在樹上越冬。

- **原產地** 歐洲東南部。
- **環境** 山區森林、河岸和
潮濕地帶。

葉深裂成
細長裂片

葉下面
變光滑

有剛毛的果實
落下前裂開

一個柄最多懸
掛6個聚合果

高度 30公尺	樹形 寬柱形	葉持久性 落葉	葉型

山龍眼科

本科包括75屬、1,000多種常綠喬木和灌木。它們的原產地在南半球,這地區到處有它們的野生種類;有些品種也傳播到北半球溫帶地區。葉子互生,從單葉到羽狀葉。花瓣本身很小,但仍有裂成4瓣的萼片。山龍眼科因觀賞植物而著名(例如*Grevillea*,*Banksia*,*Protea*和*Telopea*等種),至於昆士蘭豆(*Macadamia*),則因其有可食的堅果而在澳洲和夏威夷種植。

科 山龍眼科	種 *Embothrium coccineum*	命名者 J.R. & J.G. Forster

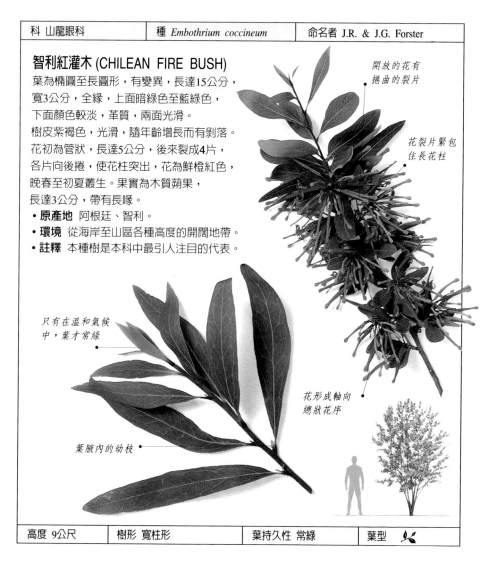

智利紅灌木 (CHILEAN FIRE BUSH)

葉為橢圓至長圓形,有變異,長達15公分,寬3公分,全緣,上面暗綠色至藍綠色,下面顏色較淡,革質,兩面光滑。
樹皮紫褐色,光滑,隨年齡增長而有剝落。
花初為管狀,長達5公分,後來裂成4片,各片向後捲,使花柱突出,花為鮮橙紅色,晚春至初夏叢生。果實為木質蓇果,長達3公分,帶有長喙。

• **原產地** 阿根廷、智利。
• **環境** 從海岸至山區各種高度的開闊地帶。
• **註釋** 本種樹是本科中最引人注目的代表。

開放的花有捲曲的裂片

花裂片緊包住長花柱

只有在溫和氣候中,葉才常綠

花形成軸向總狀花序

葉腋內的幼枝

高度 9公尺	樹形 寬柱形	葉持久性 常綠	葉型

鼠李科

本科包括60屬、約900種落葉和常綠喬木、灌木和攀緣植物，它們野生在世界各地。

這些植物多刺，葉子為互生或對生，有時為雌雄異株，花小。有幾種鼠李能生產顏料。

科 鼠李科	種 *Rhamnus cathartica*	命名者 Linnaeus

藥鼠李 (COMMON BUCKTHORN)

葉為寬卵形至近圓形，長達6公分，寬4公分，先端短尖，邊緣有細齒，葉上面綠色有光澤，下面顏色較淡，秋季變黃，生在有稀疏刺的枝條上。樹皮暗橙褐色，有鱗片。花小，有綠色的4淺裂萼片，芳香，初夏至仲夏叢生。果實為圓形肉質果，綠色，成熟時變黑色。

- **原產地** 亞洲、歐洲。
- **環境** 森林、灌木叢和圍籬，生在白堊質土壤上。

密集叢生的成熟果

葉緣的圓形齒

微小的綠色花

高度 10公尺	樹形 寬展開形	葉持久性 落葉	葉型

科 鼠李科	種 *Rhamnus frangula*	命名者 Linnaeus

歐鼠李 (ALDER BUCKTHORN)

葉為倒卵形，長達7公分，寬4公分，尖端短而鈍，全緣，上面暗綠色有光澤，下面顏色較淡，秋季變黃色。樹皮灰色，光滑，有淡色縱向淺裂。花極小，有綠色的5淺裂萼片，初夏至夏末叢生。果實為圓形肉質果，先為綠色，後變紅色，成熟時又變為黑色。

- **原產地** 非洲北部、亞洲西部和歐洲。
- **環境** 森林和灌木林，生在潮濕土地上。
- **註釋** 也稱為*Frangula alnus*。

果實成熟時由紅變黑

深色葉面有光澤

全緣葉

花微小，有粉紅色彩

高度 5公尺	樹形 寬展開形	葉持久性 落葉	葉型

薔薇科

本科分佈廣，是極重要的集群，包括100屬、3,000種以上的落葉和常綠喬木、灌木和草本植物。

葉子互生，從單葉、全緣到羽狀。花有5枚花瓣。形成的果實有不同類型，根據果實的結構，將此科分成幾個類群。書內的喬木有兩個類群。它們都有肉質果，可食，但李屬(*Prunus*)的果實只含單個種子，而唐棣屬(*Amelanchier*)，枸子屬(*Cotoneaster*)，山楂屬，海棠屬，山楂屬(*Mespilus*)，石楠屬(*Photinia*)，梨屬和花楸屬(*Sorbus*)都含有兩個以上的種子。

科 薔薇科	種 *Amelanchier arborea*	命名者 (A. Michaux)Fernald

樹唐棣 (AMELANCHIER ARBOREA)

葉為卵形至倒卵形，長達7.5公分，寬4公分，基部為圓形至心形，先端為短尖形，邊緣有細齒，葉上面深綠色，幼葉折疊，下面白色、有毛，後變光滑，秋季由橙色變紅色。幼樹皮灰色、光滑，隨年齡增長而出現凸脊和鱗片。花白色，有窄花瓣5枚，春季在葉子完全開放前形成直立總狀花序，長達5公分。果實為圓形紅紫色漿果，乾或有汁，甜而可食，直徑8公厘，夏季成熟。

- **原產地** 美國中部和東部。
- **環境** 森林和灌木林，潮濕土地。

細長的葉柄

葉緣有小齒

成熟葉的兩面皆光滑

白色花密集集生

有毛的幼葉在開花時期展開

高度 12公尺	樹形 寬展開形	葉持久性 落葉	葉型

科 薔薇科	種 *Amelanchier asiatica*	命名者 (Siebold & Zuccarini) Walpers

東亞唐棣 (AMELANCHIER ASIATICA)

葉為卵形，長達7.5公分，寬4公分，
基部圓形，葉端尖形，邊緣有齒，
上面暗綠色，下面有毛，後變光滑，
秋季變橙色和紅色。樹皮灰褐
色，白花在春季開，成總狀花序，
初為直立狀，後變展開型。
果實為黑紫色。

- **原產地** 中國、韓國和日本。
- **環境** 乾燥的日照地區。

5枚窄花瓣

葉緣細齒

尖形葉先端

高度 12公尺	樹形 寬展開形	葉持久性 落葉	葉型

科 薔薇科	種 *Amelanchier laevis*	命名者 Wiegand

平滑唐棣 (AMELANCHIER LAEVIS)

葉為橢圓形至卵形或倒卵形，達6公分，
寬2.5公分，葉端尖形，邊緣有細齒，
上面為青銅紅色，後變暗綠色，光
滑，秋季變橙色或紅色。樹皮灰褐
色，光滑。白花在春季開，有5枚
窄花瓣，為直立至展開形的總狀
花序。果實為圓形，紫黑色。

- **原產地** 北美東部。
- **環境** 森林、灌木林。

花成開放型花序

光滑的青銅色幼葉

高度 12公尺	樹形 寬展開形	葉持久性 落葉	葉型

科 薔薇科	種 *Amelanchier lamarckii*	命名者 Schroeder

拉馬克唐棣 (AMELANCHIER LAMARCKII)

葉為卵形至橢圓形，長達7.5公分，
寬4公分，基部圓形，葉端尖，邊緣有
細齒，青銅色，後變暗綠色。樹
皮灰色，光滑，出現縱向窄裂紋。
白花在春季開花，有5枚窄花瓣，成
直立或展開形總狀花序。果實
為圓形，多汁，紫黑色。

- **原產地** 歐洲。
- **環境** 沙土地。

紅色秋葉

有綠毛的幼葉

高度 12公尺	樹形 寬展開形	葉持久性 落葉	葉型

科 薔薇科	種 *Cotoneaster frigidus*	命名者 Wallich

耐寒子 (COTONEASTER FRIGIDUS)

葉為橢圓形至卵形，長達12公分，寬5公分，先端圓形，邊緣無齒，呈波形，上面暗綠色無光澤，下面灰色，幼葉時有毛。樹皮灰色，隨年齡增長而有剝落。花在仲夏開花，白色，形成密集的扁平形頭狀花序，直徑10公分。果實圓形，鮮紅色，集生在粗枝上，果序下垂。

• **原產地** 喜馬拉雅山。
• **環境** 灌木叢及河岸。
• **註釋** 可形成小型喬木或大型灌木。

葉下面灰色、有毛

無齒的葉

紅果懸在大果序中

白花成密集緊湊的花序

波形葉緣

高度 10公尺	樹形 寬展開形	葉持久性 落葉	葉型

科 薔薇科	種 *Crataegus crus-galli*	命名者 Linnaeus

雞腳山楂 (COCKSPUR THORN)

葉為倒卵形，長達10公分，寬4公分，基部漸尖，先端圓形，中部以上的邊緣有齒，上面暗綠色有光澤，下面顏色較淡，秋季變橙色和紅色，枝上長刺。樹皮暗褐色，有鱗片。白花在初夏開花，有5枚花瓣和粉紅色花藥，成圓狀花序。果實為圓形、肉質紅色果。

• **原產地** 北美東部。
• **環境** 乾燥、多岩石地區的灌木叢。

葉上面有光澤

葉下面顏色淡而光滑

銳刺可長到8公分或更長

葉緣僅在中部以上有齒

秋季葉會變色

紅色果實能越冬存留到來春

高度 8公尺	樹形 寬展開形	葉持久性 落葉	葉型

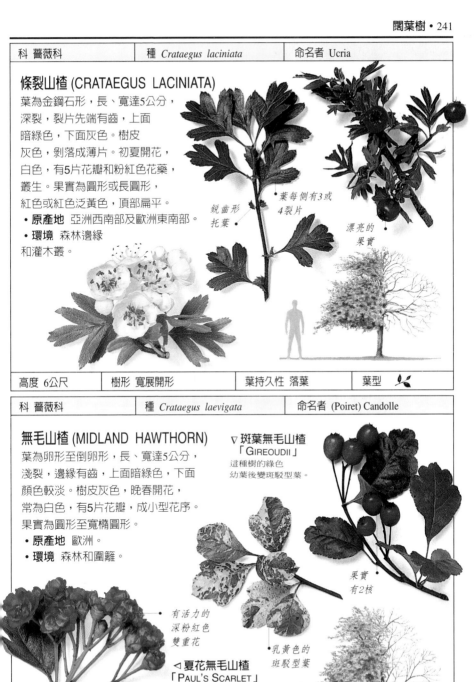

科 薔薇科	種 *Crataegus laciniata*	命名者 Ucria

條裂山楂 (CRATAEGUS LACINIATA)

葉為金鋼石形，長、寬達5公分，
深裂，裂片先端有齒，上面
暗綠色，下面灰色。樹皮
灰色，剝落成薄片。初夏開花，
白色，有5片花瓣和粉紅色花藥，
叢生。果實為圓形或長圓形，
紅色或紅色泛黃色，頂部扁平。

- **原產地** 亞洲西南部及歐洲東南部。
- **環境** 森林邊緣
和灌木叢。

鋭齒形
托葉

葉每側有3或
4裂片

漂亮的
果實

高度 6公尺	樹形 寬展開形	葉持久性 落葉	葉型

科 薔薇科	種 *Crataegus laevigata*	命名者 (Poiret) Candolle

無毛山楂 (MIDLAND HAWTHORN)

葉為卵形至倒卵形，長、寬達5公分，
淺裂，邊緣有齒，上面暗綠色，下面
顏色較淡。樹皮灰色，晚春開花，
常為白色，有5片花瓣，成小型花序。
果實為圓形至寬橢圓形。

- **原產地** 歐洲。
- **環境** 森林和圍籬。

▽ 斑葉無毛山楂
「GIREOUDII」
這種樹的綠色
幼葉後變斑駁型葉。

果實
有2核

有活力的
深粉紅色
雙重花

乳黃色的
斑駁型葉

◁ 夏花無毛山楂
「PAUL'S SCARLET」
選擇此一栽培品種，
是因其花能從晚春
生長到初夏。

高度 10公尺	樹形 寬展開形	葉持久性 落葉	葉型

科 薔薇科	種 *Crataegus x lavallei*	命名者 Herincq ex Lavallée

拉伐氏山楂 (CRATAEGUS X LAVALLEI)

葉為倒卵形至橢圓形，長達10公分，寬5公分，
基部漸尖，葉端尖形，邊緣有齒，上面暗綠色
光滑，下面顏色較淡。樹皮灰色，有片狀
剝落。花白色，有5片花瓣和粉紅色花藥，
初夏至仲夏在花柄上成扁平頭狀花序。
果實為圓形，紅色，直徑2公分。

• **原產地** 園藝品種。

• **註釋** 這是雞腳山楂
(參閱240頁)和
*C. mexicana*的
雜交種，過去稱
為*C. carrierei*。

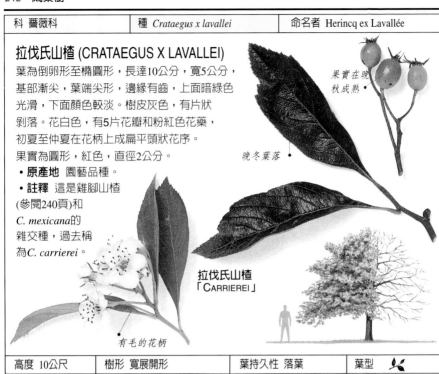

果實在晚
秋成熟

晚冬葉落

拉伐氏山楂
「CARRIEREI」

有毛的花柄

高度 10公尺	樹形 寬展開形	葉持久性 落葉	葉型

科 薔薇科	種 *Crataegus mollis*	命名者 (Torrey & Gray)Scheele

紅山楂 (RED HAW)

葉為寬卵形，長、寬各10公分，每側
有4或5淺裂，邊緣有銳齒，上面
暗綠色有毛。枝長5公分，上有
亮刺。樹皮紅褐色，後變灰褐
色，沿縱向裂成鱗片狀。
花直徑2.5公分，白色，
有黃色花藥，晚春至
初夏生在花柄上，
成寬闊頭狀花序。
果實圓形，有茸毛，
紅色，直徑2.5公分。

• **原產地** 美國中部。

• **環境** 靠近林區的
河流，常生在
石灰石上。

淺的齒形葉
裂片

葉基部
的大托葉

果實成熟
時由綠
變紅色

有刺或
無刺的枝

高度 ·12公尺	樹形 寬柱形	葉持久性 落葉	葉型

科 薔薇科	種 *Crataegus monogyna*	命名者 Jacquin

單子山楂 (COMMON HAWTHORN)

葉為卵形至倒卵形，長達5公分，寬與長相等，深裂片帶尖齒，上面暗綠色有光澤，光滑，下面顏色較淡、葉腋處有毛。樹皮橙褐色，有裂紋。花白色，於晚春叢生。果實為寬橢圓形，紅色。

- **原產地** 歐洲。
- **環境** 森林和灌木叢。

花有粉紅色
花藥
紅色果實含單核
葉每側有1至3裂片

高度 10公尺	樹形 寬展開形	葉持久性 落葉	葉型

科 薔薇科	種 *Crataegus phaenopyrum*	命名者 Linnaeus f.

華盛頓山楂 (WASHINGTON THORN)

葉為寬卵形，有3或5尖形、具銳齒的裂片，上面暗綠色有光澤，光滑，下面顏色較淡、有稀毛。樹皮紅褐色至灰褐色，薄鱗狀。花直徑1.2公分，有5枚花瓣，初夏至仲夏叢生。果實為小圓形紅色果子，直徑6公厘。

- **原產地** 美國東南部。
- **環境** 森林和灌木叢。

枝上有長刺
有光澤的小果實成熟得晚

高度 12公尺	樹形 寬展開形	葉持久性 落葉	葉型

科 薔薇科	種 *Crataegus prunifolia*	命名者 (Lamarck)Persoon

梅葉山楂 (CRATAEGUS PRUNIFOLIA)

葉為寬橢圓形至倒卵形，長達7.5公分，寬6公分，邊緣有銳齒，上面暗綠色有光澤，光滑，下面葉脈上有毛。樹皮紫褐色，有裂紋。花直徑1.5公分，白色，有5枚花瓣，初夏成圓形花序。

- **原產地** 園藝品種。
- **註釋** 可能是雞腳山楂 (參閱240頁)與 *C. macracantha* 的雜交種。

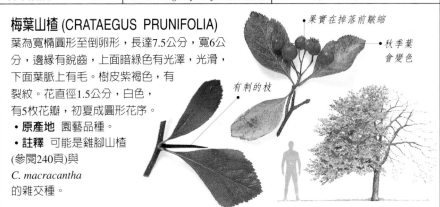

果實在掉落前皺縮
秋季葉會變色
有刺的枝

高度 6公尺	樹形 寬展開形	葉持久性 落葉	葉型

| 科 薔薇科 | 種 x *Crataemespilus grandiflora* | 命名者 (W. W. Smith) E. G. Camus |

大葉山楂 (x CRATAEMESPILUS GRANDIFLORA)

葉為橢圓形至倒卵形，長達7.5公分，寬5公分，上面
綠色有光澤，秋季變鮮橙色；枝上的葉有深裂。
樹皮淡橙褐色，有薄片狀剝落。花直徑2.5公
分，白色，有5片花瓣，晚春開花，叢生，
每束最多3朵花。果實圓形，有毛，
橙褐色有光澤，直徑2公分。

• **原產地** 園藝品種。

• **註釋** 可認為是無毛山楂
(參閱241頁)與波斯山楂
(參閱255頁)的雜交種。

小花大葉山楂 ▷
+ C. DARDARII
「JULES D'ASNIERES」
這種嫁接的雜交種
有圓形葉裂片、
小花和褐色果實。

淺裂葉生在
堅挺枝條上

持久性
萼片

有些葉邊緣
有細齒

大葉山楂 △

| 高度 8公尺 | 樹形 寬展開形 | 葉持久性 落葉 | 葉型 |

| 科 薔薇科 | 種 *Cydonia oblonga* | 命名者 Miller |

榲桲 (QUINCE)

葉為寬橢圓形至卵形，長達10公分，
寬6公分，全緣，幼葉上面灰白色有茸
毛，後變暗綠色，下面為灰色有茸毛，
生在短柄上。樹皮紫褐色，有剝落；
新暴露時為橙褐色。花直徑5公分，淡粉色
或白色，有5片花瓣，晚春開花，單生。
果實為梨形或有時為蘋果形，黃色，
長達10公分，初期有茸毛，後變成油質感，
富芳香味；野生種類的果實小很多。

• **原產地** 亞洲中部和西南部。

• **環境** 林區邊緣、森林和山坡，
常生在石灰石上。

有毛的幼葉

成熟葉表
面光滑

葉下面
有茸毛

銳齒形托葉

薄皮果實有極
硬的果肉

| 高度 5公尺 | 樹形 寬展開形 | 葉持久性 落葉 | 葉型 |

科 薔薇科	種 *Malus baccata*	命名者 (Linnaeus) Borkhausen

山荊子 (SIBERIAN CRAB APPLE)

葉為橢圓形至卵形，長7.5公分，寬4公分，先端尖，邊緣有細齒，上面暗綠色，下面顏色較淡，兩面皆光滑。樹皮灰褐色，有方片形剝落，新露出時為紅褐色。花為單個，直徑達4公分，白色帶粉紅色彩，開花時為白色。有5片花瓣和黃色花藥，芳香，仲春隨幼葉同時開放，叢生。果實為紅色或黃色的小圓形果子，直徑1公分。

- **原產地** 亞洲東部。
- **環境** 森林和灌木叢。

淡綠色幼葉於開花時展開

小果子生在細長柄上

葉緣有細齒

高度 15公尺	樹形 寬展開形	葉持久性 落葉	葉型

科 薔薇科	種 *Malus coronaria*	命名者 (Linnaeus) Miller

野香蘋果 (WILD SWEET CRAB APPLE)

芳香的花

葉為卵形，長達10公分，寬6公分，邊緣有銳齒，為雙重齒，上面紅色有茸毛，後變深綠色，光滑。生在茁壯枝條上的葉裂開到接近基部。樹皮紅褐色，鱗片狀，有縱向裂紋。花直徑5公分，粉紅色，晚春開花，叢生。果實為圓形，綠色，直徑4公分，寬大於長。

- **原產地** 北美東部。
- **環境** 森林和灌木叢。

葉在秋季常變色

野香蘋果

幼葉下面有毛

硬果仍為綠色

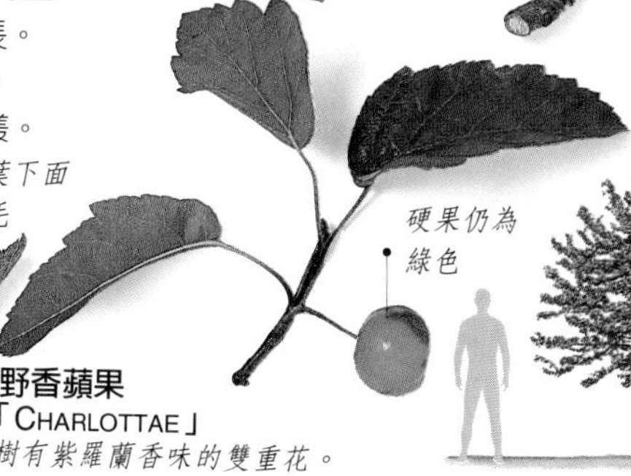

◁ **野香蘋果**
「CHARLOTTAE」
這樹有紫羅蘭香味的雙重花。

高度 9公尺	樹形 寬展開形	葉持久性 落葉	葉型

科 薔薇科	種 *Malus domestica*	命名者 Borkhausen

栽培海棠 (CULTIVATED APPLE)

葉為卵形至寬橢圓形,長達12公分,
寬7.5公分,邊緣有齒,上面為黃綠色,
後來變暗綠色,至少下面有毛。樹皮
灰褐色至紫褐色,有小薄片剝落。
花白色泛粉紅色,有5片花瓣,
晚春開花,叢生。果實變異大,
圓形,可食,直徑10公分
或更大,綠色至黃色。

• **原產地** 園藝品種。

• **註釋** 這是歐洲和亞洲
品種的雜交種,因有可食的
果實而被長期栽培,現廣泛
生長在全世界的溫帶地區。

生在木質樹枝
頂端的幼葉

深粉紅色
的花芽

可食的果實含
有多粒種子

高度 10公尺	樹形 寬展開形	葉持久性 落葉	葉型

科 薔薇科	種 *Malus florentina*	命名者 (Zuccagni) Schneider

福羅倫氏海棠 (MALUS FLORENTINA)

葉為寬卵形,長可達6公分,寬5公
分,有淺裂,邊緣有齒,上面為深
綠色,下面密生毛,在秋季葉
變為紫色和紅色。樹皮紅褐色到
紫褐色,自由剝落成小而薄的方
片,新露出時為橙褐色。花的直徑2
公分,白色,有5片花瓣和黃色花藥,
晚春至初夏開花,叢集生。果實為圓形
至梨形,紅橙色,直徑約1公分。

• **原產地** 義大利北部至土耳其北部。

• **環境** 灌木叢和岩石山坡。

• **註釋** 可能是酸蘋果
(Malus) 與野生花楸果
(參閱282頁)的雜交
種,少見野生種類。

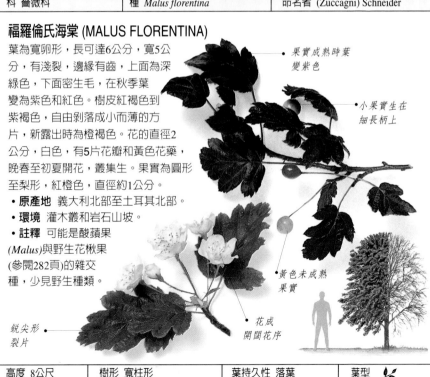

果實成熟時葉
變紫色

小果實生在
細長柄上

黃色未成熟
果實

花成
開闊花序

銳尖形
裂片

高度 8公尺	樹形 寬柱形	葉持久性 落葉	葉型

科 薔薇科	種 *Malus floribunda*	命名者 Siebold ex van Houtte

日本小蘋果 (JAPANESE CRAB APPLE)

葉為橢圓形，長達10公分，寬5公分，葉端尖，
邊緣有銳齒，上面暗綠色、光滑，幼時下面有毛，
長在茁壯樹枝上的葉有淺裂。樹皮紫褐色，
隨年齡增長而剝落成薄片。花直徑2.5公分，
花芽為深紅色，開花時為淡粉紅色，後變白色，
有5片花瓣，花極茂盛，仲春開花，叢生。
果實為圓形，黃色，直徑2公分。

* **原產地** 園藝品種。
* **註釋** 這是從日本
引入西方的雜交
種，原種不詳。

葉邊緣
有銳齒

花從深紅色
花芽開放

一個或幾個果
子長在一起

高度 5公尺	樹形 寬展開形	葉持久性 落葉	葉型

科 薔薇科	種 *Malus hupehensis*	命名者 (Pampanini) Rehder

湖北海棠 (MALUS HUPEHENSIS)

葉為橢圓形至卵形，長達10公分，寬6公分，
先端漸尖，邊緣有細齒，上面最後來變暗綠
色，且光滑。樹皮紫褐色，剝落成方片，新
露出時為橙褐色。花的直徑5公分，芽為
粉紅色，開放時為白色，有5片覆瓦
狀寬花瓣，芳香，極為茂盛，仲春
開花，花序很大。果實為扁
圓形。深紅色，直徑1公
分，果序長在細長柄上，
呈下垂狀，葉落後尚能
存留長時間。

* **原產地** 中國。
* **環境** 山區林地。

花長在
長花柄上

葉邊緣有
小齒

有光澤的果實
像小櫻桃

高度 12公尺	樹形 寬展開形	葉持久性 落葉	葉型

科 薔薇科	種 *Malus ioensis*	命名者 (Wood)Britton

草原小蘋果 (PRAIRIE CRAB APPLE)

葉為寬卵形，長10公分，寬5公分，有淺裂，
邊緣有齒，上面綠色有光澤，下面有茸毛，
秋季變鮮橙紅色。樹皮紅至紫褐色，剝落。
花為粉紅色至白色，有5片花瓣，春季開花，
最多6朵一束。果實為圓形、光滑、質硬，
有酸味，淡綠色或綠色泛紅色，直徑4公分。

• **原產地** 美國中部。
• **環境** 潮濕的河岸和森林邊緣。

極光亮的
成熟葉

剝落的樹皮露出橙
褐色的木質下層

草原小蘋果

▽ **重瓣草原小蘋果**
「PLEAN」
這種樹被稱為貝切特(Bechtel)
氏酸蘋果樹，它有半重瓣花，
凋謝時由粉紅變白色。

叢生的
半重瓣花

硬果長在
短柄上

單生花

高度 8公尺	樹形 寬展開形	葉持久性 落葉	葉型

科 薔薇科	種 *Malus prunifolia*	命名者 (Willdenow) Borkhausen

楸子 (MALUS PRUNIFOLIA)

葉為橢圓形至卵形，長10公分，
寬6公分，邊緣有齒，暗綠色。
樹皮紫褐至灰褐色，有方片形剝落；
新露出時紅褐色。花直徑4公分，
花芽粉紅色，開放時為白色，
有5片花瓣，芳香，仲春開花，
最多10朵花叢生。果實為圓形
至卵形，鮮紅色，直徑2.5公分，
頂部有耐久的木質萼片。

• **原產地** 園藝品種。
• **註釋** 此種樹的正確來源尚未
確定，可能是雜交種，由亞洲
東北部引入西方。

緊湊的
叢生花

葉的
形狀不一

果實頂部的
耐久萼片

高度 10公尺	樹形 寬展開形	葉持久性 落葉	葉型

科 薔薇科	種 *Malus x purpurea*	命名者 (Barbier) Rehder

紫海棠 (MALUS X PURPUREA)

葉為橢圓形至窄卵形，長7.5公分，
尖形，邊緣有齒，紫綠色。
樹皮紫褐色，有裂縫和剝落。
花直徑4公分，春季開花，
開時為深紫粉紅色，叢生。
果實為圓形，深紅紫色，
直徑2公分。

• **原產地** 園藝品種。

• **註釋** 這是*M. x atrosanguinea*
和*M. niedzwetzkyana*雜交種。

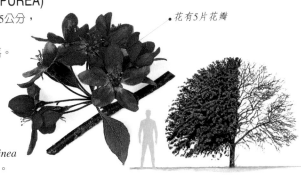

花有5片花瓣

高度 8公尺	樹形 寬展開形	葉持久性 落葉	葉型

科 薔薇科	種 *Malus sieboldii*	命名者 (Regel) Rehder

三葉海棠 (MALUS SIEBOLDII)

葉為橢圓形至卵形，長6公分，寬3公分，葉端漸尖，
邊緣有齒，上面暗綠色無光澤，下面顏色較淡，
兩面幼時有茸毛，後來變為光滑；長在茁壯枝上
的葉有3至5裂片。樹皮暗灰色，裂成小片。
花直徑2公分，花芽為粉紅色，開放時為白色，
有5片花瓣，芳香，仲春開花，成小型花束。
果實為圓形，紅色或黃色，直徑1公分，
成熟時不帶萼片，長在細長柄
上，能在樹上存留一段時間。

• **原產地** 日本。

• **環境** 潮濕且日照充足的環境。

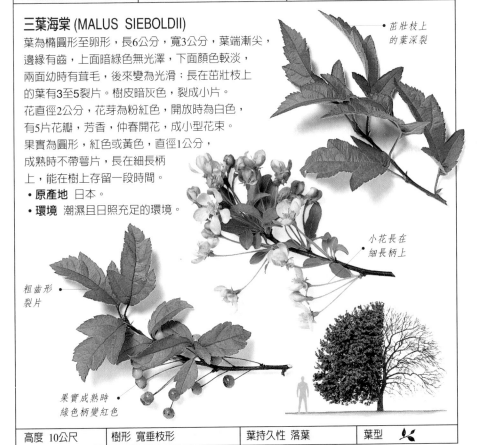

茁壯枝上
的葉深裂

小花長在
細長柄上

粗齒形
裂片

果實成熟時
綠色柄變紅色

高度 10公尺	樹形 寬垂枝形	葉持久性 落葉	葉型

科 薔薇科	種 *Malus transitoria*	命名者 (Batalin) Schneider

花葉海棠 (MALUS TRANSITORIA)

葉有變異，長在短枝上的葉較小，呈長圓
形，長2.5公分；長在茁壯枝上的葉較
大，長7.5公分，寬6公分，深成3裂片，
中心裂片兩側各有一片，邊緣有銳齒，上
面鮮綠色，下面顏色淡，有薄毛。樹皮紫褐
色。白花有5片花瓣，晚春開，成小花序。果實為
小型的黃色果實，略扁，長在細長紅色柄上。

- **原產地** 中國西北部。
- **環境** 森林和灌木叢。

小果實長在
線狀的柄上

葉柄基部
的小托葉

粉紅色
花芽

有窄花瓣的花
成小型花序

高度 10公尺	樹形 寬展開形	葉持久性 落葉	葉型

科 薔薇科	種 *Malus trilobata*	命名者 (Labillardière) Schneider

三裂海棠 (MALUS TRILOBATA)

葉長9公分，寬12公分，有3個深裂片，
中心裂片又裂成3個或更多裂片，
每個基本裂片有一個或幾個裂片，
葉上面暗綠色有光澤，下面顏色較
淡、有毛，秋季變黃、紅和紫
色。樹皮暗灰褐色，在樹幹上裂
成大量的小方片。花直徑4公分，
白色，有5片花瓣和黃色花藥，
夏季由花芽中開放，叢生於枝頂。
果實小而硬，綠色或綠色發紅色，
直徑2公分。

- **原產地** 亞洲西南部，希臘。
- **環境** 常綠灌木。

樹皮裂成許多
小片

大型花為
杯形

深裂的葉長在
細長柄上

高度 15公尺	樹形 窄錐形	葉持久性 落葉	葉型

科 薔薇科	種 *Malus tschonoskii*	命名者 (Maximowicz) Schneider

野木海棠 (MALUS TSCHONOSKII)

葉為寬卵形,長12公分,寬7.5公分,先端尖,
邊緣有銳齒,葉上面灰色有毛,後變光滑
有光澤,下面有薄毛。樹皮紫褐色,
隨年齡增長而出現裂縫。花的直徑3公分,
白色泛粉紅色,有5片花瓣和黃色花藥,
晚春開花,最多5朵花叢生。
果實為圓形,黃綠色泛紅色,
直徑3公分,有皮孔斑。
• **原產地** 日本。
• **環境** 淺灘,
森林中的岩土。

幼葉下面
有茸毛

花瓣頂端
帶粉紅色

成熟葉
上面光滑

果實有
褐色皮孔斑

高度 15公尺	樹形 寬錐形	葉持久性 落葉	葉型

科 薔薇科	種 *Malus yunnanensis*	命名者 (Franchet) Schneider

滇池海棠 (MALUS YUNNANENSIS)

葉為寬卵形,長10公分,寬9公分,基部為心形,
先端尖,有淺裂,邊緣有細齒,葉上面淡綠色無光澤,
下面有軟毛,秋季變橙色至紅色和紫色。樹皮暗灰褐
色,有小片剝落,新露出時為橙褐色。花單個,
白色,有5片花瓣,晚春開花,成扁平的
頭狀花序。果實為圓形,質硬,
深紅色,有淡褐色皮孔斑,
果實密集叢生。
• **原產地** 中國西南部。
• **環境** 山坡上的森林和灌木叢。
• **註釋** 所示為變種var. *veitchii*,
其不同點是果實
更鮮豔,葉
呈心形。

葉長在紅色
葉柄上

紅葉海棠
VAR. *VEITCHII*

密集叢生
的小果實

葉脈秋季
變紅色

高度 10公尺	樹形 寬柱形	葉持久性 落葉	葉型

科 薔薇科	種 *Malus* hybrids	命名者 無

雜交酸蘋果 (CRAB APPLE HYBRIDS)

許多種植在園中的酸蘋果樹，
都是各個不同種類的雜交樹，
這些樹被栽培是因為它們有
美麗的花和果實；其中有些
樹的花和秋季結的果嫵媚動
人。這些樹通常不大，呈展
開形，高約6-8公尺，春末和
初夏開花。有些種類有紫色的葉和花。
這是因為 *Malus niedzwetzkyana*
雜交的結果，這種樹最初
發現於土耳其的中亞地區。

粉紅色花芽

◁ 黃果雜交酸蘋果
「BUTTERBALL」
這種雜交樹種植在北
美。白色透粉紅色的花
結出圓形的黃色果實。

▽ 黃果雜交酸蘋果
「BUTTERBALL」

果實經過秋、
冬兩季仍存留
在樹上

成熟果實為
橙黃色

▽ 大果雜交酸蘋果
「DARTMOUTH」
這種樹的小白花由略帶粉紅色
彩的花芽開出。大的果實直徑
為5公分，呈紅紫帶白霜。

白色花盛開

◁ 紅果雜交酸蘋果
「CRITTENDEN」
這種樹的花白色帶粉紅色
彩，它們結出大量的鮮紅
色果實。

▽ 黃果雜交酸蘋果

叢生的花在葉
展開後開放

果實成熟
時由黃色
變成紫色
和深紅色

青銅紫色
的幼葉

◁ 紅花果雜交酸蘋果
「ELYEYI」
這種觀賞樹的果實為
小錐形紫色果實。

紅紫色的花瓣至
白色基部變窄

高度 8公尺	樹形 寬展開形	葉持久性 落葉	葉型

白色的花從深粉
紅色花芽開放

▽ 蛋果雜交酸蘋果
「JOHN DOWNIE」
這種樹的粉紅色軟芽開放成小白花帶
有黃色的花藥。卵形果實長為3公分，
橙黃色透紅色。

果實成熟時由
綠色變黃色

淡粉紅色的
花芽開出白
色花

△ 大花雜交酸蘋果
「GOLDEN HORNET」
這種樹的花直徑為4公分，
花芽粉紅色，開放時
為白色透粉紅色：
深黃色的圓形果實
直徑2.5公分。

大花雜交酸蘋果
「GOLDEN HORNET」

紫紅色花
有寬花瓣

葉可能有
不均勻的裂片

明顯的
卵形果實

果實長在短
柄上

蛋果花雜交酸蘋果
「JOHN DOWNIE」

◁ 紫葉雜交酸蘋果
「LEMOINEI」
這種彩色雜交種有深青銅紫色幼葉，
成熟時變綠色。紫紅色花直徑4公分，
深紫色果實長1.5公分。

葉成熟時開花

櫻桃樣的
果實

▽ 紫花雜交酸蘋果
「LISET」
這種樹的青銅紫色幼葉變成暗
綠色，與深紫粉紅色的花形成
對比。

極暗的紅色
花芽

發亮的枝有
皮孔斑

△ 紫花雜交酸蘋果
「LISET」

科 薔薇科	種 *Malus* hybrids	命名者 無

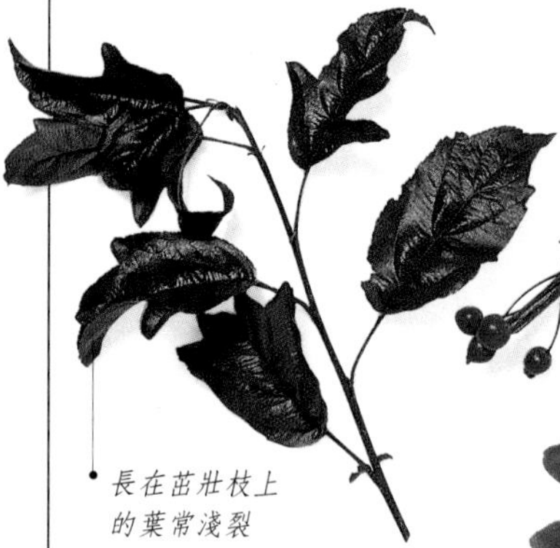

小果實長在
細長柄上

◁ 紅脈雜交酸蘋果「PROFUSION」
這種樹的紫紅色花直徑4公分，成大型
花序。具有紅色葉脈的暗綠色葉幼時為
青銅紫色；深紅色的圓形果實直徑為
1.2公分，秋季結果。

長在苗壯枝上
的葉常淺裂

果實成熟時
為紅色

粉紅芽雜交酸蘋果 ▷
「RED SENTINEL」
這種雜交種的粉紅色花芽開成
白色花，直徑3公分，結成圓形、
耐久的深紅色帶光澤的果實，
直徑2.5公分。

花瓣基部
泛粉紅色

△ 紅芽雜交酸蘋果
「RED JADE」
這種蘑菇形的樹，有叢生
的粉紅色花芽，開成白花。
進入晚秋，鮮紅色果實
長在分枝上。

▽ 紅葉雜交酸蘋果
「ROYALTY」
這種結構緊湊的樹，其紅紫色
有光澤的葉於晚秋時變紅色。
深紅色花芽開出
深紅紫色花。

△ 紅芽雜交酸蘋果
「RED JADE」

紅葉雜交酸蘋果
「ROYALTY」▷

重瓣花各有15片
花瓣

重瓣雜交酸蘋果 ▷
「VAN ESELTINE」
區分這種樹的特徵是，有直立
的樹形、重瓣花和秋季結成的
黃色或黃泛紅的小果實。

果實成熟時
葉仍為紅色

高度 8公尺	樹形 可變	葉持久性 落葉	葉型 ✿

科 薔薇科	種 *Mespilus germanica*	命名者 Linnaeus

波斯山楂 (MEDLAR)

葉為橢圓形至長圓形，長15公分，寬5公
分，邊緣無齒或有細齒，葉上面暗綠色。
兩面有毛，秋季變黃色和褐色，長在極短的
葉柄上；枝有刺。樹皮灰褐色，初期光滑，
後隨年齡增長裂成薄片，新露出時為橙褐色。
花直徑5公分，白色，有5片花瓣，晚春至
初夏單生於柄上，茁壯的樹於夏季再度開花。
果實為圓形、平頂形至梨形，肉質，褐色，
直徑3公分，頂部有耐久的萼片。

• **原產地** 亞洲西南和歐洲東南部。

• **環境** 森林、林區邊緣和
山區灌木叢。

• **註釋** 野生種類比栽培型
更趨於灌木型。果實在經霜
後才可食。

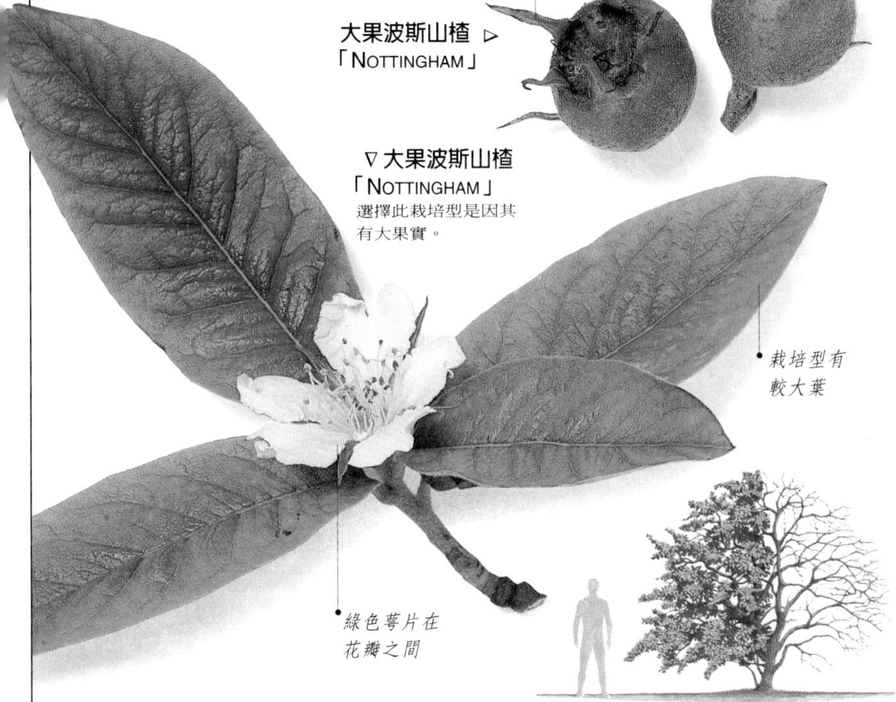

波斯山楂 ▷

葉緣有
細齒

無齒葉緣

白色花單生

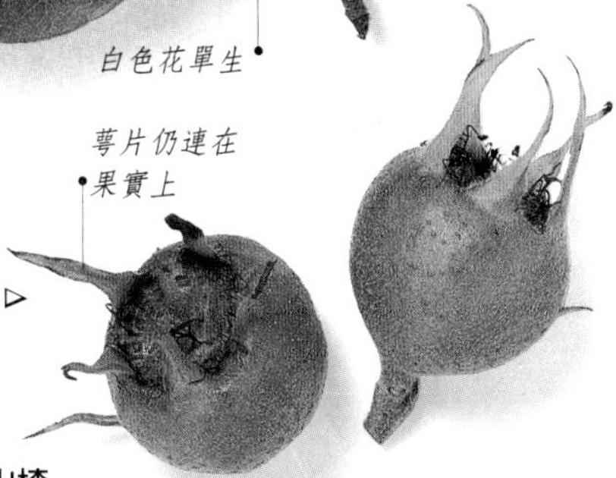

萼片仍連在
果實上

大果波斯山楂 ▷
「NOTTINGHAM」

▽ 大果波斯山楂
「NOTTINGHAM」
選擇此栽培型是因其
有大果實。

栽培型有
較大葉

綠色萼片在
花瓣之間

高度 6公尺	樹形 寬展開形	葉持久性 落葉	葉型

科 薔薇科	種 *Photinia beauverdiana*	命名者 Schneider

中華石楠 (PHOTINIA BEAUVERDIANA)

葉為橢圓形至披針形或倒卵形，長12公分，
寬5公分，基部窄，先端尖，邊緣有銳齒，
葉上面暗綠色，兩面光滑，秋季變紅色。
樹皮灰色，光滑，樹幹基部有溝槽。花單個，
直徑1公分，白色，有5片花瓣，晚春開花，
形成扁平頭狀花序，直徑5公分。果實卵形，
直徑5公厘，綠色，成熟時變紅色。

- **原產地** 中國西部。
- **環境** 森林和灌木叢。

小花密集叢生

閩粵石楠 VAR. *NOTABILIS*

葉緣有銳齒

果柄粗糙有瘤

◁ 閩粵石楠 VAR. *NOTABILIS*

高度 6公尺	樹形 寬展開形	葉持久性 落葉	葉型

科 薔薇科	種 *Photinia davidiana*	命名者 (Decaisne)Cardot

紅果樹 (PHOTINIA DAVIDIANA)

葉為橢圓形至長圓形或倒披針形，長可達12公分，
寬4公分，先端漸尖，邊緣無齒，上面為暗綠色，
兩面光滑，秋季葉落前為紅色。樹皮灰褐色，
光滑。花直徑6公厘，白色，有5片花瓣和
粉紅色花藥，仲夏開花，形成密集的圓
頭狀花序。果實為圓形，鮮紅色，
直徑8公厘，長在長柄上，果序小。

- **原產地** 中國、越南。
- **環境** 森林、
灌木叢和懸崖。

小花形成密集頭狀花序

葉緣無齒

成熟的果序

葉在掉落前變色

高度 10公尺	樹形 寬展開形	葉持久性 常綠	葉型

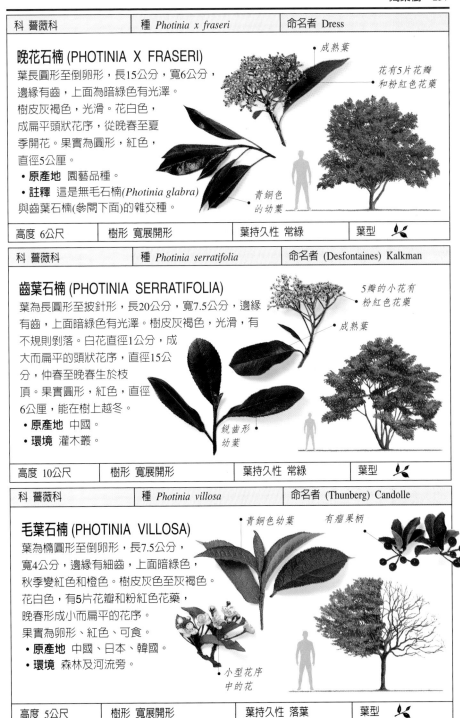

科 薔薇科	種 *Photinia x fraseri*	命名者 Dress

晚花石楠 (PHOTINIA X FRASERI)

葉長圓形至倒卵形，長15公分，寬6公分，邊緣有齒，上面為暗綠色有光澤。樹皮灰褐色，光滑。花白色，成扁平頭狀花序，從晚春至夏季開花。果實為圓形，紅色，直徑5公厘。

• **原產地** 園藝品種。
• **註釋** 這是無毛石楠(*Photinia glabra*)與齒葉石楠(參閱下面)的雜交種。

成熟葉
花有5片花瓣和粉紅色花藥
青銅色的幼葉

高度 6公尺	樹形 寬展開形	葉持久性 常綠	葉型

科 薔薇科	種 *Photinia serratifolia*	命名者 (Desfontaines) Kalkman

齒葉石楠 (PHOTINIA SERRATIFOLIA)

葉為長圓形至披針形，長20公分，寬7.5公分，邊緣有齒，上面暗綠色有光澤。樹皮灰褐色，光滑，有不規則剝落。白花直徑1公分，成大而扁平的頭狀花序，直徑15公分，仲春至晚春生於枝頂。果實圓形，紅色，直徑6公厘，能在樹上越冬。

• **原產地** 中國。
• **環境** 灌木叢。

5瓣的小花有粉紅色花藥
成熟葉
銳齒形幼葉

高度 10公尺	樹形 寬展開形	葉持久性 常綠	葉型

科 薔薇科	種 *Photinia villosa*	命名者 (Thunberg) Candolle

毛葉石楠 (PHOTINIA VILLOSA)

葉為橢圓形至倒卵形，長7.5公分，寬4公分，邊緣有細齒，上面暗綠色，秋季變紅色和橙色。樹皮灰色至灰褐色。花白色，有5片花瓣和粉紅色花藥，晚春形成小而扁平的花序。果實為卵形、紅色、可食。

• **原產地** 中國、日本、韓國。
• **環境** 森林及河流旁。

青銅色幼葉
有瘤果柄
小型花序中的花

高度 5公尺	樹形 寬展開形	葉持久性 落葉	葉型

科 薔薇科	種 *Prunus armeniaca*	命名者 Linnaeus

杏 (APRICOT)

葉為寬卵形至圓形，長10公分，
寬6公分，基部常為圓形，先端鈍、
漸尖，邊緣有細齒，暗綠色有光澤。
樹皮紅褐色有光澤。花的直徑2.5公
分，淡粉紅色或白色，有5片花瓣，
無柄，單生於老枝上，初春先於
葉開放。果實為圓形、肉質、
可食、黃色，有一個硬核，
其中含可食的白色種子。

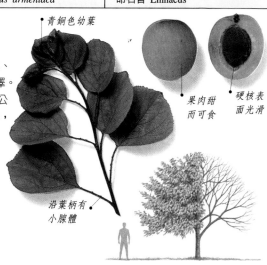

青銅色幼葉

果肉甜
而可食

硬核表
面光滑

沿葉柄有
小腺體

- **原產地** 亞洲中部，中國北部。
- **環境** 山坡和灌木叢。
- **註釋** 在歐洲地區已移植，
因其果實可食而被廣泛栽培。

高度 10公尺	樹形 寬展開形	葉持久性 落葉	葉型

科 薔薇科	種 *Prunus avium*	命名者 Linnaeus

歐洲甜櫻桃 (GEAN)

葉為橢圓形至長圓形，長15公分，寬6公分，
漸尖，邊緣有銳齒，幼葉上面青銅色，
後變暗綠色無光澤。樹皮紅褐色，
有橫向帶狀剝落。花的直徑3公分，白色，
有5片花瓣，仲春在生葉前或與葉同時開
放，叢生。果實圓形，紅色漿果，
有苦味或甜味，可食，直徑1公分。

紅色
果實可食

有銳齒的葉

歐洲甜櫻桃

青銅色幼葉
隨花開放

- **原產地** 歐洲。
- **環境** 森林和圍籬。
- **註釋** 也稱野櫻桃。作為林地樹木，
這種樹的花是人們熟悉的。
它僅長到20公尺高。

花芽有
粉紅色彩

密集叢生
的花

△ **重瓣歐洲甜櫻桃「PLENA」**
這種較小的栽培品種，其大的重瓣花
有大量花瓣。

高度 25公尺	樹形 寬柱形	葉持久性 落葉	葉型

科 薔薇科	種 *Prunus cerasifera*	命名者 Ehrhart

櫻桃李 (CHERRY PLUM)

葉為卵形至倒卵形，長6公分，寬3公分，
邊緣有齒，上面為暗綠色有光澤，葉下面的
葉脈上有茸毛。樹皮紫褐色，薄鱗狀，
有橫向橙色皮孔。花直徑2.5公分，白色，
有5片花瓣和反折的萼片，初春先於葉開花，
單生或小型叢生。果實為圓形，
像李子，可食，直徑3公分。

- **原產地** 園藝品種。
- **註釋** 又名櫻仁樹。有相似的品種是
結黃色果實的 *Prunus divaricata*，原產地
是歐洲東南部和亞洲中部及西南部。

白色花先於葉開放

櫻桃李

極暗的綠色枝和葉

粉紅色花有暗色花心

雄蕊有粉紅色花藥

◁ **黑葉櫻桃李「NIGRA」**
深紅紫色葉和粉紅色花是辨認此種樹的特徵。

△ **紅芽櫻桃李「PISSARDII」**
此種樹有紫色葉和粉紅色花芽，開放時為白色。

△ **紫葉櫻桃李「ROSEA」**
此種雜交樹有紅紫色葉和粉紅色小花。

高度 8公尺	樹形 寬展開形	葉持久性 落葉	葉型

科 薔薇科	種 *Prunus cerasus*	命名者 Linnaeus

歐洲酸櫻桃 (SOUR CHERRY)

葉為橢圓形至卵形，長7.5公分，寬5公分，
漸尖形，邊緣有銳齒，上面為暗綠色，
兩面皆光滑。樹皮紫褐色，有橫向
的橙褐色皮孔和橫向剝落。花的直
徑2公分，白色，有5片花瓣，仲
春開花，小型叢生。果實即紅
色至黑色的櫻桃可食。

- **原產地** 園藝品種。
- **註釋** 此種樹與歐
洲甜櫻桃(參閱258
頁)為近緣關係。

葉在開花後長出

成熟的果實仍酸

歐洲酸櫻桃

綠色萼片

△ **團花歐洲櫻桃李「RHEXII」**
這種樹的花較大，像玫瑰花。

高度 8公尺	樹形 寬展開形	葉持久性 落葉	葉型

科 薔薇科	種 *Prunus domestica*	命名者 Linnaeus

洋李 (PLUM)

葉為橢圓形至倒卵形，長7.5公分，寬5公分，
尖端短，邊緣有鈍齒，上面暗綠色無光澤，
下面有茸毛，長在無刺的枝條上。樹皮灰褐色，
花的直徑2.5公分，白色，
有5片花瓣，春季開花，
單生或最多3朵叢生。
果實為圓形至卵形，肉質，
甜美，黃色、紅色或紫色，
長7.5公分，果皮光滑，
核內含有一粒種子。

• **原產地** 園藝品種。
• **註釋** 可能是櫻桃李(參閱
259頁)與黑刺李*(P. spinosa)*
的雜交種。

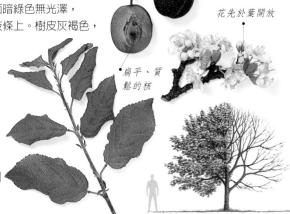

有些樹種有紅皮
果實

花先於葉開放

扁平、質
鬆的核

高度 10公尺	樹形 寬展開形	葉持久性 落葉	葉型

科 薔薇科	種 *Prunus dulcis*	命名者 (Miller) Webb

扁桃，杏仁 (ALMOND)

葉披針形至窄橢圓形，長12公分，
寬4公分，有長尖端，
邊緣有細齒，暗綠色。樹皮暗灰色，
花的直徑5公分，粉紅色，凋謝後
成白色或全部為白色，有5片花瓣，
初春先於幼葉開放，單生或雙生。
果實綠色或天鵝絨色，肉質、乾而堅韌的
果實，核內含有一粒可食的白色種子。

• **原產地** 北非、中亞和西南亞。
• **環境** 乾燥山坡、
灌木叢和森林。

在淡粉紅色花瓣
的基部有較深
的粉紅色斑

扁桃、杏仁

成熟時肉
裂開

除去肉的
核含有可
食的種子

邊緣有齒
的窄葉

◁ **重瓣扁桃**
「ROSEOPLENA」
這種樹的粉紅色重瓣花
與葉同時開放。

高度 8公尺	樹形 寬展開形	葉持久性 落葉	葉型

科 薔薇科	種 *Prunus incisa*	命名者 Thunberg

富士櫻 (FUJI CHERRY)

葉為卵形至倒卵形，長可達6公分，
寬3公分，先端漸尖，邊緣有極銳的齒，
幼葉為青銅紅色，後變暗綠色，兩面皆
有毛。樹皮暗灰色，有豎向裂紋。花直
徑2公分，白色或極淡的粉紅色，
有5片帶缺口的花瓣，仲春先於葉
開花，2或3朵成一小束。果實
為卵形，紫黑色櫻桃，長8公厘。
- **原產地** 日本西南部。
- **環境** 山區森林。

花先於葉
開放

青銅色幼葉

葉緣有銳齒

葉基部有
小腺體

高度 10公尺	樹形 寬展開形	葉持久性 落葉	葉型

科 薔薇科	種 *Prunus insititia*	命名者 Linnaeus

烏荊子李 (BULLACE)

葉為橢圓形至卵形，長7.5公分，寬5公分，
先端有鈍短形尖端，邊緣有鈍齒，上面暗
綠色無光澤，長在有刺的枝條上。樹皮暗
灰色，隨年齡增長而常有裂縫。花的直徑
2.5公分，白色，有5片花瓣，春季先於
葉開放，單生或最多3朵成一小束。
果實為圓形至卵形，肉質、可食，紫色
，長5公分，核近圓形，黏在果肉上。
- **原產地** 園藝品種。
- **註釋** 這是洋李(參閱260頁)
的近緣種。

幼葉有白色毛

葉在花之後
開放

白色
雄蕊頂端
有長的
黃色花葯

烏荊子李

有深脈的葉

▽ 烏荊子李
「Mirabelle」
這種精選樹的像李
子樣的果實，甜而
可食。

高度 7公尺	樹形 寬展開形	葉持久性 落葉	葉型

科 薔薇科	種 *Prunus* 變種或雜交種	命名者 無

日本櫻花 (JAPANESE CHERRIES)

日本櫻花,或稱*Sato－zakura*,是在日本
種植和選擇的觀賞性開花園藝樹。人們
認為它們是兩種天生的日本種,即
小山櫻花(參閱265頁)與美麗櫻花
(*Prunus speciosa*)的變種或雜交種。
這兩種樹與在日本的山坡和山區野生
的某些樹相似。它們在日本公園中
栽培了1,500多年,但引入到西方還不是
很久。多數都有展開樹形,但有些是彎
垂或成窄直立型。漂亮的花從單瓣到半
重瓣或全重瓣,花色從白到深粉紅色。

▽ **直立日本櫻桃「AMANOGAWA」**
一種獨特的樹,具有窄的直立
樹形,高8公尺。淡粉紅色的重瓣花直
徑爲4公分,仲春先於青銅色彩的幼葉
或與其同時開放。

淡粉紅色的花
有黃色花藥

深青銅色
幼葉

重瓣花
密集叢生

邊緣有銳
齒的葉

重瓣花有大
量的花瓣

青銅綠色
的幼葉

**冠形日本櫻桃 △
「KANZAN」**
最普遍種植的日本櫻
花樹,首先是
瓶形,有時樹枝
呈展開形和弓形,
高10公尺或更高。

葉緣上的齒都
有細長尖端

△ **冠形日本櫻桃
「KANZAN」**

△ **矮日本櫻桃
「CHEAL'S WEEPING」**
這種樹常約達2.5公尺高。
它的長樹枝彎曲到地面,
使樹像蘑菇形。

高度 10公尺	樹形 有變異	葉持久性 落葉	葉型

花開放後
凋謝成白色

◁ 白重瓣日本櫻桃
「SHIROFUGEN」
這是美麗的日本櫻花樹之一，
展開的樹形可達10公尺高。重
瓣花的花芽爲粉紅色，晚春開
花時爲白色。花掉落前又變爲
粉紅色。

花序垂於
枝下

花瓣有銳齒

幼葉成熟時
變深綠色

白色的大花有
粉紅色花藥

△ 垂花日本櫻桃
「SHOGETSU」
這種展開形樹，大的白色重
瓣花於晚春從粉紅色彩的花
芽開放，伴有淡綠色幼葉而
形成下垂花序。

大花日本櫻桃 ▷
「TAI HAKU」
這種大的白櫻花曾在
英國公園中發現，又
被引入日本，曾一度認
爲它在日本失於栽培。
它的單瓣花是任何櫻花
中的最大者。這些花於
仲春在青銅色的葉子中
間開放。

花瓣有綠色彩

葉綠有
細尖齒

△ 黃花日本櫻桃桂櫻「UKON」
這種櫻與衆不同的重瓣花爲淡黃綠
色，泛有粉紅色彩。它們於仲春隨青
銅色彩的幼葉同時開放。

科 薔薇科	種 *Prunus* hybrids	命名者 無

雜交櫻 (PRUNUS HYBRIDS)

除日本櫻花之外，公園中還有許多由各種
不同種類雜交的其他樹，這些樹是因其
具有觀賞性的花和葉而有意或偶然種植
和栽培。它們的親代有一些不同種類和
雜交種，包括沙金特氏櫻(參閱268頁)和
日本早櫻(參閱270-271頁)，因此，這些
樹比日本櫻花更加多樣化。它們
可以長成直立形或展開形，常達
10公尺之內的高度，而且總是落
葉樹，有些樹能形成漂亮的秋
色。花為單花至半重瓣或全重
瓣，常在初春到春末開花。

重瓣花有
黃色花藥

尖銳
的齒形葉

△ 矮雜交櫻
「ACCOLADE」
這種小樹被認為是沙金
特氏櫻(*P. sargentii*，
參閱268頁)與日本早櫻
(*P. × subhirtella*，參閱270頁)
的雜交種。

葉基部有
小腺體

粉紅色花芽開放
至凋謝時近於
白色

△ 單花雜交櫻「PANDORA」
這種樹有淡粉紅色的單花，各
有5片花瓣。它們在初春先於葉
開放。

單花的花瓣
先端有缺口

葉端呈
短尖形

葉緣有粗齒

△ 叢葉雜交櫻「SPIRE」
這種暗綠色無光澤的葉，
在秋季變為橙色和紅色。

高度 10公尺	樹形 有變異	葉持久性 落葉	葉型

| 科 薔薇科 | 種 *Prunus jamasakura* | 命名者 Siebold ex Koidzumi |

小山櫻花 (HILL CHERRY)

葉長圓形至倒卵形，長12公分，寬5公分，先端成鈍尖形，邊緣有銳齒，上面為青銅色或紅色，後變深綠色，下面藍綠色，兩面皆光滑，秋季變黃色至紅色。樹皮紫褐色，有橫向皮孔。花直徑3公分，淡粉紅色近白色，有5片花瓣，先端有缺口，仲春與幼葉同時開放，小型花序。果實為肉質深紫黑色漿果，長2.5公分。

- **原產地** 中國、日本、韓國。
- **環境** 小山和低山中的樹林。
- **註釋** 學名也稱為*Pruns serrulata* var. spontanea(山櫻花)。

花瓣先端有缺口

葉緣有銳齒

閉合的軟幼葉

鮮艷的秋葉長在紅色葉柄上

| 高度 20公尺 | 樹形 寬展開形 | 葉持久性 落葉 | 葉型 |

| 科 薔薇科 | 種 *Prunus laurocerasus* | 命名者 Linnaeus |

桂櫻 (CHERRY LAUREL)

葉為橢圓形至長圓形或倒卵形，長20公分，寬6公分，先端呈鈍的短尖形，葉中部以上常有淺齒，上面帶有光澤的黃綠色至極暗的綠色，下面為淡綠色，光滑，長在短而堅挺的葉柄上。樹皮灰褐色，光滑。花直徑8公分，白色，有5片花瓣，芳香，仲春生於葉腋，成直立總狀花序，長12公分，有時秋季再次開花。果實為圓形漿果，直徑1.2公分，綠色後變紅色，成熟時又變黑色。

- **原產地** 亞洲西南部、歐洲東部。
- **環境** 森林中的灌木叢。

黃色葉柄

果實成熟時由綠色經紅色變黑色

長花序由葉腋長出

| 高度 10公尺 | 樹形 寬展開形 | 葉持久性 常綠 | 葉型 |

科 薔薇科	種 *Prunus lusitanica*	命名者 Linnaeus

葡萄牙桂櫻 (PORTUGAL LAUREL)

葉為橢圓形至卵形，長可達12公分，
寬5公分。先端漸尖，邊緣有齒，上面
為暗綠色有光澤，兩面皆光滑，長在細長
的紅色葉柄上。樹皮暗灰褐色，光滑。
花為單個，直徑為1公分，白色，有5片花
瓣，芳香，花多，仲夏開花，形成展開形的
總狀花序，長25公分。果實為卵形，長1.2公
分，由綠色變紅色，成熟時又變黑色。

- **原產地** 法國西南部、葡萄牙、
西班牙。
- **環境** 山區森林。

短序葡萄牙桂櫻 ▷
SUBSP. AZORICA
此種樹原產於北大西
洋群島，亞速爾群
島。其花形成較短的
總狀花序。

花形成細長的
總狀花序

葡萄牙桂櫻

較寬的葉

少數花成直立
總狀花序

高度 10公尺	樹形 寬展開形	葉持久性 常綠	葉型

科 薔薇科	種 *Prunus maackii*	命名者 Ruprecht

滿州稠李 (MANCHURIAN CHERRY)

葉為卵形，長可達7.5公分，寬3公分，先端漸
尖，邊緣有細齒，暗綠色，秋季變成黃色。樹皮
為有光澤的黃褐色，光滑，有淡色橫向皮孔和橫
帶狀剝落。單個花的直徑約1公分，白色，芳
香，仲春與葉同時長在老枝端，成密集的總狀
花序。果實為為圓形，直徑5公厘，綠色，成
熟時為黑色。

- **原產地** 亞洲東北部。
- **環境** 森林。

葉緣有細齒

有光澤的樹皮帶淡
色皮孔斑

小果實
成熟時
為黑色

花叢長在
老枝上

葉端漸尖

葉脈上表面
有印痕

高度 12公尺	樹形 寬錐形	葉持久性 落葉	葉型

科 薔薇科	種 *Prunus padus*	命名者 Linnaeus

稠李 (BIRD CHERRY)

葉為橢圓形，長10公分，寬6公分，
先端尖，邊緣有細齒，暗綠色，秋季常變
為紅色和黃色。樹皮暗灰色，光滑。
花直徑1公分，白色，有5片花瓣，芳香，
仲春至晚春形成直立、展開或下垂的總狀
花序，長15公分。果實為圓形至卵
形，有光澤的黑色漿果，長8公厘。

• **原產地** 北亞、歐洲。
• **環境** 開闊地帶、
河流旁和森林。

葉端成鈍尖形

稠李 ▷

**葉柄上表
面為紅色**

**◁ 長序稠李
「WATERERI」**
長20公分的細長總狀
花序，是辨認此變種
的特徵。

**紫花稠李 ▷
「COLORATA」**
此變種有紅紫色幼葉，
成熟時上面變暗綠色，
下面紅色。

**許多短而帶柄的花，
形成較長的總狀花序。**

高度 15公尺	樹形 寬展開形	葉持久性 落葉	葉型

科 薔薇科	種 *Prunus persica*	命名者 (Linnaeus) Batsch

桃 (PEACH)

葉為窄橢圓形至披針形，長15公分，
寬4公分，先端成長而細的尖端，邊
緣有細齒，暗綠色有光澤。樹皮暗灰
色，隨年齡增長出現裂縫。花的直徑4
公分，從淡至深粉紅色或紅色，有時為
白色，有短柄，單生或雙生，初春開
花。果實為圓形，肉質，可食，為橙
黃色泛紅色，直徑7.5公分，有帶深
麻點和溝紋的核，內含白色種子。

• **原產地** 中國。
• **環境** 山區。

**天鵝絨狀的
薄果皮**

**核黏於
果肉**

△ 桃

**◁ 重瓣桃
「PRINCE
CHARMING」**
此變種有
重瓣花。

**油桃
「VAR.
NECTARINA」**
此變種的果實
有光滑略帶
油質的果皮。

高度 8公尺	樹形 寬展開形	葉持久性 落葉	葉型

科 薔薇科	種 *Prunus sargentii*	命名者 Rehder

沙金特氏櫻 (PRUNUS SARGENTII)

葉為橢圓形至倒卵形，長12公分，寬6公分，
先端鈍尖，邊緣有銳齒，葉幼時上面紅色，
後變深綠色有光澤，兩面皆光滑，秋季變鮮
橙色和紅色。樹皮為有光澤的紅褐色，
有淡色的橫向皮孔。花的直徑4公分，粉
紅色，有5片花瓣，先端有缺
口，仲春與葉同時或在葉之先開
放，叢生。果實為圓形至卵形，
有光澤的紫黑色漿果，長1公分。

- **原產地** 日本。
- **環境** 山區的森林。

深青銅紅色
的幼葉

葉端
長尖

花瓣有缺口

 秋季的
葉色

葉柄上
的2小
脈體

高度 20公尺	樹形 寬展開形	葉持久性 落葉	葉型

科 薔薇科	種 *Prunus x schmittii*	命名者 Rehder

席氏櫻 (PRUNUS X SCHMITTII)

葉為橢圓形至倒卵形，長11公分，寬5.5公分，
先端漸尖，邊緣有細齒和粗齒，上面暗綠色，
下面顏色較淡，兩面有軟茸毛。樹皮紫紅色，
有橫向成排、木栓質、橙褐色的皮孔，
有窄的橫帶狀剝落。花單個，直徑2公分，
花芽深粉紅色，後變淡粉紅色，有5片杯形花瓣，
仲春與幼葉同時開放，叢生。不產果實。

- **原產地** 園藝品種。
- **註釋** 這是歐洲甜櫻桃(參閱258頁)

與灌木*Prunus*
*canescens*的
雜交植物。

葉有
深脈

葉柄基
部有2小
托葉

葉在開花
時長出

 樹皮成
窄條狀
剝落

密集叢生
的花

高度 15公尺	樹形 窄柱形	葉持久性 落葉	葉型

科 薔薇科	種 *Prunus serotina*	命名者 Ehrhart

野黑櫻 (RUM CHERRY)

葉為橢圓形至披針形，長12公分，寬5公分，先端尖，邊緣有細齒，上面為暗綠色有光澤，光滑，下面顏色較淡，光滑，沿中脈有毛，秋季變成黃色或紅色。樹皮暗灰色，光滑。花白色，展開，成下垂總狀花序，長15公分，晚春或初夏生於枝頂。果實為可食的漿果，直徑1公分，紅色，成熟時變黑色。

- **原產地** 北美。
- **環境** 森林、牧場和道旁。

單花有長雄蕊

花長在短而有葉的枝上

高度 25公尺	樹形 寬柱形	葉持久性 落葉	葉型

科 薔薇科	種 *Prunus serrula*	命名者 Franchet

細齒櫻桃 (PRUNUS SERRULA)

葉為披針形，長10公分，寬3公分，先端漸尖成細長尖形，邊緣有細齒，暗綠色無光澤，樹皮為有光澤的紅褐色，光滑，有明顯的淡色橫向皮孔帶和橫向窄條形剝落。花為白色，直徑2公分，比較不明顯，春季恰在幼葉長出之前開放，單生或最多3朵一小束。果實為卵形漿果，長約1公分，黃色，成熟時為紅色。

- **原產地** 中國西部。
- **環境** 山區森林。
- **註釋** 也稱為西藏櫻桃(*Prunus serrula* var. *tibetica*)。此種樹由其樹皮極易識別。

折葉於花開時展開

花有黃色花藥

果實完全成熟時為紅色

細尖葉

紅褐色樹皮有光澤

高度 15公尺	樹形 寬展開形	葉持久性 落葉	葉型

科 薔薇科	種 *Prunus x subhirtella*	命名者 Miquel

日本早櫻 (SPRING CHERRY)

葉為橢圓形至卵形，長7.5公分，寬5公分，
先端漸尖，邊緣有銳齒，葉幼時上面淡青銅色，
後變暗綠色，下面顏色較淡，秋季變成黃色。
樹皮灰褐色，光滑，有橫向皮孔帶。花單個，
直徑2公分，淡粉紅色或白色，有5片花瓣，
先端有缺口，初春先於幼葉或與其同時從粉紅色
花芽開放，小型叢生。果實為近黑色
的漿果，直徑8公厘，生長稀疏。

• **原產地** 日本。
• **環境** 在有親代植物的森林中
• **註釋** 這是富士櫻(參閱261頁)與垂櫻
(*Prunus pendula*)間的天然雜交種。
野生植物很少看到，但有許多園藝種。
秋花日本早櫻是最普遍栽培的
變種之一。

花從粉紅色花
芽中開放

秋花日本早櫻
「AUTUMNALIS」

白色半重瓣花
在冬季開放

秋花日本早櫻 ▷
「AUTUMNALIS」
這種樹的半重瓣花為白色帶
淡紅色彩。它們在秋季和
冬季的溫和期及春季開放。

葉基部
有托葉

青銅綠色
的幼葉

有銳齒
葉緣

葉成熟時
為暗綠色

△ **紫秋花日本早櫻**
「AUTUMNALIS POSEA」
這種栽培品種的半重瓣花與秋花日本早
櫻極相似，花芽和開花時的顏色均為較
深粉紅色。與秋花日本早櫻一樣，它在
冬春季的溫和氣候中開花。

春季，花與葉
同時開放

高度 6公尺	樹形 寬展開形	葉持久性 落葉	葉型

• 葉展開時為淡
綠色的薄葉

垂花日本櫻
「PENDULA POSEA」

∇ **垂花日本櫻「PENDULA POSEA」**
這種樹有淡粉紅色花長單個在垂枝上。
「Pendula Rubra」的習性與此相似，
但其花的顏色較深。這兩種樹可能
不屬於「P. x subhirtella」
但屬於 P. pendula，而且是日本種。

花瓣先端
有缺口

葉緣有分佈不
規則的細齒

單花密集
叢生

櫻桃成熟時，其
顏色從深紅變為
近黑色

葉成熟時變
暗綠色

◁ **窄瓣日本櫻「STELLATA」**
此名稱說明這種栽培品種具有窄花瓣
的星形花。這種極富觀賞性和繁花盛
開的樹種植在美國，
當地人也稱其為「Pink Star」
(粉紅色星)。

花沿紅色枝條成
束地長在一起

科 薔薇科	種 *Prunus verecunda*	命名者 (Koidzumi) Koehne

含羞櫻花 (KOREAN HILL CHERRY)

葉為橢圓形至倒卵形，長12公分，寬5公分，
先端鈍而漸尖，邊緣有銳齒，
葉幼時上面淡綠色至青銅色，
後變綠色有光澤，下面色較
淡，一或兩面有茸毛，秋季為
紅色至紫色。樹皮灰褐色，
有橫向帶狀剝落。花直徑3公分，
白色或淡粉紅色，
有5片花瓣，先端有缺口，
仲春與葉同時或先於葉開放，
小型叢生。果實為紅色至
紫色漿果，直徑1公分。

有深缺口
的花瓣

芽鱗片為紅色

有細齒的
細長托葉

- **原產地** 中國、日本、韓國。
- **環境** 山區森林。
- **註釋** 也稱為*Prunus serrulata*
var. *pubescens*(毛葉山櫻花)。

高度 20公尺	樹形 寬展開形	葉持久性 落葉	葉型

科 薔薇科	種 *Prunus x yedoensis*	命名者 Matsumura

東京櫻花 (YOSHINO CHERRY)

葉為橢圓形，長11公分，寬6公分，葉端漸尖，
邊緣有銳齒，兩面有茸毛，特別是幼葉更多，
上面後來變光滑。樹皮紫灰色，有木栓質皮
孔形成的厚條帶。花直徑4公分，淡粉紅色，
凋謝時近於白色，有5片花瓣，
其先端有缺口，初春先於幼葉開放，
小型叢生。果實為近圓形的漿果，
直徑1.2公分，初為紅色，
夏季成熟時變黑色。

有銳齒葉

紅色未
成熟的
果實

黑色成熟
的果實

淡綠色幼葉

- **原產地** 日本。
- **環境** 在有其親代植
物生長的山區森林中。
- **註釋** 可能是*Prunus
pendula*(垂櫻)與*Prunus
speciosa*(美麗櫻花)
的雜交種。

小而多的花

高度 12公尺	樹形 寬展開形	葉持久性 落葉	葉型

科 薔薇科	種 *Pyrus calleryana*	命名者 Decaisne

豆梨 (PYRUS CALLERYANA)

葉為卵形至橢圓形，長7.5公分，寬5公分，邊緣有細齒，葉上面光滑，秋季或初冬變紅紫色。樹皮暗灰色，裂成鱗狀脊；新露出時為紅褐色。花直徑1公分，白色，有5片花瓣，春季開花。果實為圓形至梨形，肉質，直徑2公分，黃褐色帶白斑。

* **原產地** 中國中部和南部。
* **環境** 山區的灌木叢及河流旁。

葉端有短尖

叢生的花

高度 15公尺	樹形 寬錐形	葉持久性 落葉	葉型

科 薔薇科	種 *Pyrus communis*	命名者 Linneaus

西洋梨 (COMMON PEAR)

葉為卵形至橢圓形，長10公分，寬5公分，基部為圓形至心形，先端尖，邊緣有齒，深綠色有光澤。花白色，有5片花瓣和深粉紅色花藥，仲春開花，叢生。果實為圓形至梨形，肉質、甜可食，由綠色至黃褐色或 黃色，有時泛紅色。

* **原產地** 園藝品種。
* **註釋** 這是一雜交種，包括可能來自西亞的品種。

果實大小、形狀和顏色不一

葉緣有小淺齒

有長柄葉

高度 15公尺	樹形 寬柱形	葉持久性 落葉	葉型

科 薔薇科	種 *Pyrus salicifolia*	命名者 Pallas

柳葉梨 (WILLOW-LEAVED PEAR)

葉為窄橢圓形至窄披針形，長9公分，寬2公分，兩端漸尖，為全緣，葉上面變光滑。樹皮淡灰褐色，裂成片。花直徑2公分，乳白色，有5片花瓣和深粉紅色花藥，春季開花，叢生。果實為梨形，質硬，綠色，長3公分。

* **原產地** 高加索山脈、土耳其東北部。
* **環境** 森林邊緣、灌木叢。

幼葉與花同時生出

果實有短堅的柄

幼葉有茸毛

高度 10公尺	樹形 寬垂枝形	葉持久性 落葉	葉型

科 薔薇科	種 *Sorbus alnifolia*	命名者 (Siebold & Zuccarini) K. Koch

水榆花楸 (SORBUS ALNIFOLIA)

葉為卵形至橢圓形，長10公分，寬4公分，
先端尖，邊緣有齒，葉上面暗綠色，
下面有茸毛，後來變光滑，秋季變為
黃、橙或紅色。樹皮暗褐色，
光滑，有淺裂。花直徑1公分，仲
春開花，叢生。果實為圓形、
紅色漿果，直徑1公分。

果實有皮孔斑

花有5瓣

- **原產地** 中國、日本、韓國、台灣。
- **環境** 森林。

高度 20公尺	樹形 寬錐形	葉持久性 落葉	葉型

科 薔薇科	種 *Sorbus americana*	命名者 Marshall

美洲花楸 (AMERICAN MOUNTAIN ASH)

葉為羽狀，長25公分，有15枚長圓形
至披針形小葉，有尖端、邊緣有齒，
小葉長10公分，寬2.5公分，
晚秋變黃或紅色。樹皮灰色，光滑。
白花成密集頭狀花序，
直徑20公分，晚春至初夏開花。
果實為橙紅色漿果。

果序下垂

淡綠色小葉

- **原產地** 北美東部。
- **環境** 森林。

高度 8公尺	樹形 寬展開形	葉持久性 落葉	葉型

科 薔薇科	種 *Sorbus aria*	命名者 (Linnaeus) Crantz

白面子樹 (WHITEBEAM)

葉為橢圓形至倒卵形，長12公分，寬6公分，
邊緣有銳齒，幼葉上面淡綠色有毛，
後變暗綠色，下面為白色有毛。
樹皮灰色，光滑。花直徑1公分，白色，
有5片花瓣，晚春成扁平狀花序。果實為圓形、
鮮紅色漿果，有淡色皮孔斑。

叢生的成熟果實

- **原產地** 歐洲。
- **環境** 從低地至山區，長在
白堊層和石灰石上。

成熟葉為有光澤的橄欖綠色

高度 15公尺	樹形 寬柱形	葉持久性 落葉	葉型

科 薔薇科	種 *Sorbus aucuparia*	命名者 Linnaeus

歐洲花楸 (ROWAN)

葉為羽狀，長20公分，最多有15枚漸尖、
邊緣有銳齒的小葉，長6公分，葉上面暗綠色，
光滑，下面藍綠色，幼時有茸毛，秋季變為紅
色。樹皮灰色，光滑。花的直徑8公厘，
白色，有5片花瓣，成大型花序，
直徑15公分，晚春開花。果實為圓形、
橙紅色漿果，直徑8公厘，
常形成很重的果序。

- **原產地** 亞洲、歐洲。
- **環境** 森林、石南灌叢地、
沼澤和山區，長在潮濕的
酸性土壤上。
- **註釋** 其漿果可用以製成果子凍和
果醬，但如果生吃，可能有毒。

◁ **羽裂葉歐洲花楸**
「ASPLENIIFOLIA」
這種樹有長圓形、
邊緣有銳齒的小葉。

果實形成大
型、密集、
下垂的果序

伸出的
絨毛狀
花雄蕊

葉端為最
小的小葉

高度 15公尺	樹形 寬錐形	葉持久性 落葉	葉型

科 薔薇科	種 *Sorbus cashmiriana*	命名者 Hedlund

克什米爾花楸 (SORBUS CASHMIRIANA)

葉為羽狀，長15公分，有17片銳齒形小葉，
葉上面深綠色，下面灰
綠色，秋季變黃色。
樹皮灰色至紅灰色
光滑。粉紅色花直徑1.5公厘，
有5片花瓣，成開放花序，
直徑12公分，晚春開花。果實
為圓形漿果，白色，初期頂部
有粉紅色彩，長在紅色果柄上。

- **原產地** 喜馬拉雅山西部。
- **環境** 山區森林。

小葉邊緣
有深齒

秋季葉會變色

白色的成熟果實

高度 8公尺	樹形 寬展開形	葉持久性 落葉	葉型

科 薔薇科	種 *Sorbus commixta*	命名者 Hedlund

朝鮮花楸 (SORBUS COMMIXTA)

葉為羽狀，長20公分，有15枚漸尖形小
葉，長7.5公分，寬2.5公分，葉上
有光澤，下面藍綠色，秋季變黃
色至紅紫色。樹皮灰色，花直徑8
公厘，白色，有5片花瓣，花序直徑
15公分，晚春開花。果實為圓形，
橙紅色。

花形成大型花序

小葉邊緣有細銳齒

- **原產地** 日本、韓國。
- **環境** 山區森林。

高度 10公尺	樹形 寬錐形	葉持久性 落葉	葉型

科 薔薇科	種 *Sorbus domestica*	命名者 Linnaeus

花楸 (SERVICE TREE)

葉為羽狀，長22公分，有21枚長圓
形、有齒的小葉，長葉上面黃
綠色，光滑，幼時下面有茸
毛，秋季變為黃色或紅色。
樹皮暗褐色，鱗片狀。
花直徑1.5公分，白色；有5片花瓣，
形成圓形花序，直徑約10公分，
晚春開花。果實為圓形或梨形，
黃綠色泛紅色。

花形成圓形頭狀花序

◁ 花楸

兩側平行的小葉

- **原產地** 西南亞和
歐洲東部或南部。
- **環境** 山坡，落葉林。

果實可能是圓形或梨形

紅果花楸 ▷
VAR. *PYRIFERA*
此種樹有鮮紅色果實，
形狀像小型梨子。

紅果花楸 ▷
VAR. *POMIFERA*
此種樹的果實
像小蘋果。

果實在中心
以上較寬

小葉邊緣上半部
的齒朝前

高度 20公尺	樹形 寬柱形	葉持久性 落葉	葉型

科 薔薇科	種 *Sorbus esserteauana*	命名者 Koehne

麻葉花楸 (SORBUS ESSERTEAUANA)

葉為羽狀，長25公分，最多有15枚漸尖形小
葉，葉上面深青銅紫色，後變暗綠色有光澤，
幼時下面有灰毛，秋季變紅色。樹皮灰褐色，
有薄鱗。花白色，有5片花瓣，成扁平頭狀花
序，直徑12公分，晚春開花。果實為紅色。

- **原產地** 中國西部。
- **環境** 山區、懸崖、森林。

花成寬平
的頭狀花序

小葉邊緣有
銳齒

像漿果的小果
實叢集成寬的
頭狀果序

高度 10公尺	樹形 寬展開形	葉持久性 落葉	葉型

科 薔薇科	種 *Sorbus forrestii*	命名者 McAllister & Gillham

弗氏花楸 (SORBUS FORRESTII)

葉為羽狀，長20公分，最多有17枚小葉，
葉上面深藍綠色，下面灰綠色。樹皮紫灰色，
光滑，有淺的豎向裂紋。花白色，有5片花瓣，
形成扁平的頭狀花序，晚春開花。
果實為圓形、綠色，成熟時變白色。

- **原產地** 中國西南部。
- **環境** 山
區森林。

小葉上半
部邊緣有
小齒

花成鬆散的小
頭狀花序

小葉下半部
邊緣光滑

果實頂端周圍
有深粉紅色

高度 6公尺	樹形 寬展開形	葉持久性 落葉	葉型

科 薔薇科	種 *Sorbus hupehensis*	命名者 Schneider

湖北花楸 (SORBUS HUPEHENSIS)

葉為羽狀，長15公分，最多有17枚小葉，
近先端有齒，葉上面藍綠色，下面藍灰色，
光滑，秋季變紅。樹皮灰色，光滑。花單個，
直徑6公厘，白色，有5片花瓣，形成圓形花
序，直徑達15公分，晚春開花。果實為圓形漿
果，直徑8公厘，白色，頂端泛粉紅色。

- **原產地** 中國。
- **環境** 山區森林。

白色漿果接近
萼片先端為
粉紅色

小葉上面
為藍綠色

葉緣僅在中部
以上有齒

小葉下
面為藍灰色

鬆散的圓頂
形花序

小葉數目
不一

高度 12公尺	樹形 寬柱形	葉持久性 落葉	葉型

科 薔薇科	種 *Sorbus intermedia*	命名者 (Ehrhart) Persoon

瑞典花楸 (SWEDISH WHITEBEAM)

葉為卵形或寬橢圓形，長10公分，寬6公分，
有淺裂，接近葉基部的裂片深度增加，邊緣有齒，
葉上面暗綠色有光澤，下面灰綠色有毛。
樹皮灰色，隨年齡增長有裂縫和剝落。
花單個，直徑2公分，白色，有5片花瓣，
形成大型而密集的花序，直徑達12公分，
晚春開花。果實為寬卵形，鮮紅色漿果。

- **原產地** 歐洲西北部。
- **環境** 森林。

葉下面有光
澤、暗綠色

卵形、發
亮的紅色
漿果

葉中部以下
裂縫最深

葉下面灰
綠色有毛

高度 15公尺	樹形 寬柱形	葉持久性 落葉	葉型

科 薔薇科	種 *Sorbus*「Joseph Rock」	命名者 無

約瑟夫花楸 (SORBUS「JOSEPH ROCK」)

葉為羽狀，長15公分，最多有17枚無銳齒的小葉，葉上面鮮綠色，下面灰綠色，後變光滑，秋季變橙、紅和紫色。樹皮灰色，近於光滑，有小的橙色皮孔。花直徑10公厘，白色，有5片花瓣，成扁平頭狀花序，直徑10公分，晚春至初夏開花。果實圓形，直徑10公厘，綠色後變黃白色，成熟時又變橙黃色。
- **原產地** 可能在中國。
- **環境** 不詳。此種樹可能沒有野生種。

果實長在紅柄上

小葉邊緣有小齒

秋季葉會變色

高度 10公尺	樹形 寬柱形	葉持久性 落葉	葉型

科 薔薇科	種 *Sorbus latifolia*	命名者 (Lamarck) Persoon

寬葉花楸 (SERVICE TREE OF FONTAINEBLEAU)

葉為寬卵形，長10公分，寬與長同，接近基部有尖形裂片，邊緣有銳齒，上面暗綠色有光澤，下面灰色有茸毛。樹皮暗灰色，有裂縫和剝落。花單個，直徑1.5公分，白色，有5片花瓣，形成扁平頭狀花序，晚春開花。果實為圓形，黃褐色。
- **原產地** 歐洲中部和西部。
- **環境** 森林。
- **註釋** 這種樹可能是白面子樹(參閱274頁)與野生花楸果(參閱282頁)的雜交種。

葉上面光滑

葉下面黏結灰色毛

葉的淺裂片邊緣有銳齒

秋季葉變黃色

高度 12公尺	樹形 寬柱形	葉持久性 落葉	葉型

科 薔薇科	種 *Sorbus sargentiana*	命名者 Koehne

晚繡花楸 (SORBUS SARGENTIANA)

葉為羽狀，長35公分，有11枚長圓形、漸尖、
有齒的小葉，長12公分，寬5公分，
葉上面深綠色無光澤，下面灰綠色有毛，
秋季變橙色和紅色。樹皮紫褐色。
花直徑6公厘，白色，成圓形頭狀花序，
直徑20公分，初夏開花。
果實為圓形，鮮紅色，
直徑6公厘，
形成大型果序。
• **原產地** 中國西南部。
• **環境** 山區森林。

頂端有一對
小葉尖端
朝前

小果實成寬的
頭狀果序

高度 10公尺	樹形 寬柱形	葉持久性 落葉	葉型

科 薔薇科	種 *Sorbus scalaris*	命名者 Koehne

梯葉花楸 (SORBUS SCALARIS)

葉為羽狀，長20公分，有大量窄的長圓形小葉，
近先端有齒，葉上面深綠色有光澤，
下面灰色有毛，晚秋變紅色和紫色。
樹皮灰色，光滑，有淺裂。花直徑6公厘，
白色，有5片花瓣，成寬而扁平的
頭狀花序，直徑15公分，
晚春至初夏開花。果實圓形，
鮮紅色，直徑6公厘，
成大型果序。
• **原產地** 中國西南部。
• **環境** 山區森林。

僅在葉端有
稀少的淺齒

小花成密集
花序

深紅色
小果子

高度 10公尺	樹形 寬展開形	葉持久性 落葉	葉型

科 薔薇科	種 *Sorbus thibetica*	命名者 (Cardot) Handel－Mazzetti

康藏花楸 (SORBUS THIBETICA)

葉為橢圓形至倒卵形或近圓形，長15公分，
寬10公分，基部漸尖，先端尖形，邊緣有銳齒，
葉上面最初有毛，後變光滑，並呈暗綠色，
下面密覆白色毛，最多有12對葉脈。樹皮灰褐色，
薄鱗狀，基部有剝落。花為白色，有5片花瓣，
花序直徑6公分，晚春至初夏開花。
果實為圓形漿果，直徑15公厘，綠色，
成熟時變為橙色或黃色。

- **原產地** 中國西南部，喜馬拉雅山。
- **環境** 常綠和落葉的山區森林。
- **註釋** 這裏的約翰康藏花楸
是最常見的一種樹。

大葉
有光澤

約翰康藏花楸
「JOHN MITCHELL」

毛茸茸的
灰色花柄

葉下面
為銀色

高度 15公尺	樹形 寬錐形	葉持久性 落葉	葉型

科 薔薇科	種 *Sorbus x thuringiaca*	命名者 (Ilse) Fritsch

裂葉花楸 (SORBUS X THURINGIACA)

葉窄卵形至橢圓形，長10公分，寬6公分，
除極尖端之外，其他處都有裂片，越接近基
部，裂片越深，邊緣有齒，葉上面暗綠色
有光澤，下面灰色有毛，基部有幾片小
葉。樹皮紫灰色，光滑，隨年齡增長
而有裂縫。花的直徑為1.2公分，白色，
有5片花瓣，晚春成密集花序。
果實為圓形鮮紅色漿果，直徑10公厘。

- **原產地** 歐洲。
- **環境** 森林，與親代植物長在一起。
- **註釋** 這是白面子樹(參閱274頁)與
歐洲花楸(參閱275頁)間天然形成的雜
交種。這裏示出的變種頂淺裂葉花楸
是普遍種植的街道樹，它的分枝向
上斜，構成寬橢圓形樹冠。
其他變種樹接近歐洲花楸，
有更多自由小葉。

葉基部有
深裂片

鮮紅色果實
形成弓形果序

接近葉端的
裂片變淺

葉下面有毛

頂淺裂葉花楸
「FASTIGIATA」

高度 12公尺	樹形 寬錐形	葉持久性 落葉	葉型

科 薔薇科	種 *Sorbus torminalis*	命名者 (Linnaeus)Crantz

野生花楸果 (WILD SERVICE TREE)

葉為寬卵形，長10公分，寬與長相等，
有深裂片，邊緣有銳齒，葉上面暗綠色有光
澤，下面色較淡，幼時有茸毛，秋季變黃、
紅或紫色。樹皮暗褐色，裂成鱗片狀。
花為白色，晚春至初夏開花，
成扁平狀花序。果實為黃褐色漿果。
• **原產地** 非洲北部、
亞洲西南部和歐洲。
• **環境** 森林。

成熟的果
實有皮孔斑

像槭樹
的葉子

開放形花序

高度 15公尺	樹形 寬柱形	葉持久性 落葉	葉型

科 薔薇科	種 *Sorbus vestita*	命名者 (G. Don) Loddiges

白毛葉花楸 (SORBUS VESTITA)

葉為橢圓形，長20公分，寬15公分，有小裂片，
邊緣有銳齒，葉幼時上面有白毛，後變暗綠色
有光澤，下面密覆白色毛，最多有11對葉脈。
樹皮淡灰色，有厚片剝落。花直徑2公分白色，
有5片花瓣，成扁平狀花序，直徑10公分，
晚春至初夏開花。果實為圓形至梨形漿果，
直徑2公分，綠色帶褐色斑。
• **原產地** 喜馬拉雅山。
• **環境** 山區森林。

果實有褐色
皮孔斑點

果實長在
堅挺果
柄上

高度 15公尺	樹形 寬錐形	葉持久性 落葉	葉型

科 薔薇科	種 *Sorbus vilmorinii*	命名者 Schneider

川滇花楸 (SORBUS VILMORINII)

葉為羽狀，長15公分，最多有25片長圓形
小葉，長2公分，接近先端的邊緣
有齒，葉上面深綠色
有光澤，下面灰綠
色。樹皮暗灰色，光滑。
花白色，有5片花瓣，叢生的花序直徑10
公分，晚春至初夏開花。果實為圓形漿
果，初為深紅色，成熟後變白色。
• **原產地** 中國西南部。
• **環境** 山區森林。

緋紅色幼果

果實成熟前經
歷許多深淺不
同的粉紅色

高度 8公尺	樹形 寬展開形	葉持久性 落葉	葉型

芸香科

本 科所屬的1,500種喬木、灌木和攀緣植物包括在150多個屬內。它們分佈在世界各地，以熱帶和暖溫帶為多。

葉子為互生，複葉，破碎時會散放出芳香味。花綠色至白色或黃色，有4或5片花瓣。

科 芸香科	種 *Phellodendron amurense*	命名者 Ruprecht

黃柏 (AMUR CORK TREE)

葉為羽狀，長35公分，最多有13枚卵形至披針形、漸尖、無齒或有小齒的小葉，葉上面深綠色有光澤，下面藍綠色，在中脈基部有毛，秋季葉變黃色。樹皮灰褐色，皮厚，木栓質，有凸脊。花為雌雄異株，仲春開花，雄、雌皆為小型綠花，雄花有突出的黃色花藥，成錐形花序，長7.5公分。果實圓形，直徑10公厘，綠色，成熟時黑色。

• **原產地** 亞洲東北部。

• **環境** 靠近山區河流的潮濕地。

黃蘗
P. AMURENSE

• 小葉上面
綠色帶光澤

樹皮有帶木栓
質凸脊的裂縫

▽ **毛脈黃蘗** VAR. *LAVALLEI*
這種樹的辨認特徵是，光滑的小葉，上為灰綠色，下面有帶毛的葉脈。

• 雄花有
伸出的
雄蕊

• 芳香的
果實成熟時
由綠變黑

黃蘗 *P. AMURENSE*

• 小葉上面
綠色無光澤

高度 12公尺	樹形 寬展開形	葉持久性 落葉	葉型

科 芸香科	種 *Ptelea trifoliata*	命名者 Linnaeus

榆桔 (HOP TREE)

葉有3枚橢圓形至卵形、無齒或有稀齒的小葉，
長10公分，寬4公分，葉上面深綠色有光澤，兩面
光滑，秋季變黃色，葉破碎時有芳香味。樹皮
暗灰色，近光滑。花的直徑約10公厘，黃綠色至
綠色，有4或5片花瓣，花序直徑7.5公分，初夏
生於枝頂。果實有寬圓的翅，中心有兩粒種
子，翅寬2.5公分，淡綠色，成熟時變淡褐色。
• **原產地** 北美東部。
• **環境** 潮濕森林，
灌木叢和多岩石坡地。

榆桔

種子被
綠翅包住

綠色小花
成直立花序

幼葉有時
變淡綠色

葉面上的脈點
放出芳香油

◁ **黃葉榆桔「Aurea」**
從葉子的整體看來，
這種樹的黃色幼葉
十分誘人。

高度 8公尺	樹形 寬展開形	葉持久性 落葉	葉型

科 芸香科	種 *Tetradium daniellii*	命名者 (Bennett) Hartley

丹氏吳茱萸 (TETRADIUM DANIELLII)

葉為羽狀，長30公分，最多有11片卵形或
長圓形、通常短尖端、無齒的小葉，
長10公分，寬4公分，葉上面深綠色有光澤，
下面藍綠色，至少幼時有毛。樹皮灰色，
光滑。花白色，芳香，成寬扁平頭狀
花序，直徑15公分，夏末至初秋生於
枝頂。果實為鉤形、紅褐色至
近黑色的小蓇果，
長8公厘，密集叢生。
• **原產地** 中國、韓國。
• **環境** 山區森林。
• **註釋** 以前稱
Euodia daniellii。

幼葉基部
兩側不相同

雄花有伸出
的黃色花藥

高度 15公尺	樹形 寬展開形	葉持久性 落葉	葉型

科 芸香科	種 *Zanthoxylum ailanthoides*	命名者 Siebold & Zuccarini

樗葉花椒 (ZANTHOXYLUM AILANTHOIDES)

葉為羽狀，長30公分，有15對長圓形、先端尖的
小葉，長15公分，寬5公分，葉上面
為淡綠色，下面為藍綠色。
樹皮灰色和綠色，有剝皮，
也有帶刺隆起處。花為雌雄
異株，夏末開花，雌雄花
皆為黃綠色，在枝頂成寬的
頭狀花序。果實小，綠色，
帶有黑色種子。

- **原產地** 東亞。
- **環境** 森林。

小葉漸成細尖端

有極細齒的小葉

高度 15公尺	樹形 寬展開形	葉持久性 落葉	葉型

科 芸香科	種 *Zanthoxylum simulans*	命名者 Hance

野花椒 (ZANTHOXYLUM SIMULANS)

葉為羽狀，長20公分，有11枚卵形、稀齒的
小葉，葉上面綠色有光澤，多刺，
葉軸上有微小的翼，破碎時有芳香味，
長在多刺的葉柄上。樹皮灰色，有錐形隆
起。夏季開綠色小花，花序直徑
5公分。果實為小圓形果，有瘤，極芳香，
直徑5公厘，綠色，成熟時為紅色，
乾燥時放出有光澤的黑色種子。

- **原產地** 中國。
- **環境** 山區森林和灌木叢。
- **註釋** 在這種樹生長期間，樹幹上的
刺變硬，發育成粗糙、像帽貝的隆起，
這是這種樹的樹皮特徵。

帶翼的葉軸

果實有
紅色柄、
長有瘤

有扁刺的莖

當葉破碎
時，小葉上的
腺體放出芳香味

樹幹表面有一
層錐形隆起

高度 6公尺	樹形 寬展開形	葉持久性 落葉	葉型

楊柳科

本科有兩屬和約350種喬木和灌木，分佈在澳洲以外的世界各地，以北溫帶地區最普遍。葉子互生，有時為對生。微小無花瓣的花形成柔荑花序，花幾乎是雌雄異株。果實為蒴果，含有小粒種子。

科 楊柳科	種 *Populus alba*	命名者 Linnaeus

銀白楊 (WHITE POPLAR)

葉有變異，在強壯枝上像楓樹葉，有3至5裂片，長10公分，寬7.5公分，長在短枝上的葉有淺裂，邊緣呈波形，兩種類型的葉上面皆白色，幼時有毛，後變光滑，呈暗綠色，葉下面密生白色毛。樹皮灰色，有裂縫，基部暗色。花為雌雄異株，初春先於葉開放，成下垂柔荑花序，雄花序長7.5公分，灰色，帶紅色花藥，雌花序長5公分，綠色。果實為綠色小蒴果，成柔荑果序，長10公分，開放時放出微小種子，裹在像棉花樣的毛中。

• **原產地** 非洲北部、亞洲中部和西部、歐洲。

• **環境** 森林，在潮濕和乾燥地帶。

白色、有毛的幼葉

成熟的葉有光滑的上表面

不太強壯的枝上長有淺裂葉

堅挺的枝上長有像楓樹樣的葉子

葉下表面覆蓋白色密毛

高度 30公尺	樹形 寬柱形	葉持久性 落葉	葉型

科 楊柳科	種 *Populus balsamifera*	命名者 Linnaeus

脂楊 (BALSAM POPLAR)

葉為卵形，長12公分，寬10公分，先端漸尖，
邊緣有細齒，葉上面綠色有光澤，下面白色，
有網狀葉脈，兩面光滑，幼時有香脂味。
樹皮灰色，有凸脊。花為雌雄異株，
初春開花，成柔荑花序，雄花序
長5公分，雌花序長7.5公分，綠色。
果實為綠色小蒴果，
成柔荑果序，長30公分。

- **原產地** 北美。
- **環境** 潮濕林地。

葉端有
細長尖

葉下面的
細脈網

高度 30公尺	樹形 寬柱形	葉持久性 落葉	葉型

科 楊柳科	種 *Populus x canadensis*	命名者 Moench

加拿大楊 (POPULUS X CANADENSIS)

葉為寬三角形，長、寬10公分，先端成短尖形，
邊緣有細齒，葉上面綠色有光澤。樹皮淡灰
色，有深的豎向裂縫。花為雌雄異株，
初春先於葉開放，成柔荑花序，雄花序長
10公分，雌花為綠色。果實為綠色小蒴果，
開放時放出微小種子，裹在白色絨毛中。

- **原產地** 園藝品種。
- **註釋** 由北美種三角葉楊
*(Populus deltoides)*與黑楊(參閱289頁)
雜交的這類群樹有許多變型，
包括普遍生長的楊樹。

皺皮加拿大楊 ▷
「MARILANDICA」
深裂縫使這種樹的
樹皮具有凹凸不平的
外觀。

淡灰色樹皮有
不規則的凸脊

近基部的葉緣
有較大齒

◁ 健葉加拿大楊
「ROBUSTA」
這種雄性樹的青銅紅色幼葉
於仲春生出，夏末成熟時變
深綠色有光澤。

引人注目的
鮮明幼葉

△ **黃葉加拿大楊**
「SEROTINA AUREA」
這種雄性樹於夏末長葉，
夏季有鮮黃色叢集葉。

有豎向凸
脊的樹皮

高度 30公尺	樹形 寬柱形	葉持久性 落葉	葉型

科 楊柳科	種 *Populus x candicans*	命名者 Aiton

歐洲大葉楊 (BALM OF GILEAD)

葉為寬卵形，長15公分，寬10公分，基部為心形，先端漸尖，邊緣有齒，葉上面暗綠色，下面白色，並有網狀葉脈，兩面略有茸毛。樹皮灰色和光滑。花只有雌花，綠色，初春開放，成下垂柔荑花序。果實為綠色小蒴果，成柔荑果序，長15公分，開放時放出微小種子，裹在像棉花樣的白毛中。

• **原產地** 園藝品種。
• **註釋** 也稱安大略楊。
這種樹被認為是脂楊(參閱287頁)的變種，它是從北美東部河岸公園中移植的。「Aurora」是常見的樹，它的葉子有白色、乳黃色和粉紅色的斑駁。

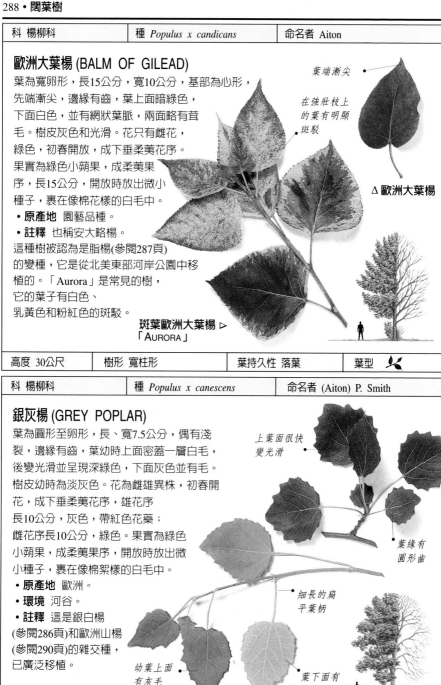

葉端漸尖

在強壯枝上的葉有明顯斑駁

△ 歐洲大葉楊

斑葉歐洲大葉楊 ▷
「AURORA」

高度 30公尺	樹形 寬柱形	葉持久性 落葉	葉型

科 楊柳科	種 *Populus x canescens*	命名者 (Aiton) P. Smith

銀灰楊 (GREY POPLAR)

葉為圓形至卵形，長、寬7.5公分，偶有淺裂，邊緣有齒，葉幼時上面密蓋一層白毛，後變光滑並呈現深綠色，下面灰色並有毛。樹皮幼時為淡灰色。花為雌雄異株，初春開花，成下垂柔荑花序，雄花序長10公分，灰色，帶紅色花藥；雌花序長10公分，綠色。果實為綠色小蒴果，成柔荑果序，開放時放出微小種子，裹在像棉絮樣的白毛中。

• **原產地** 歐洲。
• **環境** 河谷。
• **註釋** 這是銀白楊(參閱286頁)和歐洲山楊(參閱290頁)的雜交種，已廣泛移植。

上葉面很快變光滑

葉緣有圓形齒

細長的扁平葉柄

幼葉上面有灰毛

葉下面有灰毛

高度 30公尺	樹形 寬柱形	葉持久性 落葉	葉型

科 楊柳科	種 *Populus lasiocarpa*	命名者 Oliver

大葉楊 (POPULUS LASIOCARPA)

葉為大型和寬卵形，長30公分，寬20公分，
基部為深心形，邊緣有圓形齒，兩面幼時有毛，
以後變深綠色，光滑，有紅色葉脈和葉柄，
長在極堅挺的枝上。樹皮灰褐色，有豎向裂縫。
花為雌雄異株，仲春開花，雌雄花皆為黃綠色，
雄花有紅色花藥，成下垂柔荑花序，長10公分，
有時在同一花穗上。果實為綠色小蒴果，
成柔荑果序，開放時放出微小種子，
裹在像棉絮樣的白毛中。

- **原產地** 中國中部。
- **環境** 山區的潮濕森林。
- **註釋** 因有極大的長柄葉，
所以極易區分此種樹與
本屬中的其他樹。

堅韌的粗枝

大葉有心
形基部

長的紅色葉柄

綠種子裂開時
放出
種子

高度 20公尺	樹形 寬錐形	葉持久性 落葉	葉型

科 楊柳科	種 *Populus nigra*	命名者 Linnaeus

黑楊 (BLACK POPLAR)

葉為三角形至卵形，長10公分，
寬與長相等，長在強壯枝上的
葉更大，先端尖，邊緣有鈍
齒，有窄的半透明邊緣，葉上
面青銅色，後變暗綠色，下面
色較淡，秋季變黃色。樹皮暗
灰褐色，常有大毛刺。花為雌
雄異株，初春先於葉開放，成
下垂柔荑花序，長5公分，雄花
有紅色花藥，雌花綠色。果實為綠
色小蒴果，成柔荑果序，開放時放出微
小種子，裹在棉絮樣的白毛中。

- **原產地** 亞洲西部、歐洲。
- **環境** 河谷。
- **註釋** 「Italica」黑楊，即倫巴第楊，
是一種直立型楊樹。

葉端無齒

細長的扁
平葉柄

葉基部
無脈點

高度 30公尺	樹形 寬展開形	葉持久性 落葉	葉型

科 楊柳科	種 *Populus szechuanica*	命名者 Schneider

川楊 (POPULUS SZECHUANICA)

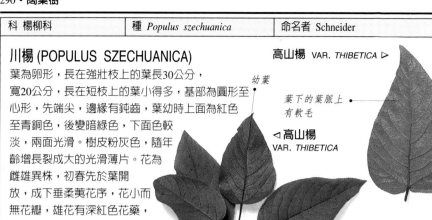

高山楊 VAR. *THIBETICA* ▷

幼葉

葉下的葉脈上
有軟毛

◁ 高山楊
VAR. *THIBETICA*

葉為卵形，長在強壯枝上的葉長30公分，寬20公分，長在短枝上的葉小得多，基部為圓形至心形，先端尖，邊緣有鈍齒，葉幼時上面為紅色至青銅色，後變暗綠色，下面色較淡，兩面光滑。樹皮粉灰色，隨年齡增長裂成大的光滑薄片。花為雌雄異株，初春先於葉開放，成下垂柔荑花序，花小而無花瓣，雄花有深紅色花藥，雌花綠色。果實為綠色小蒴果，成柔荑果序，長16公分，開放時放出微小種子，裹在像棉絮樣的白毛中。

• **原產地** 中國西部。
• **環境** 潮濕的山區森林。
• **註釋** 這裏所示的藏川楊
(var. *thibetica*)，
葉子下面有稀毛。

紅色葉柄
和中脈

高度 30公尺	樹形 寬柱形	葉持久性 落葉	葉型

科 楊柳科	種 *Populus tremula*	命名者 Linnaeus

歐洲山楊 (ASPEN)

葉基部3條清
晰的葉脈

葉緣有極
粗齒

細長的
扁平葉柄

葉為圓形至寬卵形，長、寬7.5公分，長在嫩枝上的葉為卵形，較大，葉緣有圓形齒，葉幼時上面青銅色，後變灰綠色，下面色較淡，秋季變黃色，長在扁平葉柄上。樹皮灰色，以後基部顏色變暗。花為雌雄異株，初春先於幼葉開放，成下垂柔荑花序，雄花有紅色花藥，雌花為綠色。果實為綠色小蒴果，成柔荑果序，開放時放出微小種子，裹在棉絮樣的白毛中。

• **原產地** 亞洲、北非、歐洲。
• **環境** 生在貧瘠土壤上的樹林和灌木。在原產區的南部，此種樹生於山區。

高度 20公尺	樹形 寬展開形	葉持久性 落葉	葉型

科 楊柳科	種 *Salix alba*	命名者 Linneaus

白柳 (WHITE WILLOW)

葉為披針形，長10公分，寬1.5公分，兩端漸尖，先端更細長，幼時上面有銀色毛，後變綠色，下面為灰色或藍綠色。樹皮灰褐色，有深裂縫。花為雌雄異株，初春先於幼葉開放，雌雄花皆小，無花瓣，叢集成細長、圓柱形的柔荑花序，伸展成直立狀，雄花序長5公分，黃色，雌花序長4公分。果實為綠色小蒴果，長5公厘，開放時放出有絨毛的種子。

- **原產地** 亞洲西部、歐洲。
- **環境** 河旁和鄰水草地。
- **註釋** 在原產區廣泛栽培這種樹，大多種植在潮濕的沿海地區及河旁。

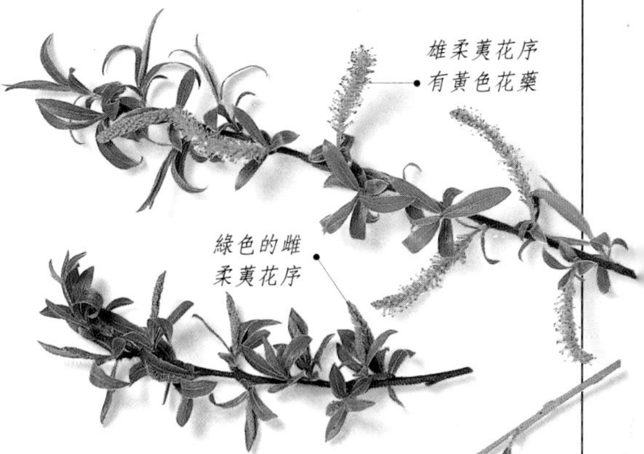

雄柔荑黃花序有黃色花藥

綠色的雌柔荑黃花序

白柳

明顯多毛的銀色幼葉

棄成細尖

暗綠色的成熟葉

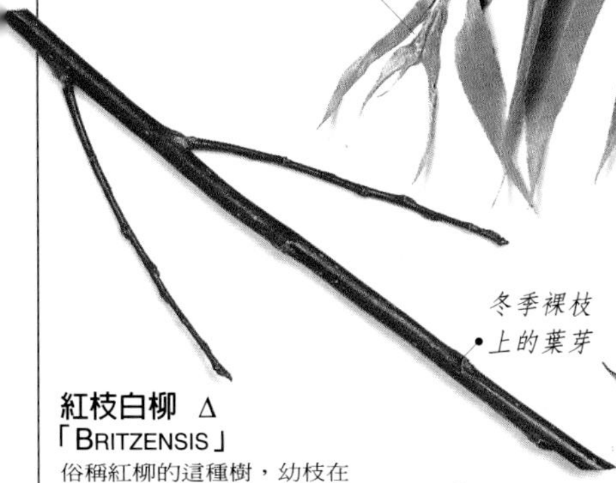

冬季裸枝上的葉芽

紅枝白柳 △
「BRITZENSIS」
俗稱紅柳的這種樹，幼枝在冬季為鮮橙紅色。

藍灰葉白柳 ▷
「VAR. *CAERULEA*」
人們慣用此變種樹的木材製造板球拍，故英文俗名為cricket—bat *willow*。

帶白霜的藍灰色葉

高度 25公尺	樹形 寬柱形	葉持久性 落葉	葉型

科 楊柳科	種 *Salix babylonica*	命名者 Linnaeus

垂柳，中國垂柳 (CHINESE WEEPING WILLOW)

葉為披針形，長10公分，
寬2公分，漸尖在先端成
細長尖形，邊緣有細齒，
葉上面綠色，下面藍綠色，
幼時有毛，後變光滑，長在下垂
有光澤的褐色枝條上。樹皮灰褐色，
裂成粗的豎向凸脊。花為雌雄異株，
初春先於幼葉開放，花小無花瓣，
成細長圓柱形柔荑花序，雄花序黃色，
雌花序綠色。果實為綠色小蒴果，長5公厘，
開放時放出有絨毛的白色種子。

- **原產地** 中國北方。
- **環境** 現僅知有栽培種。
- **註釋** 這種樹在北非、西亞和
東歐栽培多年，其原有習性已不能確定。

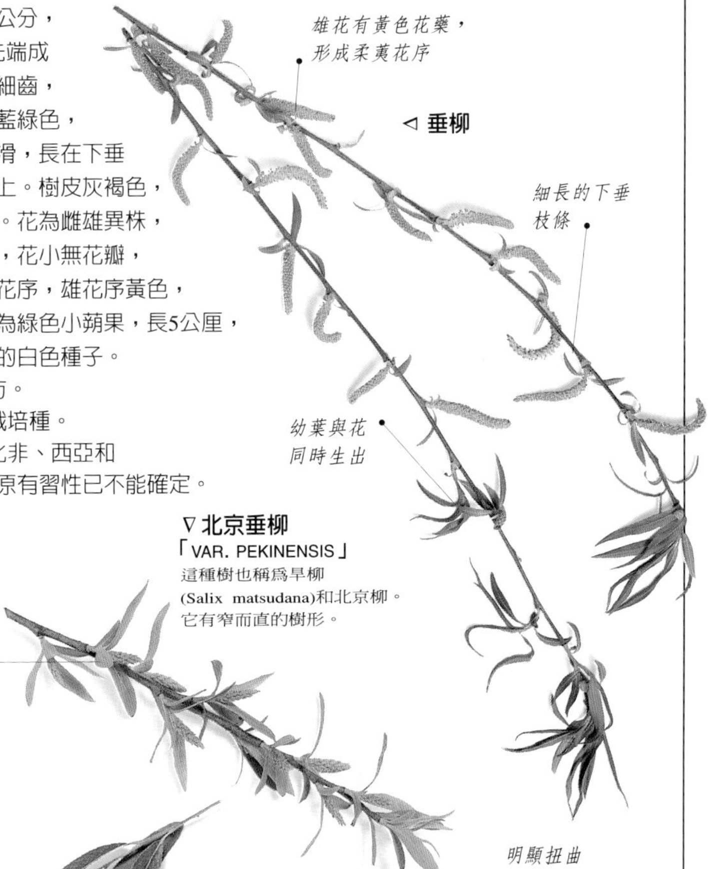

雄花有黃色花藥，
形成柔荑花序

◁ **垂柳**

細長的下垂
枝條

幼葉與花
同時生出

▽ **北京垂柳**
「VAR. PEKINENSIS」
這種樹也稱為旱柳
(Salix matsudana)和北京柳。
它有窄而直的樹形。

綠色雌花叢集
成柔荑花序

▽ **長枝垂柳**
「PENDULA」
這種特別優美型的
垂柳具有下垂枝條和密
集的葉子。

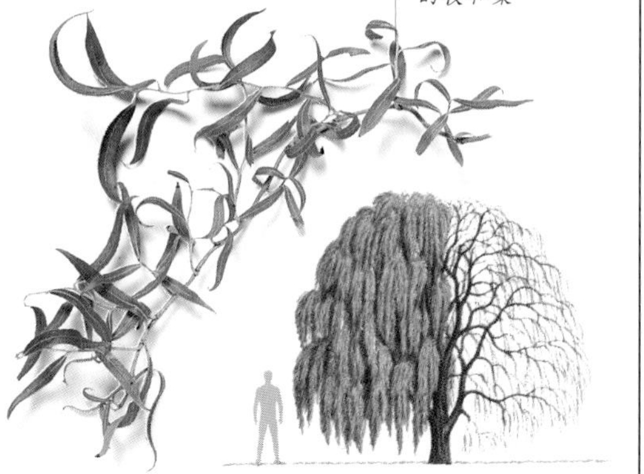

明顯扭曲
的枝和葉

成細尖形
下垂葉

扭葉垂柳 ▷
「TORTUOSA」
俗稱龍爪柳的這種樹，具
有巧妙扭曲的枝和葉。

| 高度 12公尺 | 樹形 寬垂枝形 | 葉持久性 落葉 | 葉型 |

科 楊柳科	種 *Salix daphnoides*	命名者 Villars

瑞香柳 (VIOLET WILLOW)

葉為窄橢圓形，長12公分，寬3公分，
先端漸尖，邊緣有淺齒，葉上面暗綠色，
下面藍綠色，後變光滑，枝上有白霜，
後變紅褐色。樹皮灰色，光滑。
花雄、雌花都很小，
無花瓣，雄花有黃色花藥，形成
絲毛狀的柔荑花序，長達4公分，
晚冬至初春先於葉開放。
果實為綠色小蒴果，
長5公厘，開放時放出
有絨毛的白色種子。
- **原產地** 歐洲。
- **環境** 潮濕森林。

葉下面有藍色色彩

有尖形的紅色葉芽

葉基部漸尖

枝條最初被白霜覆蓋

高度 10公尺	樹形 寬錐形	葉持久性 落葉	葉型

科 楊柳科	種 *Salix fragilis*	命名者 Linnaeus

爆竹柳 (CRACK WILLOW)

葉為披針形，長15公分，寬3公分，
先端成細尖，邊緣有細齒，葉幼時上面有絲
毛，後變暗綠色，下面為藍綠
色，兩面光滑。樹皮暗灰色，
有深裂縫。花為雌雄異株，
春季與幼葉同時開放，
雄、雌花都小，無花瓣，
雄花為黃色，雌花綠色，
成圓柱形、細長的柔荑花序，
長6公分。果實為綠色小
蒴果，成柔荑果序，
開放時放出有絨毛的
白色種子。
- **原產地** 亞洲、歐洲。
- **環境** 河岸。
- **註釋** 嫩枝很容易從分枝上折斷，
因此而得其學名和俗名。

葉下面為藍綠色

橄欖綠色枝條

葉尖成長尖端

高度 15公尺	樹形 寬展開形	葉持久性 落葉	葉型

科 楊柳科	種 *Salix pentandra*	命名者 Linnaeus

五蕊柳 (BAY WILLOW)

葉為橢圓形至窄卵形，長12公分，
長達5公分，漸成短尖形，邊緣有細齒，
葉上面為暗綠色有光澤，下面色較淡，
兩面光滑，略芳香。樹皮灰褐色，
有淺裂縫。花為雌雄異株，初夏在幼葉後
開放，雄、雌花皆小，無花瓣，
雄花黃色，雌花綠色，成圓柱形
的柔荑花序，長5公分。
果實為綠色小蒴果，長6公厘，
開放時放出有絨毛的白色種子。

- **原產地** 亞洲、歐洲。
- **環境** 河岸和草地。

葉下面無光澤

細長的雌
柔荑花序

葉上面
有光澤

雄柔荑花序
有寬基部

柔荑花序長在
帶葉的枝端

高度 15公尺	樹形 寬展開形	葉持久性 落葉	葉型

科 楊柳科	種 *Salix x sepulcralis*	命名者 Simonkai

基生柳 (SALIX X SEPULCRALIS)

尾葉基生柳「CHRYSOCOMA」

葉為窄披針形，長12公分，寬2公分，
漸尖，邊緣有細齒，葉幼時上面有薄毛，
後變鮮綠色，下面藍綠色，光滑，
長在細長、下垂的黃色枝條上。
樹皮淡灰褐色，有淺裂縫。
花小無花瓣，成柔荑花序，
長7.5公分，春季開花，
長在同一花穗上。果實
為綠色小蒴果，長3公厘，
開放時放出有絨毛的白
色種子。

- **原產地** 園藝品種。
- **註釋** 這是白柳
(參閱291頁)與垂柳
(參閱292頁)間的雜交種。

細長葉的先端
為長尖形

直立、彎曲
的柔荑
花序

葉下面
藍綠色

高度 20公尺	樹形 寬垂枝形	葉持久性 落葉	葉型

無患子科

本科約有1,500種落葉喬木、灌木和攀緣植物，收集在約150屬內，主要分佈在熱帶和亞熱帶地區。葉子為互生、單生、羽狀、二回羽狀或有3小葉。小的雄花和雌花有5片花瓣。果實有乾的翅果、蒴果、堅果或漿果。

科 無患子科	種 *Koelreuteria paniculata*	命名者 Laxmann

欒樹 (GOLDEN RAIN TREE)

葉為羽狀或者是二回羽狀，長45公分，有淺裂，或分成若干小葉，邊緣有齒，葉上面暗綠色，有茸毛，秋季變黃色。
樹皮淡褐色，有淺裂縫。
花黃色，有4片花瓣，成圓錐花序，長45公分，仲夏至晚夏生於枝頂。果實為囊狀蒴果，長5公分，綠色或綠色帶紅色，成熟時變淡褐色。
• **原產地** 中國、韓國。
• **環境** 熱而乾燥的河谷。

花序中有紅斑

三角形的三面體蒴果

果實成熟時變黃褐色

深齒形有深裂小葉

高度 12公尺	樹形 寬展開形	葉持久性 落葉	葉型

科 無患子科	種 *Xanthoceras sorbifolium*	命名者 Bunge

文冠果 (XANTHOCERAS SORBIFOLIUM)

葉為羽狀，長30公分，有17片窄橢圓形、有齒的小葉，葉上面暗綠色有光澤。
樹皮灰褐色，裂成鱗狀凸脊。花白色，有5片花瓣，其上有黃綠色斑，以後基部變紅色，成直立總狀花序，長25公分，春末與幼葉同時或恰在幼葉生出後生於老枝頂。
果實為光滑、厚壁的綠色蒴果，長6公分，頂部最寬，含有幾個豌豆大小的種子。
• **原產地** 中國。
• **環境** 灌木叢。

黃綠色花的中心有時變紅色

小葉邊緣有銳齒

花瓣向後捲曲

高度 8公尺	樹形 寬柱形	葉持久性 落葉	葉型

玄參科

這一大科約有4,500種和220屬木本和草本植物，分佈在世界各地。互生或對生葉可能是單生或淺裂葉。花有5裂片、二唇瓣的花冠。果實為蒴果。喬木全部在*Paulownia*屬中。

科 玄參科	種 *Paulownia tomentosa*	命名者 (Thunberg) Steudel

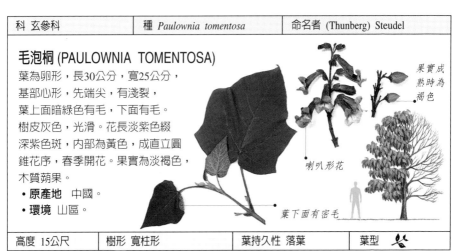

毛泡桐 (PAULOWNIA TOMENTOSA)
葉為卵形，長30公分，寬25公分，基部心形，先端尖，有淺裂，葉上面暗綠色有毛，下面有毛。樹皮灰色，光滑。花長淡紫色綴深紫色斑，內部為黃色，成直立圓錐序，春季開花。果實為淡褐色，木質蒴果。
- **原產地** 中國。
- **環境** 山區。

果實成熟時為褐色

喇叭形花

葉下面有密毛

高度 15公尺	樹形 寬柱形	葉持久性 落葉	葉型

苦木科

本科約有20屬、150種喬木和灌木，生在熱帶和亞熱帶地區以及亞洲溫帶地區。互生葉呈羽狀。小花有5片花瓣，雌花發育成果實，結成乾的翅果或蒴果。

科 苦木科	種 *Ailanthus altissima*	命名者 (Miller) Swingle

臭椿 (TREE OF HEAVEN)
葉為羽狀，長60公分，有15對或更多對的小葉，有光澤。樹皮灰褐色，有淡色斑。花為雌雄異株，仲夏至夏末開花，雄、雌花綠黃色，有5或6片花瓣，在枝頂成大型圓錐序。果實有翅。
- **原產地** 中國。
- **環境** 山區森林。

靠近小葉基部有缺口

小葉先端成細尖端

帶翅的果實成熟時為紅褐色

高度 20公尺	樹形 寬柱形	葉持久性 落葉	葉型

安息香科

本 科約有12屬、150種落葉喬木和灌木，發現的地區有：東亞、美國南部至南美，地中海地區有一單種。葉子爲互生和單生。花冠基部爲管狀，分裂成5至7裂片。果實爲蒴果。

科 安息香科	種 *Halesia carolina*	命名者 Linnaeus

四翅銀鐘花 (SNOWDROP TREE)

葉爲卵形至長圓形，長20公分，寬10公分，先端尖，邊緣有細齒，葉上面爲鮮綠色，下面顏色較淡，兩面有薄毛，秋季變黃色。樹皮淡褐色，有鱗狀的交錯凸脊。花白色或白色泛粉紅色，下垂，鐘形花冠長2公分，有4淺裂片，仲春至春末與幼葉同時開放，成小型花序。果實爲梨形，長5公分，有四翅，初期果實爲綠色，成熟時爲淡褐色。

- **原產地** 美國東南部。
- **環境** 密而潮濕的森林及河流旁。
- **註釋** 在不利的環境中，這種樹只能長到10公尺左右。

幼葉下面有明顯的毛

當葉展開時，花成束開放

白色花瓣有粉紅色彩

鐘形花懸於長柄上

四面體形的蒴果

葉端成細的長尖形

細長的喙狀物從蒴果尖端伸出

高度 20公尺	樹形 寬錐形	葉持久性 落葉	葉型

科 安息香科	種 *Pterostyrax hispida*	命名者 Siebold & Zuccarini

白辛樹 (EPAULETTE TREE)

葉為長圓形至卵形，長20公分，
寬10公分，基部漸尖，先端成尖形，
葉上面為鮮綠色，下面為灰綠色，
略有毛。樹皮淡灰褐色，
木栓質，有橙色裂縫。
花朵長6公厘，白色，芳香，
伸出明顯花藥，初夏至
仲夏開花，成下垂圓錐形花
序，長20公分。果實為灰色小
乾果，長1.2公分，有5條肋，
覆蓋著黃褐色剛毛。
• **原產地** 中國、日本。
• **環境** 森林及山區的河流旁。

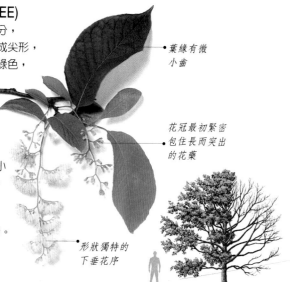

葉緣有微
小齒

花冠最初緊密
包住長而突出
的花藥

形狀獨特的
下垂花序

高度 12公尺	樹形 寬展開形	葉持久性 落葉	葉型

科 安息香科	種 *Styrax hemsleyana*	命名者 Diels

老鴰鈴 (STYRAX HEMSLEYANA)

葉為卵形至長圓形，長13公分，寬8公分，
基部不正，先端尖，邊緣有稀齒。
樹皮淡灰色。花長1.5公分，花冠
有5裂片，白色，有黃色花藥，
萼片上密覆暗褐色毛，成直立
形至展開形的總狀花序，
長15公分，初夏生於短枝頂。
果實為卵形，灰色，似漿果，
長1.5公分，包住單個種子。
• **原產地** 中國中部。
• **環境** 森林及灌木叢。
• **註釋** 栽培的樹可能比在野外生
長的典型樹高。此種樹與玉玲花
(參閱299頁)相似，但有露出的
褐色葉芽和稀毛的葉子。

萼片上有
暗褐色毛

葉基部兩
側不對稱

金黃色
花藥

高度 8公尺	樹形 寬柱形	葉持久性 落葉	葉型

科 安息香科	種 *Styrax japonica*	命名者 Siebold & Zuccarini

安息香 (JAPANESE SNOWBELL)

葉為橢圓形至卵形，長10公分，寬5公分，
基部變窄，先端鈍形、漸尖，邊緣有細齒，
葉上面為綠色富光澤，秋季變黃色
或紅色。樹皮暗灰褐色，光滑，隨年齡增長
而出現橙褐色裂縫。花單個，約1.5公分，
有5裂片的花冠，白色，有粉紅色彩，
有黃色花藥，芳香，生在細長柄上，
成短的總狀花序，或單花懸於樹枝下，
初夏至仲夏開花。果實為圓形
至卵形，灰色，似漿果，
長1.5公分，含有單個種子。

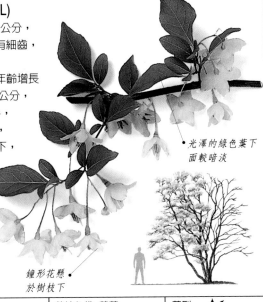

光澤的綠色葉下
面較暗淡

- **原產地** 中國、日本、韓國。
- **環境** 日照地帶，常生在
潮濕的土地上。
- **註釋** 這種樹可形成美麗、
漂亮的小樹或大型灌木。

鐘形花懸
於樹枝下

高度 10公尺	樹形 寬展開形	葉持久性 落葉	葉型

科 安息香科	種 *Styrax obassia*	命名者 Siebold & Zuccarini

玉玲花 (STYRAX OBASSIA)

密毛覆蓋
著葉下面

葉有變異，橢圓形至圓形，長20公分，寬與長相等，
葉上面暗綠色，光滑，下面為藍灰色，生密毛，
秋季變黃色。樹皮灰褐色，光滑，隨年齡增長而有
豎向裂縫。花單個，長2.5公分，有5裂片的花冠，
白色，有黃色花藥，芳香，形成沿水平方向展開
的總狀花序，長15公分，初夏至仲夏開花。
果實為卵形，灰色，似漿果，長2公分，
含單個種子。

- **原產地** 中國、日本、韓國。
- **環境** 潮濕的森林。
- **註釋** 總狀花序常被
大而寬的葉遮住。

最大的葉生於
枝頂

鬆散的總狀花
序懸於葉下

高度 12公尺	樹形 寬柱形	葉持久性 落葉	葉型

茶科

本科約有30屬、600多種落葉喬木和灌木,主要生在熱帶地區,特別是亞洲和美洲,但東亞和美國東南部的溫帶地區也有。葉子為單葉,互生。具美麗而典型的大花,有5片花瓣。常見的果實是蒴果。

科 茶科	種 *Stewartia malacodendron*	命名者 Linnaeus

北美紫茶 (SILKY CAMELLIA)

葉為卵形至橢圓形,長10公分,寬5公分,先端尖,邊緣有細齒,葉上面光滑,下面顏色較淡,有毛。樹皮淡灰至褐色,光滑。花初期為杯形,後變開闊,白色,有大量的雄蕊和黃色花藥,夏季單生。果實為木質的紅褐色蒴果,直徑1.5公分。
- **原產地** 美國東南部。
- **環境** 海岸平原的潮濕森林。

白色花瓣有紅紫色斑

花絲上有藍色花藥

葉緣有極小齒

雄蕊有紫色花絲

高度 6公尺	樹形 寬柱形	葉持久性 落葉	葉型

科 茶科	種 *Stewartia monadelpha*	命名者 Siebold & Zuccarini

日本紫茶 (STEWARTIA MONADELPHA)

葉為橢圓形至卵形,長10公分,寬3公分,先端漸尖,邊緣有齒,葉上面暗綠色有光澤,秋季變深紅紫色。樹皮光滑,有薄片剝落,留下灰色、淡褐色和紅褐色斑。花白色,有5片花瓣,大量的雄蕊帶有乳黃色花絲和暗色花藥,有二葉狀苞片,夏季單生或雙生於葉腋。果實為木質,紅褐色蒴果。
- **原產地** 日本、韓國。
- **環境** 山區森林。

光澤、邊緣有稀齒的葉

高度 25公尺	樹形 寬柱形	葉持久性 落葉	葉型

科 茶科	種 *Stewartia pseudocamilia*	命名者 Maximowicz

假山茶 (STEWARTIA PSEUDOCAMELLIA)

葉為寬卵形至橢圓形，長10公分，寬6公分，先端成短尖，
邊緣有細齒，葉上面為暗綠色，下面光滑或有毛，
秋季變黃色至橙色或紅色。樹皮紅褐色，有薄而不規則的
片狀剝落，留下灰色和粉紅色斑。花白色，
有5片花瓣，大量的雄蕊有黃色花絲和較暗色
的花藥，花瓣外側有二葉狀苞片，夏季單生或雙
生於葉腋。果實為木質紅褐色蒴果，長2公分。

- **原產地** 日本。
- **環境** 山區森林。
- **註釋** 與茶屬的其他種樹一樣，
5片花瓣在基部連在一起，花落時是完整的。

剝落樹皮成
粉灰色的
斑駁效果

花的花瓣
有皺褶

葉緣有細齒

花有鮮黃
色花藥

▽ 假山茶

△ 韓國假山茶
VAR. *KOREANA*
這種南韓國土生變種的花，比典型樹
種的花開得更寬。其略大的葉子顏色
在秋季也不變色。

葉下面較淡色，
光滑或有毛

花瓣在開放前
被絲毛蓋住

葉下面暗綠色

高度 20公尺	樹形 寬柱形	葉持久性 落葉	葉型

椴樹科

椴 樹屬中的歐洲椴木或美洲椴木是本科中受人們喜愛的成員。本科包括700多種喬木、灌木和草本植物，屬於50屬。大部分限於熱帶，但歐洲椴木則出現在北半球的溫帶地區。葉子互生，有淺裂，有明顯的毛。花小，芳香，有5片花瓣、萼片及大量雄蕊。果實有變異，成木質果，乾蒴果或漿果。

科 椴樹科	種 *Tilia americana*	命名者 Linnaeus

美洲椴木 (AMERICAN LIME)

葉為寬卵形至近圓形，長20公分，寬15公分，
先端鈍形、漸成細尖，邊緣有粗尖形齒，
葉上面深綠色無光澤，下面顏色較淡，
有光澤，兩面變光滑，只是下面脈腋處有褐色
叢毛。樹皮褐色至灰色，裂成長的鱗狀凸脊。
花淡黃色，有5片花瓣，芳香，每10朵花成
下垂花序，每束花有一10公分長的長圓形
苞片，仲夏開花。果實圓形，木質，
淡灰綠色，直徑1公分。

- **原產地** 北美東部。
- **環境** 潮濕森林。
- **註釋** 也稱美國椴木。

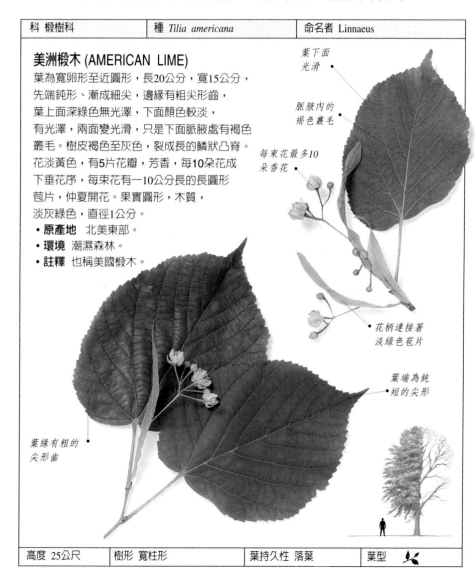

葉下面
光滑

脈腋內的
褐色叢毛

每束花最多10
朵香花

花柄連接著
淡綠色苞片

葉端為鈍
短的尖形

葉緣有粗的
尖形齒

高度 25公尺	樹形 寬柱形	葉持久性 落葉	葉型

科 椴樹科	種 *Tilia cordata*	命名者 Miller

小葉椴木 (SMALL-LEAVED LIME)

葉為圓形,長、寬7.5公分,基部為心形,先端
尖,邊緣有齒,葉上面為綠色有光澤,下面為
藍綠色,光滑,下面脈腋處有毛。樹皮灰色,
光滑,隨年齡增長變灰褐色出
現裂縫。花淡黃色,有5片
花瓣,芳香,最多每10朵花成一束
花序,每束花有一10公分長的
綠色苞片,仲夏開花。果實為
圓形,木質,灰綠色。
- **原產地** 亞洲
西部、歐洲。
- **環境** 生在
石灰石上。

小而有光澤的綠
色葉,先端成長
尖形

在下垂或直立的
花序中最多有10
朵花

葉下面脈腋內有
褐色叢毛

高度 30公尺	樹形 寬柱形	葉持久性 落葉	葉型

科 椴樹科	種 *Tilia x euchlora*	命名者 K. Koch

克里木椴木 (TILIA X EUCHLORA)

葉為寬卵形,長、寬10公分,葉上面暗綠色,
下面顏色較淡,下面脈腋處有毛。樹皮
灰色,光滑。花淡黃色,有5片花瓣,芳
香,每7朵花一束,每束花有7.5
公分長的綠色苞片,仲夏開花。
果實為木質,灰綠色。
- **原產地** 不詳。
- **註釋** 可能是
*T. dasystyla*與
*T. cordata*之間
的雜交種。

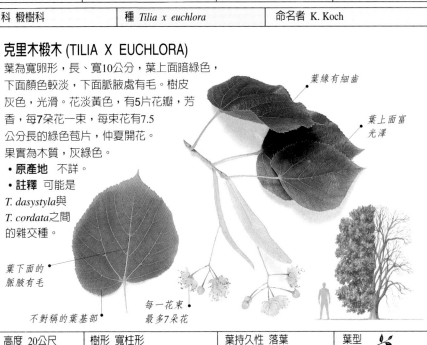

葉緣有細齒

葉上面富
光澤

葉下面的
脈腋有毛

不對稱的葉基部

每一花束
最多7朵花

高度 20公尺	樹形 寬柱形	葉持久性 落葉	葉型

科 椴樹科	種 *Tilia x europaea*	命名者 Linnaeus

歐椴木 (COMMON LIME)

葉為寬卵形至圓形,長、
寬10公分,基部心形,
先端為鈍短尖形,邊緣有粗
齒,葉上面暗綠色,下面顏色
較淡,下面脈腋處有叢毛。
樹皮灰褐色,有淺裂縫。花小,
淡黃色,有5片花瓣,芳香,
每10朵花成一束,每束花有
淡綠色苞片,仲夏開花。
果實為卵形,木質,灰綠色。

• **原產地** 歐洲。
• **環境** 與其親代樹在一起。
• **註釋** 也稱為尋常椴木
(*Tilia x vulgaris*),
是小葉椴木(參閱303頁)
與大葉椴木(參閱305頁)
的雜交種。

▽ 歐椴木

葉下面脈腋處
有叢毛

每束花都有
淡綠色苞片

◁ **黃芽歐椴木**
「WRATISLAVIENSIS」
這種樹正在生長的鮮黃
色幼葉,有時在成熟時
變綠色。

高度 40公尺	樹形 寬柱形	葉持久性 落葉	葉型

科 椴樹科	種 *Tilia mongolica*	命名者 Maximowicz

白皮椴木 (MONGOLIAN LIME)

葉為寬卵形,長、寬7.5公分,有3至5裂片,
先端尖,邊緣有銳齒,葉幼時上面紅色,
後變暗綠色,下面為藍綠色,脈腋處有叢
毛,秋季變黃色,生在紅色葉柄上。
樹皮灰色,光滑。花小,淡黃色,
有5片花瓣,芳香,每20朵花一束
成下垂花序,每束花有一窄的
淡綠色苞片,仲夏開花。
果實為圓形,木質,灰綠色。

• **原產地** 亞洲東北部。
• **環境** 山坡上。
• **註釋** 此種樹易於識別,
因葉子有明顯的淺裂和銳齒。

淺裂的葉緣
帶銳齒

葉的上表面成
熟時變暗綠色

脈腋內有
一小撮毛

高度 15公尺	樹形 寬展開形	葉持久性 落葉	葉型

科 椴樹科	種 *Tilia platyphyllos*	命名者 Scopoli

大葉椴木 (BROAD-LEAVED LIME)

葉為圓形至寬卵形，長、寬12公分，
基部為心形，先端成短尖形，邊緣有銳齒，
葉上面深綠色，下面顏色較淡，
兩面皆有毛，以下面為多，
秋季變黃色。樹皮灰色，有淺裂。
花小，淡黃色，有5片花瓣，芳香，
5朵花形成下垂花序，每一束花
帶有淡綠色苞片，初夏至仲夏
開花。果實為圓形，木質，
灰綠色，有5條肋。
• **原產地** 亞洲西南部和歐洲。
• **環境** 潮濕森林。

大葉椴木

有深脈的葉

花束從淡綠色•
苞片中下垂

◁ **扭葉大葉椴木**
「LACINIATA」
這種不常見的樹有窄卵
形、扭曲的葉。

葉緣有大
的銳齒•

高度 30公尺	樹形 寬柱形	葉持久性 落葉	葉型

科 椴樹科	種 *Tilia tomentosa*	命名者 Moench

銀椴木 (SILVER LIME)

葉為圓形，長12公分，寬10公分，有小淺
裂，基部為斜的心形，先端漸成短尖形，
邊緣有銳齒，葉上面暗綠色，下面有白毛。
樹皮灰色，有淺裂的凸脊。花小，淡黃色，
有5片花瓣，有強烈芳香，每10朵花成下垂花
序，每束花有淡綠色苞片，仲夏至夏末開
花。果實為圓形至卵形，木質，灰綠色。
• **原產地** 亞洲西南部和歐洲東南部。
• **環境** 落葉樹與常綠樹
混合的森林。
• **註釋** 學名又稱
Tilia argentea，
有極強的氣味
可使蜜蜂致死。

葉有小淺裂•

最多 10 朵花
下垂

銀椴木

葉下面有
明顯銀色

◁ **垂枝銀椴木**
「PETIOLARIS」
選擇種植銀椴木，
是因為它有下垂枝
和長柄葉。

高度 25公尺	樹形 寬柱形	葉持久性 落葉	葉型

昆欄樹科

下面描述的屬為本科單屬、單種植物。它的親代植物尚不確定，一般認為它們是開花植物中比較原始的一類。人們認為它們最接近 *Cercidiphyllum*(參閱133頁)或 *Drimys*(參閱310頁)。

科 昆欄樹科	種 *Trochodendron aralioides*	命名者 Siebold & Zuccarini

昆欄樹 (TROCHODENDRON ARALIOIDES)

葉為窄橢圓形，長12公分，寬4公分，邊緣有齒，但基部附近除外，葉上面為暗綠色，下面顏色較淡，樹皮灰色至暗褐色，有明顯的皮孔。花的直徑2公分，鮮綠色，無花瓣，雄蕊從綠色花盤輻射出，晚春和初夏生於枝頂，成總狀花序，長達12公分。果實為半球形果序，綠色，成熟時變褐色，有耐久的柱頭。

- **原產地** 日本、韓國、台灣。
- **環境** 山區森林。

葉先端為細尖形

有細長柄的葉

高度 20公尺	樹形 寬柱形	葉持久性 常綠	葉型

榆科

榆科包括約15屬、150種常綠和落葉的喬木和灌木，生長在熱帶和北溫帶地區。葉子為互生。小花無花瓣。果實有翅，有乾果、或含一粒種子的肉質果或堅果。

科 榆科	種 *Celtis australis*	命名者 Linnaeus

南方朴 (SOUTHERN NETTLE TREE)

葉為披針形至卵形，長15公分，寬5公分，先端為細長尖形，葉上面淡綠色至暗綠色有粗毛，下面灰綠色有軟毛。樹皮淡灰色。花雌雄同株，春季開花，雄、雌花皆小，綠色，無花瓣，單生或以小束生於葉腋。果實為圓形，似漿果，直徑10公厘，成熟時近黑色。

- **原產地** 亞洲西南部、歐洲南部。
- **環境** 暖和、乾燥的岩石坡地。

葉上面粗糙

葉基部有3條脈

葉緣有銳齒

高度 20公尺	樹形 寬柱形	葉持久性 落葉	葉型

科 榆科	種 *Celtis laevigata*	命名者 Willdenow

密西西比朴 (MISSISSIPPI HACKBERRY)

葉為窄卵形，長10公尺，寬4公分，有3條葉脈，
基部不正，先端尖，邊緣無齒或有少數齒，葉為淡綠
色，光滑。樹皮淡灰色，有木栓質皮孔。
花為單性，雌雄同株，春季開花，雌雄花
為綠色小花，無花瓣，單生或以小束形式
生於葉腋。果實為圓形，似漿果，可食，
橙紅色至紫色，直徑8公厘。
- **原產地** 墨西哥北部、美國南部。
- **環境** 潮濕的沖積
平原和森林。
- **註釋** 所示的這
種尾葉密西西比
朴樹var. *smallii*，
其葉緣齒形更加
突出。

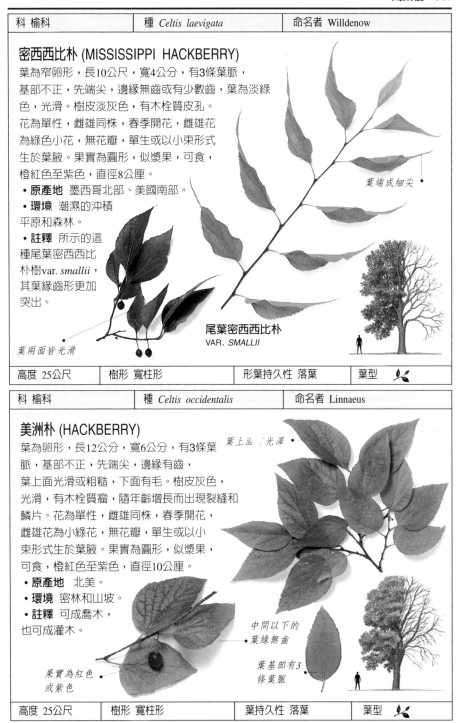

葉端成細尖

葉兩面皆光滑

尾葉密西西比朴
VAR. *SMALLII*

高度 25公尺	樹形 寬柱形	形葉持久性 落葉	葉型

科 榆科	種 *Celtis occidentalis*	命名者 Linnaeus

美洲朴 (HACKBERRY)

葉為卵形，長12公分，寬6公分，有3條葉
脈，基部不正，先端尖，邊緣有齒，
葉上面光滑或粗糙，下面有毛。樹皮灰色，
光滑，有木栓質瘤，隨年齡增長而出現裂縫和
鱗片。花為單性，雌雄同株，春季開花，
雌雄花為小綠花，無花瓣，單生或以小
束形式生於葉腋。果實為圓形，似漿果，
可食，橙紅色至紫色，直徑10公厘。
- **原產地** 北美。
- **環境** 密林和山坡。
- **註釋** 可成喬木，
也可成灌木。

葉上面有光澤

中間以下的
葉緣無齒

葉基部有3
條葉脈

果實為紅色
或紫色

高度 25公尺	樹形 寬柱形	葉持久性 落葉	葉型

科 榆科	種 *Ulmus x hollandica*	命名者 Miller

荷生榆 (ULMUS X HOLLANDICA)

葉為卵形至橢圓形，長12公分，寬6公分，先端尖，邊緣有齒，葉下面有毛。樹皮灰褐色，有凸脊。花為小紅花，初春叢生於枝上。果實為帶翅的種子，長2.5公分。

- **原產地** 歐洲。
- **環境** 森林和灌木叢。
- **註釋** 這是無毛榆(*Ulmus glabra*)與光葉榆(參閱下面)的雜交種。

葉基部不對稱

葉上面有光澤

窄葉荷生榆「KLEMMER」
此種樹在比利時種植，它是窄錐形的樹。

高度 30公尺	樹形 寬柱形	葉持久性 落葉	葉型

科 榆科	種 *Ulmus japonica*	命名者 (Rehder)Sargent

春榆 (JAPANESE ELM)

葉為橢圓形至倒卵形，長10公分，寬6公分，不對稱的基部較窄，先端尖，邊緣有重齒，葉上面暗綠色，粗糙有毛，下面顏色較淡，葉脈上有茸毛。樹皮淡灰褐色，有裂縫。花極小，紅色，春季以小束形式生於枝上。果實為帶翅的種子。

- **原產地** 亞洲東北部、日本。
- **環境** 森林、岩石地區和沼澤地。

葉基部有輕微的不對稱

葉端成鈍尖形

高度 30公尺	樹形 寬展開形	葉持久性 落葉	葉型

科 榆科	種 *Ulmus minor*	命名者 Miller

光葉榆 (SMOOTH-LEAVED ELM)

葉為橢圓形至倒卵形，長12公分，寬6公分，有尖端，邊緣有重齒，葉上面鮮綠色有光澤，光滑，下面脈腋內有毛。樹皮灰褐色，有凸脊。花為小紅花，初春叢生。果實為小而帶翅的種子。

- **原產地** 北非、亞洲西南部、歐洲。
- **環境** 森林和灌木叢。

圓形的葉

普通光葉榆
VAR. *VULGARIS*

葉緣有尖銳的重齒

高度 30公尺	樹形 寬柱形	葉持久性 落葉	葉型

科 榆科	種 *Ulmus parvifolia*	命名者 Jacquin

榔榆 (CHINESE ELM)

葉為橢圓形至卵形或倒卵形，長6公分，
寬4公分，基部不正，先端尖，邊緣有銳
齒，葉上面暗綠色有光澤，有時粗糙，
葉下面脈腋內有毛，秋季變黃、紅或紫色。
樹皮灰褐色，有鱗狀剝落。花小，
紅色，初秋叢生於葉腋。
果實為有綠翅的小種子，長8公厘。
• **原產地** 亞洲東部。
• **環境** 岩石地帶。

葉能存留到冬季

斜的葉基部

高度 15公尺	樹形 寬展開形	葉持久性 落葉	葉型

科 榆科	種 *Ulmus pumila*	命名者 Linneaus

白榆樹 (SIBERIAN ELM)

葉為橢圓形至窄卵形，長6公分，寬2.5公分，
基部兩側相近，先端尖，邊緣有銳齒，
葉上面暗綠色，兩面皆光滑。樹皮灰褐色，
粗糙，有皺紋。花極小，紅色，春季先於
葉叢生於枝。果實為小型種子，被圓形、
有缺口的綠色翅包圍。
• **原產地** 亞洲中部至東部。
• **環境** 日照的
或多石的土地。

葉端有彎尖頂

葉基部兩側
相近

高度 20公尺	樹形 寬柱形	葉持久性 落葉	葉型

科 榆科	種 *Zelkova carpinifolia*	命名者 (Pallas) K. Koch

榆葉欅 (ZELKOVA CARPINIFOLIA)

葉為橢圓形至長圓形，長10公分，寬5公分，
有10對葉脈的頂端在葉緣的三角形齒內，
葉上面暗綠色，粗糙，下面有毛，
秋季變為橙褐色。樹皮灰色，光滑，
花為雌雄同株，花皆小，綠色，
春季分別叢集生。果實為圓形小果。
• **原產地** 高加索、伊朗北部。
• **環境** 森林。
• **註釋** 因其樹幹短，分成大量直立的
分枝，極易由此來辨認。

短葉柄

葉緣有大
而寬的齒

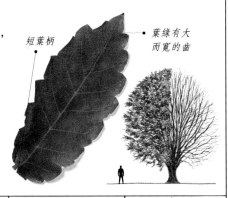

高度 25公尺	樹形 寬柱形	葉持久性 落葉	葉型

科 榆科	種 *Zelkova serrata*	命名者 (Thunberg) Makino

光葉櫸 (KEAKI)

葉為卵形至長圓形卵形，長12公分，
寬5公分，基部為圓形，先端尖，
邊緣有銳齒，齒端短尖，葉上面暗綠色，
粗糙，下面顏色較淡，秋季變黃、橙或紅色。
樹皮淡灰色，光滑，隨年齡增長而剝落。
花為雌雄同株，皆小，綠色，春季
生於幼枝上。果實為圓形小果實。

• **原產地** 中國、日本、
韓國。
• **環境** 靠近河流的
潮濕土地。

圓形的葉基部

▽ 光葉櫸

葉緣有許
多銳齒

◁ 小葉櫸、大果櫸
ZELKOVA SINICA
相似的種類，葉緣部的齒較
稀少，葉基部漸尖。

高度 40公尺	樹形 寬展開形	葉持久性 落葉	葉型

八角茴香科

這 是原始的科，與木蘭(參
閱205－215頁)有近緣關
係。約有5屬、60種常綠喬木和
灌木出現在馬達加斯加、墨西哥
到南美以及東南亞到澳洲和紐西
蘭。這些植物有互生排列的全緣
葉，有5瓣或更多瓣的花及似漿
果的小型叢生果實。

科 八角茴香科	種 *Drimys winteri*	命名者 J.R. & J.G. Forster

溫氏辛果 (WINTER'S BARK)

葉長圓形至橢圓形，長20公分，寬6公分，
全緣，葉上面暗綠色有光澤，下面藍綠色
至藍白色，革質，破碎時有芳香味。
樹皮灰褐色，光滑，極芳香。花白色，
芳香，有大量的細長花瓣，
春季至初夏開花，成大型花序。
果實為小漿果，綠色，成熟時為
紫黑色，叢生於長柄上。

• **原產地** 墨西哥、南美。
• **環境** 山區。
• **註釋** 以維廉·溫特(William Winter)
船長的名字命名。十六世紀他與佛朗
西斯·德拉克一起航海。
他曾用樹皮(維生素C的來源)醫治壞血病。

花形成密集、
分叉的花序

綠色未成
熟果實

葉下面有白霜

高度 15公尺	樹形 窄錐形	葉持久性 常綠	葉型

名詞解釋

- 二回羽狀

BIPINNATE
羽狀本身又分成羽狀。

- 子房 OVARY

雌花的部分器官，在果實中
它包含了種子。

- 小葉 LEAFLET

複葉的單個部分。

- 不落葉的

PERSISTENT
仍連在植物上。

- 本地的 NATIVE

天然野生在特定的區域。

- 皮孔 LENTICEL

在樹幹上常呈木栓質的區域，
可使空氣通過樹皮。

- 全緣 ENTIRE

無齒或無裂片

- 托葉 STIPULE

小型像葉一樣的構造，大部分
生在柄與莖的連接處。

- 有霜的 BLOOMY

一層臘質或粉末狀的
藍白色附著物。

- 羽狀，羽狀複葉

PINNATE
一種複葉，其小葉長在公共
柄上。

- 伸出的 EXSERTED

特出、突出的。

- 抗寒性 HARDY

能夠抵擋冬天的溫度。

- 花冠 COROLLA

一朵花中最漂亮和多彩的部分，
由花瓣組成。

- 花柱 STYLE

花雌性部分的器官，
其上生柱頭。

- 花粉 POLLEN

由花藥放出的孢子，含有
雄性生殖要素。

- 花被 TEPAL

花瓣及萼片，二者間無明顯
區別時的總稱

- 花絲

FILAMENT
花藥的柄。

- 花萼 CALYX

花的一部分構造，在花瓣外面，
由萼片組成。

- 花藥 ANTHER

雄蕊的部分構造，可釋放花粉。

- 杜頭 STIGMA

花雌性部分的器官，生在花柱
頂部，花粉落其上。

- 柔荑花序

CATKIN
由苞片和小花組成的，
常呈下垂狀的叢集。

- 苞片 BRACT

像葉的構造，位於花或
花束下面。

- 草本植物

HERBACEOUS PLANT
非木本植物，在生長季節的最後
會死亡或利用其他地下結構過多。

- 假種皮 ARIL

肉質種子的外皮。

- 常綠

EVERGREEN
葉子存留一年以上。

- 單型的

MONOTYPIC
在一科中只有一屬，而該屬
只有一種。

- 單葉 SIMPLE LEAF

不分成小葉的一片葉。

- 掌狀，掌狀複葉 PALMATE

像手一樣分成幾個小葉或裂片。

- 裂片 LOBE

裂片圓形分割部分。

- 雄蕊 STAMEN

有花藥，常生在花絲上。可變數量，
構成花的雄性部分。

- 圓錐花序 PANICLE

在總狀花序中自身又有分枝的花序。

- 落葉的

DECIDUOUS
每年有部分時期無葉。

- 葉耳

AURICLE
像耳的小型葉。

- 葉腋

LEAF AXIL
葉與其枝之間的夾角物。

- 葉軸

RACHIS
羽狀葉的柄，其上生有若干小葉。

- 萼片

SEPAL
花萼的單一部分

- 蒴果

CAPSULE
乾果，裂開時放出種子。

- 蝶形花

PEA-LIKE
一種花，其結構與豆科植物
的結構相似。

- 複葉

COMPOUND LEAF
兩個或兩個以上單獨小葉組成。

- 穗狀花序 SPIKE

生無柄花的總狀花序。

- 總狀花序

RACEME
有柄的花單個沿一中心軸生長。

- 歸化

NATURALIZED
人工引入並能在特定區域
天然野生一樣生長。

- 藍白色

GLAUCOUS
藍白色。

- 竇 SINUS

兩裂片間的缺隙。

英文索引

B

C

中文索引

十劃

ACKNOWLEDGMENTS

THE AUTHOR AND PUBLISHER are greatly indebted to a number of institutions and people, without whom this book could not have been produced. The following supplied and/or collected plant material for photography: Barry Phillips (Curator), Bill George (Head Gardener), and all the staff of the Sir Harold Hillier Gardens and Arboretum, Ampfield, Hampshire; Robert Eburn, P.H.B. Gardner, Bernard and Letty Perrott, and Mrs Eve Taylor; Kate Haywood of The Royal Horticultural Society's Garden Wisley, Woking, Surrey; Hillier Nurseries (Winchester) Limited; Richard Johnston, Mount Annan section of the Royal Botanic Gardens, Sydney, Australia; Longstock Park Gardens; Mike Maunder and Melanie Thomas of the Royal Botanic Gardens, Kew, Surrey; Colin Morgan of the Forestry Commission Research Division, Bedgebury National Pinetum, Cranbrook, Kent; Andrew Pinder (Arboricultural Officer), London Borough of Richmond upon Thames; John White and Margaret Ruskin of the Forestry Commission, Westonbirt Arboretum, Tetbury, Gloucestershire.

The following helped to compile reference material for the illustrators: S. Andrews, T. Kirkham, and Mike Maunder of the Royal Botanic Gardens, Kew, Surrey; the Arnold Arboretum of Harvard University, Jamaica Plain, Massachusetts, USA; Kathie Atkinson; S. Clark and S. Knees of the Royal Botanic Garden Edinburgh, Lothian, Scotland; D. Cooney of the Waite Arboretum, University of Adelaide, S. Australia; B. Davis; Dr T.R. Dudley (Lead Scientist and Research Botanist) of the U.S. National Arboretum, Washington, D.C., USA; M. Flannagan of the Royal Botanic Gardens, Wakehurst Place, Ardingly, West Sussex; the Forestry Commission, Forest Research Station, Alice Holt Lodge, Farnham, Surrey; Anne James of the Parks Department, Dublin County Council, Irish Republic; Roy Lancaster; Scott Leathart; Alan Mitchell; K. Olver; The Royal Horticultural Society's Garden Wisley, Woking, Surrey; V. Schilling of the Tree Register of the British Isles (TROBI), Westmeston, West Sussex; T. Walker of the University of Oxford Botanic Gardens, Oxfordshire; John White and Margaret Ruskin of the Forestry Commission, Westonbirt Arboretum, Tetbury, Gloucestershire; P. Yeo of the University of Cambridge Botanic Garden, Cambridgeshire; Dennis Woodland.

The author would like to express his thanks to: the tremendous team at Dorling Kindersley, especially Vicki James, Gillian Roberts, and Mustafa Sami, for their diligence and commitment to the project; Matthew Ward, for his excellent photography; Roy Lancaster, for reading and commenting on the text; his wife Sue, and daughters Rachel and Ruth, for their support and encouragement.

We acknowledge the invaluable contributions of Mustafa Sami, who shepherded the illustrators with patient good humour, Spencer Holbrook, who gave him vital administrative support, and Donna Rispoli, who researched the references for the illustrators. Special thanks to Mel and Marianne, Witt and Kaye, whose generosity enabled the editor to take a holiday. Thanks also to Michael Allaby, for compiling the index and suggesting words for the glossary; Mike Darton, for reading page proofs, and for commenting on the glossary and introduction; Virginia Fitzgerald, for administrative help with the illustrators' reference material; Angeles Gavira and Ian Hambleton, for cataloguing all the transparencies; Steve Tilling, for commenting on the identification key; Helen Townsend, for caretaking the project while the editor was on holiday; Alastair Wardle, for his computer expertise.

Photographs by Matthew Ward, except: A–Z Botanical Collection 6, 8 *(top)*; Kathie Atkinson 190 *(right & below)*, 191; Bruce Coleman Ltd/Patrick Clement 167 *(Quercus petraea* acorns); Dorling Kindersley/ Peter Chadwick 12 (trunk), 15 (cone section, seed pods), 246 *(top left)*; Harry Smith Photographic Collection/ Polunin Collection 159 *(Quercus canariensis* acorns), 169 *(Quercus pubescens* acorns).
Tree illustrations by Laura Andrew 200, 201; Marion Appleton 132–143; David Ashby 118–125; Bob Bampton 258–273, 286–297; Anne Child 126, 178–181; Tim Hayward 114–117, 128–131, 144, 145, 154–157, 202–211, 222–237, 274–283, 308–310; Janos Marffy 9, 17, 192–195; David More 158–173, 244–252; Sue Oldfield 12–13, 36–83, 108–113, 188, 189, 196–199, 213–215, 298, 299; Liz Pepperell 182–187, 190, 238–243; Michelle Ross 34, 35, 84–107, 146–152, 300–307; Gill Tomblin 174–177; Barbara Walker 216–221, 255–257, 284, 285.
Leaf type illustrations by Paul Bailey.
Endpaper illustrations by Caroline Church.

國家圖書館出版品預行編目資料

樹木圖鑑 / 艾倫·J·科莫斯著 ; 馬賽·沃得
攝影；貓頭鷹出版社編譯小組翻譯 . -- 初版：
. -- 臺北市：貓頭鷹出版：城邦文化發行，
1996 [民85]
　　面； 　　　　公分 . --（自然珍藏系列）
含索引
譯自 ：Trees
ISBN 957-9684-53-7（平裝）

1. 樹木 – 圖錄

436.11025　　　　　　　　　　87008026